Walter Wittenberger
Werner Fritz

Rechnen in der Verfahrenstechnik und chemischen Reaktionstechnik

Springer-Verlag
Wien New York

Dr. techn. Ing. Walter Wittenberger
Offenbach/Main

Dr. rer. nat. Werner Fritz
Ettlingen

Akademischer Direktor am Institut für Chemische Technik
der Universität Karlsruhe und Lehrbeauftragter für
Technische Chemie an der Universität Kaiserslautern

IBM-Composersatz: Springer-Verlag Wien;
Umbruch und Druck: novographic, Ing. W. Schmid, A-1238 Wien

Mit 110 entwickelten Übungsbeispielen, 65 Übungsaufgaben
samt Lösungen und 58 Abbildungen

CIP-Kurztitelaufnahme der Deutschen Bibliothek
Wittenberger, Walter:
Rechnen in der Verfahrenstechnik und chemischen
Reaktionstechnik / Walter Wittenberger; Werner Fritz.
– Wien, New York: Springer, 1981.
ISBN 3-211-81567-8 (Wien, New York);
ISBN 0-387-81567-8 (New York, Wien)
NE: Fritz, Werner:

ISBN 3-211-81567-8 Springer-Verlag Wien-New York
ISBN 0-387-81567-8 Springer-Verlag New York-Wien

Vorwort

Der Stoff des vorliegenden Buches war, allerdings in wesentlich geringerem Umfang, in dem Buch „Rechnen in der Chemie, 2. Teil: Chemisch-technisches und physikalisch-chemisches Rechnen unter Berücksichtigung der höheren Mathematik“ (3. Auflage, 1969) von W. Wittenberger enthalten. Die notwendige vollständige Neubearbeitung des genannten Werkes unter modernen Gesichtspunkten, zu denen auch die ausschließliche Verwendung der SI-Einheiten zählt, führte zu einer erheblichen Erweiterung des Buchumfanges. Es erschien daher sowohl zweckmäßig als auch sinnvoll, das chemisch-technische vom physikalisch-chemischen Rechnen zu trennen und in einem eigenen Band unter dem Titel „Rechnen in der Verfahrenstechnik und chemischen Reaktionstechnik“ herauszubringen; das Buch „Physikalisch-chemisches Rechnen mit einer Einführung in die höhere Mathematik“ von W. Wittenberger und W. Fritz ist bereits im Herbst 1980 im Springer-Verlag Wien-New York erschienen.

Jede chemische Produktionsanlage besteht aus der chemischen Prozeßstufe (dem Reaktor) sowie aus den dieser Stufe vor- und nachgeschalteten physikalischen Prozeßstufen, welche zur Vorbereitung der Stoffe für die Reaktion und zur Aufbereitung der bei der Reaktion entstehenden Reaktionsprodukte erforderlich sind. Diese physikalischen Prozeßstufen sind nicht für ein bestimmtes Produktionsverfahren spezifisch, sondern kehren bei verschiedenen Verfahren häufig wieder. Die Vorgänge, welche diesen Prozeßstufen zugrunde liegen, werden daher als Grundoperationen bezeichnet und in den Lehrgebieten der mechanischen und thermischen Verfahrenstechnik behandelt. Zu diesen Grundoperationen zählen z. B. Sedimentieren, Filtrieren, Verdampfen, Destillieren und Rektifizieren, Extrahieren und Trocknen.

Zwar sind die Berechnung und die Konstruktion der entsprechenden Prozeßstufen Aufgaben der Verfahrensingenieure; da jedoch der Chemiker durch seine Arbeit im Laboratorium und in Technikumsanlagen die Unterlagen für die Auslegung dieser Prozeßstufen zu liefern hat, müssen ihm die notwendigen Grundlagen der Verfahrenstechnik vertraut sein. Umgekehrt muß der Verfahrensingenieur zur Auswertung der vom Chemiker gelieferten Daten die Sprache des Chemikers verstehen und deshalb über Grundkenntnisse der chemischen Reaktionstechnik verfügen. Die wichtigsten Grundlagen der Verfahrenstechnik und der chemischen Reaktionstechnik soll das vorliegende Buch nicht als Lehrbuch, sondern anhand von Rechenbeispielen und Übungsaufgaben vermitteln. Schließlich wird auch, ebenfalls mit Hilfe von Rechenbeispielen und Aufgaben, in die Strömungsvorgänge von Flüssigkeiten und Gasen sowie in die Wärmeübertragung eingeführt.

Die Rechenbeispiele und Übungsaufgaben wurden so ausgewählt, daß sie alle mit Hilfe eines wissenschaftlichen Taschenrechners gelöst werden können; dies deshalb, weil die Grundlagen der Verfahrenstechnik und chemischen Reaktionstechnik am besten anhand von Problemen verdeutlicht werden, deren Lösung der Lernende mit einfachen Mitteln selbst erarbeiten kann.

Das Buch wendet sich an Studierende der Chemie und der Verfahrenstechnik an Universitäten und Fachhochschulen. Durch die theoretischen Erläuterungen, welche jedem Abschnitt vorangestellt sind, wird das Buch auch für Chemiker in Industriebetrieben von Interesse und Nutzen sein, die während ihres Studiums mit den Lehrgebieten der Verfahrenstechnik, der chemischen Reaktionstechnik bzw. der technischen Chemie kaum in Berührung kamen.

Dem Springer-Verlag Wien sagen wir aufrichtigen Dank für die in gewohnter Weise vorbildliche Ausstattung des Buches.

Offenbach/Main und Ettlingen,
im Frühjahr 1981

Walter Wittenberger
Werner Fritz

Inhaltsverzeichnis

Formelzeichen und Einheiten

Formelzeichen, Benennung der Größen und SI-Einheiten

Die in der Tabelle aufgeführten Benennungen der Größen dienen nur zur Erläuterung der Formelzeichen. (Für das Verhältnis zweier gleicher SI-Einheiten sowie für Zahlen steht „1".)

Formel-zeichen	Bedeutung	SI-Einheit
l, L	Länge	m
b, B	Breite	m
h, H	Höhe, Tiefe	m
δ	Dicke, Schichtdicke	m
r, R	Halbmesser, Radius	m
d, D	Durchmesser	m
s	Weglänge, Kurvenlänge	m
$A, S, (F)$	Fläche, Flächeninhalt, Oberfläche	m^2
S, q	Querschnitt, Querschnittsfläche	m^2
V	Volumen	m^3
t	Zeit, Zeitspanne, Zeitdauer	s
w	Geschwindigkeit	m/s
g	örtliche Fallbeschleunigung	m/s^2
$\dot{v}$	Volumenstrom	m^3/s
m	Masse	kg
ρ, ρ_m	Dichte, volumenbezogene Masse	kg/m^3
v	spezifisches Volumen	m^3/kg
$\dot{m}$	Massenstrom	kg/s
F	Kraft	N
G, F_G	Gewichtskraft	N
I	Impuls, Bewegungsgröße	$kg \cdot m/s = N \cdot s$
p	Druck	Pa
p_{amb}	umgebender Atmosphärendruck	Pa

p_e	atmosphärische Druckdifferenz, Überdruck	Pa
ϵ	Dehnung, relative Längenänderung	1
μ, ν	Poisson-Zahl	1
η	dynamische Viskosität	Pa·s
ν	kinematische Viskosität	m^2/s
σ, γ	Grenzflächenspannung, Oberflächenspannung	N/m
W, A	Arbeit	J
E, W	Energie	J
E_p, E_{pot}	potentielle Energie	J
E_k, E_{kin}	kinetische Energie	J
w	Energiedichte	J/m^3
U	elektrische Spannung	V
I	elektrische Stromstärke	A
S, J	elektrische Stromdichte	A/m^2
P	Leistung	W
S	Energiestromdichte	W/m^2
T	Temperatur, thermodynamische Temperatur	K
$\Delta T = \Delta \vartheta$	Temperaturdifferenz	K
ϑ	Celsius-Temperatur ($\vartheta = T - T_0$, T_0 = 273,15 K)	°C
α, α_1	thermischer Längenausdehnungskoeffizient	K^{-1}
α_V, γ	thermischer Volumenausdehnungskoeffizient	K^{-1}
Q	Wärme, Wärmemenge	J
$\dot{Q}$	Wärmestrom	W
q	Wärmestromdichte	W/m^2
R_{th}	Wärmewiderstand	K/W
Λ_{th}	Wärmeleitwert	W/K
ρ_{th}	spezifischer Wärmewiderstand	K·m/W
λ	Wärmeleitfähigkeit	W/(m·K)
α	Wärmeübergangskoeffizient	$W/(m^2 \cdot K)$
k	Wärmedurchgangskoeffizient	$W/(m^2 \cdot K)$
a	Temperaturleitfähigkeit	m^2/s
C	Wärmekapazität	J/K
c	spezifische Wärmekapazität	J/(kg·K)

c_p	spezifische Wärmekapazität bei konstantem Druck	J/(kg·K)
c_v	spezifische Wärmekapazität bei konstantem Volumen	J/(kg·K)
S	Entropie	J/K
s	spezifische Entropie	J/(kg·K)
H	Enthalpie	J
h	spezifische Enthalpie	J/kg
U	innere Energie	J
u	spezifische innere Energie	J/kg
F	freie Energie, Helmholtz-Funktion	J
f	spezifische freie Energie	J/kg
G	freie Enthalpie, Gibbs-Funktion	J
g	spezifische freie Enthalpie	J/kg
H_0	spezifischer Brennwert	J/kg
H_u	spezifischer Heizwert	J/kg
A_r	relative Atommasse	1
M_r	relative Molekülmasse	1
n	Stoffmenge	mol
$\dot{n}$	Stoffmengenstrom	mol/s
c_i	Konzentration eines Stoffes i, Stoffmengenkonzentration	mol/m^3
V_m	stoffmengenbezogenes (molares) Volumen	m^3/mol
V_{mn}	stoffmengenbezogenes (molares) Normvolumen	m^3/mol
b, m	Molalität eines Stoffes	mol/kg
M	stoffmengenbezogene (molare) Masse	kg/mol
S_m	stoffmengenbezogene (molare) Entropie	J/(mol·K)
H_m	stoffmengenbezogene (molare) Enthalpie	J/mol
U_m	stoffmengenbezogene (molare) innere Energie	J/mol
F_m	stoffmengenbezogene (molare) freie Energie	J/mol
G_m	stoffmengenbezogene (molare) freie Enthalpie	J/mol
C_m	stoffmengenbezogene (molare) Wärmekapazität	J/(mol·K)

ν_i	stöchiometrische Zahl eines Stoffes *i* in einer chemischen Reaktion	1
p_i	Partialdruck eines Stoffes *i* in einem Gasgemisch	Pa
D	Diffusionskoeffizient	m^2/s
R, R_0	universelle Gaskonstante	$J/(mol \cdot K)$
σ	Stefan-Boltzmann-Konstante	$W/(m^2 \cdot K^4)$
h	Plancksches Wirkungsquant	$J \cdot s$
ϵ	Emissionsgrad	1

SI-Basisgrößen und Basiseinheiten

Basisgröße	Basiseinheit	
	Name	Zeichen
Länge	Meter	m
Masse	Kilogramm	kg
Zeit	Sekunde	s
elektrische Stromstärke	Ampere	A
thermodynamische Temperatur	Kelvin	K *
Stoffmenge	Mol	mol
Lichtstärke	Candela	cd

* Bei der Angabe von Celsius-Temperaturen wird der besondere Name Grad Celsius (Einheitenzeichen: °C) anstelle von Kelvin benutzt.

Dezimale Vielfache und Teile von Einheiten. Dezimale Vielfache und Teile von Einheiten werden durch Vorsetzen von Vorsilben (Vorsätze genannt) ausgedrückt (siehe Tabelle).

Zehnerpotenz	Vorsatz	Vorsatzzeichen
Dezimale Vielfache		
10^{12}	Tera ...	T
10^{9}	Giga ...	G
10^{6}	Mega ...	M
10^{3}	Kilo ...	k
10^{2}	Hekto ...	h
10^{1}	Deka ...	da
Dezimale Teile		
10^{-1}	Dezi ...	d
10^{-2}	Zenti ...	c

10^{-3}	Milli . . .	m
10^{-6}	Mikro . . .	μ
10^{-9}	Nano . . .	n
10^{-12}	Piko . . .	p
10^{-15}	Femto . . .	f
10^{-18}	Atto . . .	a

Wichtige abgeleitete Einheiten sind in der Tabelle „Formelzeichen, Benennung der Größen und SI-Einheiten" (S. XI) aufgeführt. Zwischen den abgeleiteten mechanischen Einheiten bestehen folgende Kohärenzen

$1\ \text{N} = 1\ \text{kg}\cdot\text{m/s}^2$

$1\ \text{Pa} = 1\ \text{N/m}^2 = 1\ \text{kg/(s}^2\cdot\text{m)}$

$1\ \text{Pa}\cdot\text{s} = 1\ \text{N}\cdot\text{s/m}^2 = 1\ \text{kg/(s}\cdot\text{m)}$

$1\ \text{J} = 1\ \text{N}\cdot\text{m} = 1\ \text{kg}\cdot\text{m}^2/\text{s}^2$

$1\ \text{J/m} = 1\ \text{N}$

$1\ \text{W} = 1\ \text{J/s} = 1\ \text{N}\cdot\text{m/s} = 1\ \text{kg}\cdot\text{m}^2/\text{s}^3$

$1\ \text{Ws} = 1\ \text{J}$

$1\ \text{Hz} = 1\ \text{s}^{-1}$

Spezielle, abgeleitete, mechanische Einheiten

Größe	Einheit	Einheitenzeichen
Druck	Bar	bar
Masse	Gramm	g
Masse	Tonne	t
Spannung, mechanische	Bar	bar
Temperatur	Grad Celsius	°C
Volumen	Liter	l
Winkel, ebener	Vollwinkel	
Winkel, ebener	rechter Winkel	∟
Winkel, ebener	Grad	°
Winkel, ebener	Minute	′
Winkel, ebener	Sekunde	″
Zeit	Minute	min
Zeit	Stunde	h
Zeit	Tag	d

Umrechnungen von früheren Einheiten in SI-Einheiten

$1\ ^\circ\text{K} = 1\ \text{K}$

$1\ \text{erg} = 10^{-7}\ \text{kg}\cdot\text{m}^2/\text{s}^2$

$1\ \text{at} = 98\,066{,}5\ \text{Pa}$

1 atm	=	101 325 Pa
1 m WS	=	0,1 at = 9806,65 Pa
1 mm WS	=	$1\ \text{kp/m}^2 = 9{,}80665$ Pa
1 mm Hg	=	$13{,}5951\ \text{kp/m}^2 = 133{,}3224$ Pa
1 Torr	=	1 mm Hg = 133,3224 Pa
1 PS	=	735,49875 W
1 dyn	=	10^{-5} N
1 kp	=	9,80665 N
1 P	=	$1\ \text{dyn}\cdot\text{s/cm}^2 = \frac{1}{98{,}0665}\ \text{kp}\cdot\text{s/m}^2 = 0{,}1\ \text{Pa}\cdot\text{s}$
1 St	=	$1\ \text{cm}^2/\text{s} = 10^{-4}\ \text{m}^2/\text{s}$
1 kcal	=	4,1868 kJ
1 kcal/h	=	1,163 W
$1\ \text{kp/mm}^2$	=	98,0665 bar

Umrechnungen von SI-Einheiten in frühere Einheiten

1 Nm	=	10^7 erg
1 bar	=	1,019716 at = 0,986 923 atm
1 Pa	=	0,1019716 mm WS
1 bar	=	10,19716 m WS
1 Pa	=	0,0075006 mm Hg
1 kW	=	1,35962 PS
1 N	=	10^5 dyn
1 N	=	0,1019716 kp
$1\ \text{Pa}\cdot\text{s}$	=	$10\ \text{P} = 0{,}1019716\ \text{kp}\cdot\text{s/m}^2$
$1\ \text{m}^2/\text{s}$	=	$10^4\ \text{St} = 10^6\ \text{cSt}$
1 kJ	=	0,238845 kcal
1 W	=	0,8598 kcal/h
1 bar	=	$0{,}01019716\ \text{kp/mm}^2$

Einleitung

Die *chemische Technik* befaßt sich mit der Anwendung chemischer Reaktionen zur Herstellung verkäuflicher Produkte im technischen Maßstab. Den Herstellungsprozeß in seiner Gesamtheit, welcher von den im chemischen Betrieb angelieferten Rohstoffen über die chemische Umsetzung bis zum verkäuflichen Produkt führt, nennt man ein *chemisches Verfahren*; dieses umfaßt sämtliche Einrichtungen und Vorgänge, welche notwendig sind, um aus den Rohstoffen das Endprodukt (die Endprodukte) zu erzeugen.

In der Mehrzahl aller Fälle können die Rohstoffe so, wie sie angeliefert werden, nicht unmittelbar dem *Reaktor*, d. h. dem Apparat, in welchem die chemische Reaktion zur Herstellung des gewünschten Produktes erfolgt, zugeführt werden; sie müssen vielmehr erst zur Reaktion vorbereitet werden, z. B. durch Lösen, Mahlen und Sichten, Stückigmachen usw. Ebenso fallen die Produkte im Reaktor meist nicht direkt in verkäuflicher Form an; sie müssen in der Regel von unerwünschten Nebenprodukten oder nicht umgesetzten Reaktionspartnern abgetrennt werden, z. B. durch Destillieren, Rektifizieren, Filtrieren, Kristallisieren, Extrahieren usw. Die nicht umgesetzten Reaktionspartner werden meist wieder in den Reaktor zurückgeführt. Häufig ist anschließend noch eine weitere Behandlung des Produktes erforderlich, damit es verkaufsfähig wird, z. B. Konzentrieren durch Verdampfen, Erhöhung der Reinheit durch Umkristallisieren oder Rektifizieren, Trocknen, Mahlen und Sichten.

Ein chemisches Verfahren setzt sich demnach stets aus mehreren hintereinander geschalteten *Verfahrensstufen* zusammen, wobei nur in einigen dieser Stufen, oft sogar nur in einer einzigen, chemische Umsetzungen durchgeführt werden. Ein chemisches Verfahren läßt sich also im allgemeinen in drei Abschnitte aufgliedern:

a) *Vorbereiten der Rohstoffe zur Reaktion,*
b) *Stoffumwandlung durch chemische Reaktion,*
c) *Aufbereiten der Reaktionsprodukte.*

In den Abschnitten a) und c) treten fast nur Verfahrensstufen auf, die ausschließlich durch physikalische Gesetzmäßigkeiten bestimmt werden. Diese physikalischen Verfahrensstufen werden gewöhnlich unter dem Begriff „*Grundoperationen*" (engl. „*Unit Operations*") zusammengefaßt zur sogenannten *Verfahrenstechnik*, wobei, gemäß den zugrunde liegenden physikalischen Gesetzmäßigkeiten, zwischen *mechanischer* und *thermischer Verfahrenstechnik* unterschieden wird.

In einem chemischen Verfahren bildet der Abschnitt b), also jener Verfahrensschritt, in welchem die Umsetzung der Reaktionspartner zum Reaktionsprodukt stattfindet, das Kernstück. Der sogenannten *chemischen Reaktionstechnik* fällt die Aufgabe zu, diesen Verfahrensschritt so auszuführen und zu betreiben, daß ein Produkt bestimmter Qualität z. B. mit minimalen Gesamtkosten oder in maximaler Ausbeute hergestellt werden kann (siehe z. B. Fitzer, E., Fritz, W.: Technische Chemie. Eine Einführung in die Chemische Reaktionstechnik. Berlin-Heidelberg-New York: Springer 1975).

1 Stoff- und Energiebilanzen

Die wichtigsten Grundlagen sowohl der Verfahrenstechnik als auch der chemischen Reaktionstechnik sind die Stoff- und Energiebilanzen; diese wiederum basieren auf den Erhaltungssätzen für Masse und Energie.

Nach dem *Satz von der Erhaltung der Masse* bleibt in einem abgeschlossenen System die Gesamtmasse konstant, unabhängig von den Veränderungen des physikalischen Zustandes oder der chemischen Zusammensetzung, welche die in diesem System enthaltenen Stoffe erfahren können. Finden im System keine chemischen Reaktionen statt, so spaltet sich der Satz von der Erhaltung der Gesamtmasse auf in je einen Erhaltungssatz für jeden Stoff, d. h. für jede Molekülart.

Von einem Erhaltungssatz kommen wir zu einer *Bilanzgleichung* dadurch, daß wir von der Umgebung ein System, einen sogenannten *Bilanzraum* abgrenzen, und die diesem Bilanzraum zufließenden und die daraus abfließenden Ströme (Massen- bzw. Energieströme) messen. Der Bilanzraum kann je nach dem Problem ein differentielles Volumenelement $\mathrm{d}V$, ein ganzer Apparat, oder gar eine ganze Fabrik sein. Aus jedem Erhaltungssatz folgt eine Bilanzgleichung, wonach der in einen Bilanzraum eintretende Mengenstrom minus dem aus dem Bilanzraum austretenden Mengenstrom gleich ist der Änderung der betreffenden Menge in der Zeiteinheit innerhalb des Bilanzraumes. Unter Menge ist hier die Masse (Stoffmenge) bzw. die Energiemenge zu verstehen.

Die *Stoffbilanzgleichung* für einen Stoff i lautet dann:

$$\dot{m}_\mathrm{i}^\mathrm{ein} - \dot{m}_\mathrm{i}^\mathrm{aus} = \frac{\mathrm{d}m_\mathrm{i}}{\mathrm{d}t} \,. \qquad \text{(I)}$$

$\dot{m}_\mathrm{i}^\mathrm{ein}$ ist der dem Bilanzraum zugeführte, $\dot{m}_\mathrm{i}^\mathrm{aus}$ der aus dem Bilanzraum abgeführte Massenstrom, $\mathrm{d}m_\mathrm{i}/\mathrm{d}t$ die zeitliche Änderung der Masse m_i des Stoffes i innerhalb des Bilanzraumes.

Ist der Stoff i innerhalb des Bilanzraumes vom Volumen V an einer oder mehreren chemischen Reaktionen beteiligt, so sind diese in der Bilanzgleichung durch einen Term zu berücksichtigen, welcher der Bildung bzw. dem Verbrauch des Stoffes i Rechnung trägt:

$$\frac{dm_i}{dt} = \dot{m}_i^{ein} - \dot{m}_i^{aus} + VM_i \sum_j r_j \nu_{ij} \tag{II}$$

(r_j Reaktionsgeschwindigkeit der Reaktion mit der Nummer j, ν_{ij} stöchiometrische Zahl des Stoffes i für die Reaktion mit der Nummer j, M_i molare Masse des Stoffes i).

Ist der Stoff i nur an einer einzigen stöchiometrisch unabhängigen Reaktion beteiligt, so gilt:

$$\frac{dm_i}{dt} = \dot{m}_i^{ein} - \dot{m}_i^{aus} + VM_i r \nu_i. \tag{III}$$

Dividiert man durch die molare Masse M_i $(m_i = n_i M_i)$, so ergibt sich die in Stoffmengen ausgedrückte Bilanzgleichung für den Stoff i:

$$\frac{dn_i}{dt} = \dot{n}_i^{ein} - \dot{n}_i^{aus} + Vr\,\nu_i. \tag{IV}$$

Bei einem stationären, d. h. zeitlich konstanten Vorgang verschwinden die Ableitungen nach der Zeit ($dm_i/dt = 0$ bzw. $dn_i/dt = 0$), so daß die Stoffbilanzgleichungen lauten:

$$0 = \dot{m}_i^{ein} - \dot{m}_i^{aus} + VM_i\, r\, \nu_i \quad \text{bzw.} \tag{V}$$

$$0 = \dot{n}_i^{ein} - \dot{n}_i^{aus} + Vr\,\nu_i. \tag{VI}$$

Ist der Stoff i außerdem nicht an einer chemischen Reaktion beteiligt $(r_i = r\,\nu_i = 0)$, so folgt für die Stoffbilanz:

$$\dot{m}_i^{ein} = \dot{m}_i^{aus} \tag{VII}$$

bzw.

$$\dot{n}_i^{ein} = \dot{n}_i^{aus}. \tag{VIII}$$

Beispiel 1-1. In einem kontinuierlich betriebenen Rührkesselreaktor mit vollständiger Durchmischung der Reaktionsmasse findet die Reaktion $|\nu_A|\,A + \ldots \rightarrow |\nu_P|\,P$ statt. Die Reaktionsgeschwindigkeit ist gegeben durch $r = kc_A$. Wie lautet die Stoffbilanz bei stationärem

Betriebszustand des Reaktors und wie groß muß das Reaktorvolumen $V = V_R$ sein, um eine bestimmte Produktionsleistung $\dot{n}_P^{aus}$ des Reaktionsproduktes P zu erreichen?

Es gilt, da stationärer Betriebszustand vorausgesetzt ist, Gl. (VI) mit $i = A$ und $\nu_A = -|\nu_A|$ (da A Reaktionspartner, s. Abschnitt 11.2):

$0 = \dot{n}_A^{ein} - \dot{n}_A^{aus} - V_R r |\nu_A|$. Mit Hilfe der Definition des Umsatzes

$U_A = \frac{\dot{n}_A^{ein} - \dot{n}_A^{aus}}{\dot{n}_A^{ein}}$ erhält man daraus für die Stoffbilanz:

$0 = \dot{n}_A^{ein} U_A - V_R r |\nu_A|$. Zwischen A und P gilt die aus Gl. (XXI), Abschnitt 11.4, mit $i = P$ und $k = A$ folgende stöchiometrische Verknüpfung: $\dot{n}_P^{aus} = \dot{n}_P^{ein} + \frac{\nu_P}{|\nu_A|} \cdot \dot{n}_A^{ein} U_A$. Da $\dot{n}_P^{ein} = 0$ ist (P wird nicht schon in den Reaktor eingespeist), ergibt sich durch Einsetzen in die Stoffbilanz und deren Auflösen nach V_R:

$V_R = \frac{\dot{n}_P^{aus}}{r \nu_P}$. Dabei ist zu berücksichtigen, daß $r = kc_A$ ist. Da im Kessel vollständige Vermischung erfolgt, ist die Konzentration im Kessel auch gleich derjenigen im Ablauf, d. h. $r = kc_A^{aus} =$

$= kc_A^{ein}(1 - U_A)$. Damit wird schließlich $V_R = \frac{\dot{n}_P^{aus}}{\nu_P kc_A^{ein}(1 - U_A)}$. ——

Beispiel 1-2. Eine Schwefelsäurefabrik mit einer Kapazität von 100 000 t H_2SO_4 pro Jahr verwendet als Rohstoff ein Pyritkonzentrat. Wieviel Pyrit wird jährlich verbraucht und wieviel Eisenoxid (Fe_2O_3) fällt als Nebenprodukt an?

$$2\,FeS_2 + 5{,}5\,O_2 \rightarrow Fe_2O_3 + 4\,SO_2$$
$$4\,SO_2 + 2\,O_2 \rightarrow 4\,SO_3$$
$$4\,SO_3 + 4\,H_2O \rightarrow 4\,H_2SO_4$$

100 000 t $H_2SO_4 = 10^{11}$ g $H_2SO_4 = (10^{11}/98{,}08) = 1{,}020 \cdot 10^9$ mol H_2SO_4. Für 1 mol H_2SO_4 werden 0,5 mol $= (0{,}5 \cdot 119{,}97) =$ $= 60{,}0$ g FeS_2 benötigt, folglich sind für $1{,}020 \cdot 10^9$ mol H_2SO_4 erforderlich $(1{,}020 \cdot 10^9) \cdot 60 = 6{,}12 \cdot 10^{10}$ g = 61 200 t Pyrit pro Jahr. Auf 1 mol Pyrit (119,97 g) fallen 0,5 mol Fe_2O_3 $(= 0{,}5 \cdot 159{,}70 =$ $= 79{,}85$ g) an. Dann beträgt der Anfall von Eisenoxid pro Jahr

$\frac{61\,200 \cdot 79{,}85}{119{,}97} = 40\,734$ t Fe_2O_3. ——

Bei der Aufstellung der *Energiebilanz* müssen alle bei dem betreffenden Vorgang auftretenden Energieformen berücksichtigt werden. In vielen Fällen tritt jedoch nur Wärmeenergie auf; dann reduziert sich die Energiebilanz auf eine Wärmebilanz. In Analogie zu Gl. (IV) gilt:

$$\frac{\mathrm{d}(mc_\mathrm{p}T)}{\mathrm{d}t} = (\dot{m}c_\mathrm{p}T)^\mathrm{ein} - (\dot{m}c_\mathrm{p}T)^\mathrm{aus} + r(-\Delta_\mathrm{R}H_\mathrm{m})V. \quad \text{(IX)}$$

Der Term auf der linken Seite bedeutet die zeitliche Änderung der Enthalpie innerhalb des Bilanzraumes. $(\dot{m}c_\mathrm{p}T)^\mathrm{ein}$ ist die dem Bilanzraum durch den gesamten Massenstrom $\dot{m}^\mathrm{ein}$ (spezifische Wärmekapazität $c_\mathrm{p}^\mathrm{ein}$, Temperatur T^ein) in der Zeiteinheit zugeführte, $(\dot{m}c_\mathrm{p}T)^\mathrm{aus}$ die aus dem Bilanzraum mit dem Massenstrom $\dot{m}^\mathrm{aus}$ abgeführte Wärmemenge. $r(-\Delta_\mathrm{R}H_\mathrm{m})V$ ist die innerhalb des Bilanzraumes durch chemische Reaktion in der Zeiteinheit gebildete oder verbrauchte Wärmemenge. Schließlich müssen dann, wenn dem Bilanzraum von außen Wärme zugeführt (Heizung) oder aus dem Bilanzraum Wärme nach außen abgeführt wird (Kühlung) auch diese Wärmemengen berücksichtigt werden.

Beispiel 1-3. In einem absatzweise betriebenen Rührkessel soll eine Flüssigkeitmasse m von der Temperatur T^0 auf die Temperatur T erwärmt werden. Die Beheizung erfolgt durch kondensierenden Dampf der Temperatur T_D von außen über einen Heizmantel mit der Wärmeaustauschfläche A. Die spezifische Wärmekapazität c_p der Flüssigkeit soll als unabhängig von der Temperatur und damit auch von der Zeit angenommen werden. Es soll eine Beziehung für die zur Aufheizung erforderliche Zeit aufgestellt werden.

Da kein Zulauf, kein Ablauf und auch keine chemische Reaktion erfolgt, verschwinden alle Terme auf der rechten Seite der Gl. (IX). An deren Stelle tritt als wärmeliefernder Vorgang der Wärmedurchgang vom kondensierenden Dampf durch die Wärmeaustauschfläche auf die zu erwärmende Flüssigkeit. Für die in der Zeiteinheit auf die Flüssigkeit übergehende Wärmemenge gilt nach Gl. (XV), Abschnitt 5.3, $\dot{Q} = kA(T_\mathrm{D} - T)$, wobei k der Wärmedurchgangskoeffizient ist. Damit erhält man für die Wärmebilanz (m und c_p sind konstant): $mc_\mathrm{p} \cdot \frac{\mathrm{d}T}{\mathrm{d}t} = \dot{Q} = kA(T_\mathrm{D} - T)$. Durch Trennung der Variablen folgt daraus $\int\limits_{T^0}^{T} \frac{\mathrm{d}T}{T_\mathrm{D}-T} = \frac{kA}{mc_\mathrm{p}} \cdot \int\limits_{0}^{t} \mathrm{d}t$ und nach Ausführung der Integration $\ln \frac{T_\mathrm{D}-T}{T_\mathrm{D}-T^0} = -\frac{kA}{mc_\mathrm{p}} \cdot t$. ——

Beispiel 1-4. Wieviel Mol Luft mit einer Temperatur von $\vartheta^{\mathrm{ein}} = 450\ {}^\circ\mathrm{C}$ sind in einem Trockner mindestens erforderlich, um 1 mol Wasser aus einem feuchten Feststoff zu verdampfen, wenn der feuchte Feststoff dem Trockner mit einer Temperatur von 100 °C zugeführt wird und die Ablufttemperatur $\vartheta^{\mathrm{aus}} = 100\ {}^\circ\mathrm{C}$ beträgt? $C_{\mathrm{mp,\,Luft}} = 29{,}73\ \mathrm{J/(mol \cdot K)}$, $\Delta_\mathrm{V} H_{\mathrm{H_2O}} = 40{,}61\ \mathrm{kJ/mol}$.

Die heiße Luft kühlt sich ab, gibt dabei Wärme an das zu trocknende Gut ab, wobei anhaftendes Wasser verdampft wird. Da zugeführter Feststoff und Abluft dieselbe Temperatur von 100 °C haben, lautet die Wärmebilanz einfach $n_{\mathrm{Luft}} \cdot C_{\mathrm{mp,\,Luft}} \cdot \Delta\vartheta = n_{\mathrm{H_2O}} \cdot \Delta_\mathrm{V} H_{\mathrm{H_2O}}$, d. h. $\frac{n_{\mathrm{Luft}}}{n_{\mathrm{H_2O}}} = \frac{\Delta_\mathrm{V} H_{\mathrm{H_2O}}}{C_{\mathrm{mp,\,Luft}} \cdot \Delta\vartheta} = \frac{40\,610}{29{,}73 \cdot 350} = 3{,}90$. Zur Verdampfung von 1 mol Wasser sind unter den angegebenen Bedingungen 3,90 mol Luft erforderlich. ——

2 Strömungsvorgänge von Flüssigkeiten und Gasen

2.1 Allgemeines

Bei Strömungsvorgängen von Flüssigkeiten und Gasen sind zwei physikalische Eigenschaften von großer Bedeutung: *Zähigkeit* und *Kompressibilität*.

Ist die Strömungsgeschwindigkeit klein gegenüber der Schallgeschwindigkeit des strömenden Mediums, so spielt die Kompressibilität für die Strömungsvorgänge keine wesentliche Rolle und die Dichte kann als konstant angenommen werden (*inkompressible Flüssigkeit*). Die sogenannten *tropfbaren Flüssigkeiten* können für alle praktisch vorkommenden Strömungsgeschwindigkeiten als inkompressibel betrachtet werden. Sofern die Kompressibilität vernachlässigbar ist, besteht zwischen den Strömungsgesetzen von Flüssigkeiten und Gasen kein Unterschied; Strömungen von Gasen können bei Strömungsgeschwindigkeiten von $w < 100$ m/s als inkompressibel angesehen werden. Die folgenden Ausführungen über die Strömung von Flüssigkeiten gelten somit auch für Gase, wenn diese als inkompressibel zu betrachten sind.

Flüssigkeiten strömen durch Apparate und Rohrleitungen infolge eines Druckes, welcher durch Pumpen oder durch den hydrostatischen Druck einer Flüssigkeitssäule erzeugt wird. In einer vollständig mit Flüssigkeit gefüllten Rohrleitung ist die Strömungsgeschwindigkeit in der Rohrachse stets am größten und nimmt in Richtung zur Rohrwand auf den Wert $w = 0$ an der Rohrwand infolge der Wandhaftung ab. Die mittlere Strömungsgeschwindigkeit w ist definiert als

$$w = \frac{\dot{v}}{q} \tag{1}$$

($\dot{v}$ Volumenstrom, q Rohrquerschnitt).

Die Zähigkeit ist bei zahlreichen technisch wichtigen Flüssigkeiten und Gasen sehr gering, so daß die dadurch bedingten Reibungskräfte gegenüber den anderen Kräften (Schwerkraft, Druckkraft, Trägheitskraft) zu vernachlässigen sind. Dies ist z. B. der Fall bei der Umströmung von Körpern in großem Abstand von diesen (reibungslose Flüssigkeit). Dagegen ist die Zähigkeit bei der Durchströmung von Rohrleitungen und Kanälen stets von großer Bedeutung.

Das Verhältnis der Trägheitskräfte zu den Zähigkeitskräften wird durch die *Reynoldssche Zahl Re* charakterisiert:

$$Re = \frac{wd}{\nu} = \frac{wd\rho}{\eta} \tag{II}$$

(w mittlere Strömungsgeschwindigkeit, d Rohrdurchmesser, ρ Dichte, ν kinematische Zähigkeit, η dynamische Zähigkeit).

Sind für Strömungsvorgänge bei geometrischer Ähnlichkeit der Begrenzung auch die Stromlinienbilder geometrisch ähnlich, so sind die Strömungsvorgänge mechanisch ähnlich unter der Voraussetzung, daß die Reynoldsschen Zahlen für diese Vorgänge gleich sind.

2.2 Laminare und turbulente Strömungen

Bei kleinen Reynoldsschen Zahlen sind die Strömungen *laminar*, d. h. es findet keine Vermischung zwischen benachbarten Schichten statt. Bei laminarer Strömung in einem Rohr mit kreisrundem Querschnitt liegt ein parabolisches Geschwindigkeitsprofil über den Querschnitt vor. Bei großen Reynoldsschen Zahlen sind die Strömungen *turbulent*, d. h. es erfolgt eine starke Vermischung benachbarter Schichten: der mittleren Bewegung ist eine unregelmäßige Schwankungsbewegung überlagert, welche die Vermischung bewirkt und die Zähigkeit scheinbar erhöht (turbulente Scheinreibung). Die meisten technischen Strömungen sind turbulent.

Der Umschlag zwischen laminarer und turbulenter Strömung wird durch die *kritische Reynoldssche Zahl* Re_{krit} bestimmt. Diese beträgt bei einem Rohr mit kreisrundem Querschnitt

$$Re_{\text{krit}} = \left(\frac{wd}{\nu}\right)_{\text{krit}} = 2320. \tag{III}$$

Beispiel 2-1. Ein Öl mit einer kinematischen Zähigkeit $\nu = 1{,}14 \cdot 10^{-4}$ m²/s fließt durch eine glatte Rohrleitung mit einem Durchmesser $d = 5$ cm. Bis zu welcher Strömungsgeschwindigkeit wird die Strömung laminar sein?

$$w_{\text{krit}} = Re_{\text{krit}} \cdot \frac{\nu}{d} = 2320 \cdot \frac{1{,}14 \cdot 10^{-4}}{5 \cdot 10^{-2}} = 5{,}29 \text{ m/s.}$$ ——

Aufgaben. 2/1. Wasser von 20 °C mit einer dynamischen Zähigkeit $\eta = 1 \cdot 10^{-3}$ Pa·s $= 1 \cdot 10^{-3}$ N·s/m² und einer Dichte von 1000 kg/m³ fließt durch eine glatte Rohrleitung von 5 cm Durchmesser. Bis zu welcher Geschwindigkeit wird die Strömung laminar sein?

2.3 Massen- und Energiebilanz strömender Flüssigkeiten

Strömt eine Flüssigkeit längere Zeit unter konstantem Druck in einem Rohr, so bildet sich ein *stationärer Strömungszustand* aus, bei dem sich die räumliche Geschwindigkeitsverteilung zeitlich nicht ändert.

Die Gleichung für die *Massenbilanz* stationärer Strömungen, welche auch als *Kontinuitätsgleichung* bezeichnet wird, lautet:

$$\dot{m} = konst.; \tag{IV}$$

d. h. unter stationären Bedingungen ist in jedem Querschnitt eines Leitungssystems der Massenstrom zeitlich konstant.

Beispiel 2-2. Die Kontinuitätsgleichung (IV) soll aus der Stoffbilanzgleichung (II), Abschnitt 1, abgeleitet werden.

Bei einer Flüssigkeitsströmung ohne chemische Reaktion entfällt das letzte Glied auf der rechten Seite der Gl. (II). Durch Addition der Massenströme $\dot{m}_i$ aller in der Flüssigkeit vorliegenden Komponenten erhält man die Bilanz für die Gesamtmasse: $\frac{dm}{dt} = \dot{m}^{ein} - \dot{m}^{aus}$. Unter stationären, d. h. zeitlich konstanten Bedingungen ist $dm/dt = 0$, so daß aus der vorstehenden Gleichung folgt: $\dot{m}^{ein} = \dot{m}^{aus} = \dot{m} = konst.$ ——

Mit Hilfe von Gl. (I) kann man die Kontinuitätsgleichung schreiben:

$$\dot{m} = \dot{v}\rho = wq\rho = konst. \tag{V}$$

Für die stationäre Strömung einer inkompressiblen Flüssigkeit ($\rho = konst.$) folgt daraus

$$wq = konst. = w_1 q_1 = w_2 q_2 ; \qquad \text{(VI)}$$

d. h. bei veränderlichem Rohrquerschnitt, z. B. in einem sich verengenden oder erweiternden Rohr, ist das Verhältnis der Geschwindigkeiten w_1 und w_2 in zwei Querschnitten umgekehrt proportional dem Verhältnis der entsprechenden Querschnittsflächen:

$$\frac{w_1}{w_2} = \frac{q_2}{q_1} . \qquad \text{(VII)}$$

Eine Flüssigkeit, deren Zähigkeit $\eta = 0$ gesetzt werden kann und deren Dichte $\rho = konst.$ ist, wird als *ideale Flüssigkeit* bezeichnet. Die Energiebilanz für die stationäre Strömung einer idealen Flüssigkeit führt zur *Bernoulli-Gleichung*, die wir im folgenden ableiten wollen.

In das Rohrsystem der Abb. 2.1 ströme in einer geodätischen Höhe h_1 (bezogen auf einen Nullhorizont) die Flüssigkeitsmasse m von der Dichte ρ mit der Geschwindigkeit w_1 gegen den statischen

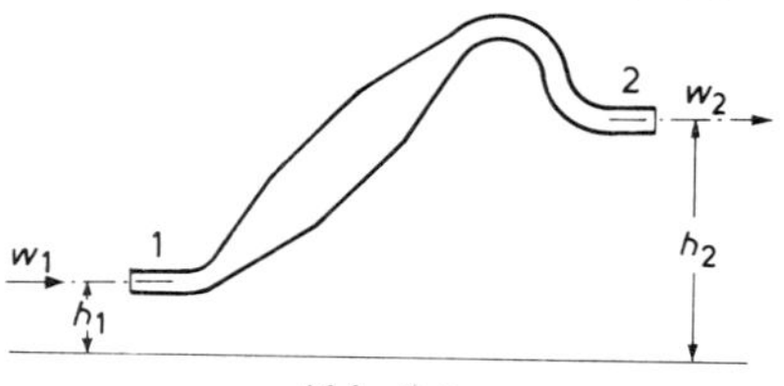

Abb. 2.1

Druck p_1 ein. Diese Flüssigkeitsmasse enthält somit eine potentielle Energie $E_{pot} = mgh_1$ und eine kinetische Energie $E_{kin} = \frac{mw_1^2}{2}$.

Um diese Flüssigkeit des spezifischen Volumens $v = 1/\rho$ gegen den statischen Druck p_1 in das Rohrsystem zu bringen, ist die Volumenarbeit mvp_1 erforderlich.

Gemäß der Kontinuitätsgleichung für die stationäre Strömung einer idealen Flüssigkeit tritt an der Stelle 2 aus dem Rohrsystem eine Flüssigkeitsmenge m aus, für welche die Energiebilanz in analoger Weise aufgestellt wird. Erfolgt zwischen den Punkten 1 und 2 keine Änderung des Energieinhaltes, so folgt für die Gesamtenergie:

$$mgh_1 + \frac{mw_1^2}{2} + \frac{mp_1}{\rho} = mgh_2 + \frac{mw_2^2}{2} + \frac{mp_2}{\rho} = konst. \qquad \text{(VIII)}$$

und daraus durch Multiplikation mit ρ/m:

$$\rho g h_1 + \frac{\rho w_1^2}{2} + p_1 = \rho g h_2 + \frac{\rho w_2^2}{2} + p_2 = konst. \qquad \text{(IX)}$$

Die einzelnen Terme dieser Gleichung stellen Energien pro Volumeneinheit dar: der erste Term ist die *potentielle Energie*, der zweite die *kinetische Energie*, der dritte die *Druckarbeit*, alle je Volumeneinheit.

Dividiert man die Gl. (IX) durch ρg, so erhält man:

$$h_1 + \frac{w_1^2}{2g} + \frac{p_1}{\rho g} = h_2 + \frac{w_2^2}{2g} + \frac{p_2}{\rho g} = konst. \qquad \text{(X)}$$

Hier haben alle Terme die Dimension einer Länge und die Bedeutung von Höhen: $w^2/2g$ ist diejenige Höhe, um die ein Körper im freien Fall herunterfallen muß, um die Geschwindigkeit w zu erhalten; sie heißt daher *Geschwindigkeitshöhe*. $p/\rho g$ ist die Höhe einer Flüssigkeitssäule der Dichte ρ, welche den Druck p erzeugt; sie heißt deshalb *Druckhöhe*. h ist die Höhe einer bestimmten Stelle über einer festgesetzten Horizontalebene; sie wird als *Ortshöhe* oder *geodätische Höhe* bezeichnet. Die Gln. (VIII) bis (X) sind verschiedene Formen der sog. *Bernoulli-Gleichung*, einer Hauptgleichung für die Behandlung von Strömungsaufgaben.

Beispiel 2-3. In einem sich verengenden horizontal liegenden Rohr mit kreisrundem Querschnitt (Abmessungen s. Abb. 2.2) beträgt an der Stelle 1 der Druck $p_1 = 107\,910\ \text{N/m}^2$, die Strömungsgeschwin-

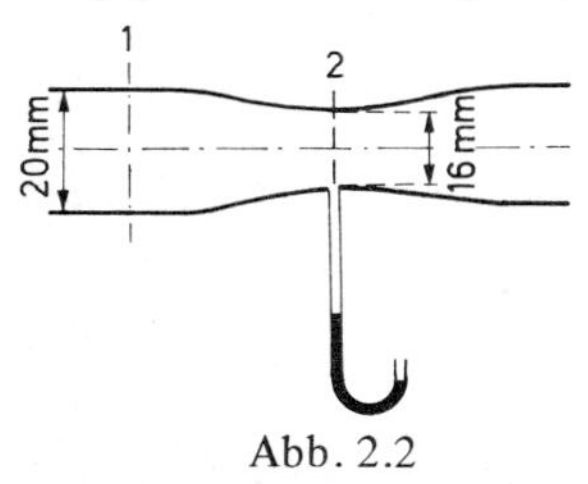

Abb. 2.2

digkeit $w_1 = 4$ m/s. Wie groß ist der Druck an der Stelle 2, wenn das Rohr a) von Wasser ($\rho = 1000\ \text{kg/m}^3$), b) von Luft ($\rho = 1{,}3\ \text{kg/m}^3$) durchströmt wird?

Nach der Kontinuitätsgleichung ist $w_2 = w_1 \cdot \dfrac{q_1}{q_2} = w_1 \cdot \left(\dfrac{d_1}{d_2}\right)^2 =$ $= 4 \cdot \left(\dfrac{20}{16}\right)^2 = 6{,}25$ m/s. Da die Leitung keine Höhenunterschiede aufweist, ist in der Bernoulli-Gleichung $h_1 = h_2$ und somit

$$\frac{\rho w_1^2}{2} + p_1 = \frac{\rho w_2^2}{2} + p_2; \text{ d. h. } p_2 = p_1 + \frac{\rho}{2}(w_1^2 - w_2^2).$$

a) für Wasser ist $p_2 = 107\,910 + \frac{1000}{2} \cdot (4^2 - 6{,}25^2) = 96\,379 \text{ N/m}^2$;

b) für Luft ist $p_2 = 107\,910 + \frac{1{,}3}{2} \cdot (4^2 - 6{,}25^2) = 107\,895 \text{ N/m}^2$. ——

Bei der Strömung *realer (reibungsbehafteter) Flüssigkeiten* durch Rohrleitungen, Armaturen, Formstücke usw. wird infolge Wandreibung und innerer Reibung ein Teil der mechanischen Energie in Wärmeenergie umgewandelt. Diese Energieverluste wurden in den bisher für ideale Flüssigkeiten angegebenen Gln. (IX) und (X) nicht berücksichtigt. Die Summe der Glieder in der Bernoulli-Gleichung kann aber nur dann eine konstante Größe darstellen, wenn die Energieverluste mit einbezogen werden. Deren Berücksichtigung erfolgt bei Gl. (IX) als Druckverlust Δp_V, bei Gl. (X) als Druckverlusthöhe h_V. Diese Gleichungen lauten dann für die stationäre Strömung realer Flüssigkeiten zwischen zwei Querschnitten 1 und 2 eines Leitungssystems:

$$\rho g h_1 + \frac{\rho w_1^2}{2} + p_1 = \rho g h_2 + \frac{\rho w_2^2}{2} + p_2 + \Delta p_V \quad \text{und} \tag{XI}$$

$$h_1 + \frac{w_1^2}{2g} + \frac{p_1}{\rho g} = h_2 + \frac{w_2^2}{2g} + \frac{p_2}{\rho g} + h_V. \tag{XII}$$

Die Förderhöhe H_A einer Anlage beträgt (s. Abb. 2.3):

$$H_A = \frac{p_2 - p_1}{\rho g} + \frac{w_2^2 - w_1^2}{2g} + h_2 - h_1 + h_V. \tag{XIII}$$

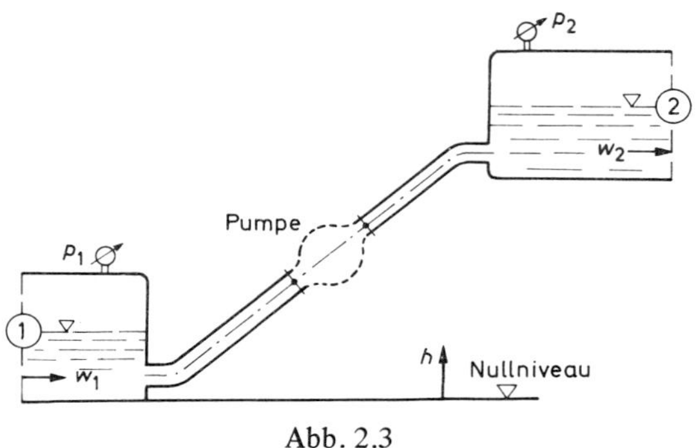

Abb. 2.3

Im Beharrungszustand der Förderung (Drehzahl $n = konst.$) ist die Förderhöhe H_A der Anlage gleich der Förderhöhe H der Pumpe. Der Leistungsbedarf P einer Pumpe, d. h. die an der Pumpenkupplung vom Antrieb her aufgenommene mechanische Leistung, ist:

$$P = \frac{\dot{m} g H}{\eta} = \frac{\dot{v} \rho g H}{\eta} \tag{XIV}$$

(η Pumpenwirkungsgrad).

Beispiel 2-4. Eine Pumpe saugt Schwefelsäure der Dichte $\rho = 1710$ kg/m^3 aus einem Lagerbehälter durch ein Rohr von 7,6 cm Durchmesser, wobei die Geschwindigkeit in der Saugleitung 3 m/s beträgt. Die Pumpe drückt durch ein Rohr von 5,1 cm Durchmesser in einen Hochbehälter. Der Ausfluß aus dem Druckrohr liegt 12 m über dem Flüssigkeitsspiegel im Lagerbehälter. Die Druckverlusthöhe beträgt 2,5 m. Wie groß ist die Förderhöhe der Anlage und der Leistungsbedarf der Pumpe, wenn der Pumpenwirkungsgrad 80% beträgt?

Bezugsebene sei der Flüssigkeitsspiegel im Lagerbehälter; $h_1 = 0$, $h_2 = 12$ m. Nach der Kontinuitätsgleichung beträgt die Strömungsgeschwindigkeit in der Druckleitung und an deren Ausfluß $w_2 = 3 \cdot \left(\frac{7,6}{5,1}\right)^2 = 6,66$ m/s. Die Geschwindigkeit an der Stelle 1 im Lagerbehälter beträgt $w_1 = 0$ m/s. Wenn beide Behälter unter Atmosphärendruck stehen, ist $p_1 = p_2$. Dann folgt aus (XIII):

$$H_A = \frac{w_2^2}{2g} + h_2 - h_1 + h_V = \frac{6,66^2}{2 \cdot 9,81} + 12 - 0 + 2,5 = 16,76 \text{ m}.$$

Der Förderstrom der Pumpe beträgt $\dot{v} = q_2 w_2 = \frac{d_2^2 \pi}{4} \cdot w_2 = \frac{(5,1 \cdot 10^{-2})^2 \cdot 3,14}{4} \cdot 6,66 = 0,0136$ m^3/s. Der Leistungsbedarf der Pumpe beträgt dann: $P = \frac{\dot{v} \rho g H}{\eta} = \frac{0,0136 \cdot 1710 \cdot 9,81 \cdot 16,76}{0,8} =$ $= 4780$ J/s $= 4,780$ kW. ——

2.4 Ausflußvorgänge

Eine inkompressible Flüssigkeit ströme durch eine Öffnung in der Wand oder im Boden eines Behälters frei aus (Abb. 2.4). Die Flüssigkeitsteilchen am Flüssigkeitsspiegel im Behälter (in der Höhe h_2) stehen ebenso wie die in dem freien Strahl (Höhe h_1) unter dem

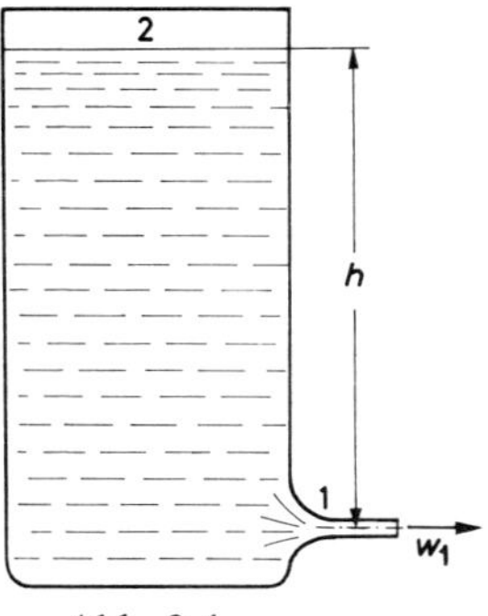

Abb. 2.4

Atmosphärendruck p_0. Für die beiden Punkte folgt aus Gl. (X) mit $p_1 = p_2 = p_0$ und $w_2 = 0$ m/s:

$$\frac{w_1^2}{2g} + h_1 = h_2. \tag{XV}$$

Daraus ergibt sich für die Ausflußgeschwindigkeit ($h = h_2 - h_1$):

$$w_1 = \sqrt{2\,gh}\,. \tag{XVI}$$

Die tatsächliche Ausflußgeschwindigkeit ist jedoch kleiner, da der Strahl eingeschnürt und die Geschwindigkeit durch Reibung herabgesetzt wird. Die Einschnürung und die Reibungsverluste werden durch einen Korrekturfaktor μ, die sog. *Kontraktionszahl*, vor dem Wurzelausdruck der Gl. (XVI) berücksichtigt. Die Kontraktionszahl beträgt für eine Öffnung mit abgerundeten Kanten (s. Abb. 2.4) nahezu 1, für eine Öffnung mit nicht abgerundeten Kanten 0,61.

Beispiel 2-5. Wieviel Flüssigkeit fließt aus einem ständig voll erhaltenen Behälter in der Stunde aus, wenn die Flüssigkeit durch ein kreisförmiges Loch mit abgerundeten Kanten von 10 cm Durchmesser ausfließt, dessen Mittelpunkt 0,80 m unter dem Flüssigkeitsspiegel liegt?

Ausfluß-Volumenstrom $\dot{v} = r^2 \pi \sqrt{2\,gh} = 0{,}0025 \cdot 3{,}14 \cdot \sqrt{2 \cdot 9{,}81 \cdot 0{,}8} = 0{,}0311\ \mathrm{m^3/s} = 111{,}96\ \mathrm{m^3/h}$. Hätte die Ausflußöffnung scharfe Kanten, so würde der Ausfluß-Volumenstrom $\dot{v} = 0{,}61 \cdot 111{,}96 = 68{,}30\ \mathrm{m^3/h}$ betragen. ——

Nimmt die Höhe des Flüssigkeitsspiegels über der Ausflußöffnung während des Ausflusses laufend ab, ist also eine Funktion der Zeit, so ist das im Zeitelement $\mathrm{d}t$ ausströmende Volumen $\mathrm{d}V$:

$$\mathrm{d}V = q_1 w_1\ \mathrm{d}t = -q\ \mathrm{d}h. \qquad \text{(XVII)}$$

(q_1 Querschnittsfläche der Öffnung, q Querschnittsfläche des Behälters). Durch Einsetzen von w_1 aus Gl. (XVI) und Integration folgt daraus die zur Absenkung des Flüssigkeitsspiegels von der Höhe h auf die Höhe h' erforderliche Zeit:

$$t = \frac{2\,q}{\mu q_1 \sqrt{2g}} \cdot (\sqrt{h} - \sqrt{h'}). \qquad \text{(XVIII)}$$

Beispiel 2-6. Ein zylindrischer Behälter von 2 m Durchmesser und 2,5 m Höhe ist 2 m hoch mit Wasser gefüllt. Am Boden befindet sich eine Ausflußöffnung von 0,12 m Durchmesser (Kanten nicht abgerundet, $\mu = 0{,}61$). Welche Zeit ist für die vollständige Entleerung des Behälters erforderlich?

$$q = \frac{\pi}{4} \cdot 2^2 = 3{,}14\ \mathrm{m}^2;\quad q_1 = \frac{\pi}{4} \cdot 0{,}12^2 = 0{,}0113\ \mathrm{m}^2.$$

$$t = \frac{2 \cdot 3{,}14 \cdot (\sqrt{2} - \sqrt{0})}{0{,}61 \cdot 0{,}0113 \cdot \sqrt{2 \cdot 9{,}81}} = 291\ \mathrm{s} = 4{,}85\ \mathrm{min}. \text{ ——}$$

Der Ausfluß einer Flüssigkeit mit konstanter Ausflußgeschwindigkeit aus einem Behälter trotz sinkenden Flüssigkeitspiegels wird durch die *Mariottesche Flasche* ermöglicht (Abb. 2.5). Diese ist ein geschlossenes Gefäß mit seitlichem Ausfluß A. Das Rohr R steht

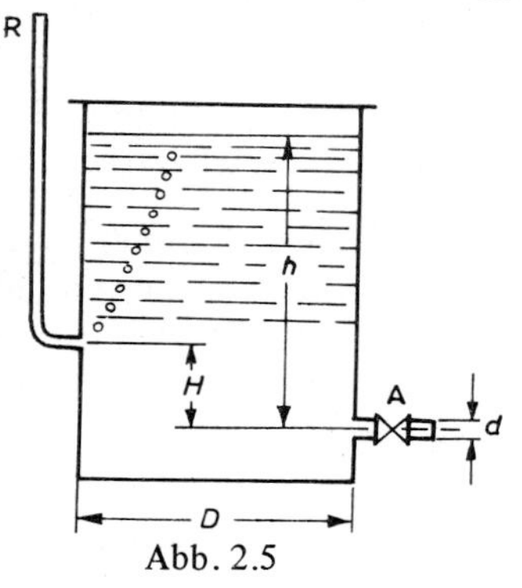

Abb. 2.5

mit der Atmosphäre in Verbindung. Beim Ausfluß der Flüssigkeit durch A entsteht über dem Flüssigkeitsspiegel ein Unterdruck gegenüber dem Atmosphärendruck, so daß durch R Luft aus der Atmosphäre angesaugt wird. Daher herrscht im Behälter in der Höhe H stets Atmosphärendruck, unabhängig von der Höhe h des Flüssigkeitsspiegels. Solange dieser nicht unter die Höhe H absinkt, erfolgt der Ausfluß der Flüssigkeit stets unter dem gleichen Druck.

Beispiel 2-7. Mit welcher Geschwindigkeit strömt eine Flüssigkeit aus einer Mariotteschen Flasche aus, wenn die Höhen $H = 0{,}4$ m und $h = 1{,}4$ m betragen? Nach welcher Zeit ist der Flüssigkeitsspiegel von 1,4 m auf 0,4 m abgesunken, wenn der Behälterdurchmesser $D = 1{,}4$ m und der Durchmesser der Ausflußöffnung $d = 0{,}1$ m beträgt? (Scharfe Kanten, $\mu = 0{,}61$).

$w = 0{,}61 \cdot \sqrt{2 \cdot 9{,}81 \cdot 0{,}4} = 1{,}71$ m/s. Bei einer Senkung des Flüssigkeitsspiegels von 1,4 auf 0,4 m beträgt das ausgeflossene Flüssigkeitsvolumen $V = \frac{D^2 \pi}{4} \cdot (h - H) = \frac{1{,}4^2 \cdot 3{,}14}{4} \cdot (1{,}4 - 0{,}4) =$ $= 1{,}539\ \text{m}^3$. Dann ist die Ausflußzeit $t = \frac{V}{wq} = \frac{V}{w \cdot \frac{d^2 \pi}{4}} =$

$$= \frac{1{,}539}{1{,}71 \cdot \frac{0{,}1^2 \cdot 3{,}14}{4}} = 114{,}6\ \text{s} = 1{,}91\ \text{min.}$$

Kann ein Gas unter den betreffenden Bedingungen als inkompressibel angesehen werden (Strömungsgeschwindigkeit klein gegenüber der Schallgeschwindigkeit), so gelten für Gase dieselben Gesetzmäßigkeiten wie für Flüssigkeiten.

Strömt aus einem großen Behälter (Druck p_0 im Behälter demnach konstant) ein Gas aus, so folgt die Ausströmgeschwindigkeit aus der Bernoulli-Gleichung (X), wobei die Strömungsgeschwindigkeit im Behälter $w_0 = 0$ m/s ist:

$$p_0 = p + \frac{\rho w^2}{2} \tag{XIX}$$

und daraus

$$w = \sqrt{\frac{2 \Delta p}{\rho}}\,; \tag{XX}$$

$\Delta p = p_0 - p$ ist die Druckdifferenz zwischen Behälterinnerem und außen. Diese Gleichung gilt nur bis zu Geschwindigkeiten von etwa 100 m/s.

Beispiel 2-8. Mit welcher Geschwindigkeit strömt Luft ($\rho = 1{,}205$ kg/m³) aus einem Behälter aus, in welchem sie unter dem Druck $p_0 = 103\,000$ N/m² steht, wenn der äußere Druck 101 000 N/m² beträgt?

$$\Delta p = 2000 \text{ N/m}^2; \; w = \sqrt{\frac{2 \cdot 2000}{1{,}205}} = 57{,}62 \text{ m/s.}$$

Strömen zwei Gase mit den Dichten ρ_1 und ρ_2 unter gleichen Bedingungen aus einem Behälter aus, so verhalten sich die Zeiten, in welchen gleiche Volumina ausfließen, umgekehrt wie die Ausströmzeiten. Dann folgt aus Gl. (XX) weiter:

$$\frac{t_1}{t_2} = \frac{w_2}{w_1} = \sqrt{\frac{2\,\Delta p/\rho_2}{2\,\Delta p/\rho_1}} = \sqrt{\frac{\rho_1}{\rho_2}}\,. \qquad \text{(XXI)}$$

Beispiel 2-9. Wie groß ist die Dichte eines Stadtgases, wenn bei zwei Versuchen unter gleichen Bedingungen für Luft ($\rho_2 = 1{,}197$ kg/m³) die Ausströmzeit $t_2 = 285$ s, für das Stadtgas $t_1 = 209$ s betrug?

$$\rho_1 = \rho_2 \cdot \frac{t_1^2}{t_2^2} = 1{,}197 \cdot \frac{209^2}{285^2} = 0{,}644 \text{ kg/m}^3.$$

Für *kompressible Gase* gilt die verallgemeinerte Bernoulli-Gleichung. Danach ist unter Vernachlässigung der Schwerkraft, was hier meist zulässig ist:

$$\frac{w^2}{2} + \frac{\kappa}{\kappa - 1} \cdot \frac{p_0}{\rho_0} \cdot \left(\frac{p}{p_0}\right)^{\frac{\kappa - 1}{\kappa}} = \mathit{konst.}; \qquad \text{(XXII)}$$

$\kappa = C_{mp}/C_{mv}$, das Verhältnis der molaren Wärmekapazitäten bei konstantem Druck und konstantem Volumen; für Luft ist $\kappa = 1{,}402$. Für das Ausströmen aus einem großen Behälter (s. oben; Druck p_0 im Behälter konstant, Geschwindigkeit im Behälter $w_0 = 0$) gilt:

$$\frac{w^2}{2} + \frac{\kappa}{\kappa - 1} \cdot \frac{p_0}{\rho_0}\left(\frac{p}{p_0}\right)^{\frac{\kappa - 1}{\kappa}} = 0 + \frac{\kappa}{\kappa - 1} \cdot \frac{p_0}{\rho_0}\,. \qquad \text{(XXIII)}$$

Daraus ergibt sich für die Ausströmgeschwindigkeit:

$$w = \sqrt{\frac{2\,\kappa}{\kappa - 1} \cdot \frac{p_0}{\rho_0} \left[1 - \left(\frac{p}{p_0}\right)^{\frac{\kappa-1}{\kappa}}\right]} \,. \qquad \text{(XXIV)}$$

Beispiel 2-10. Mit welcher Geschwindigkeit strömt Luft aus einem Behälter, in welchem sie bei 25 °C unter dem Druck $p_0 = 202\,000\ \mathrm{N/m^2}$ steht, wenn der äußere Druck $p = 101\,000\ \mathrm{N/m^2}$ beträgt? ($\kappa = 1{,}402$).

$\dfrac{p_0}{\rho_0} = \dfrac{RT_0}{M_L}$ (molare Masse der Luft $M_L = 0{,}02896$ kg/mol).

$$w = \sqrt{\frac{2 \cdot 1{,}402}{1{,}402 - 1} \cdot \frac{8{,}3143 \cdot 298{,}15}{0{,}02896} \cdot \left[1 - \left(\frac{101\,000}{202\,000}\right)^{\frac{1{,}402-1}{1{,}402}}\right]} =$$

$= 328{,}05$ m/s. ——

Aufgaben. 2/2. Mit welcher theoretischen Geschwindigkeit fließt Wasser aus einer Öffnung aus, die stets 3 m unterhalb der Oberfläche liegt, wenn das Wasser unter einem konstanten Druck von 2 bar gehalten wird?

2/3. Um einen Behälter mit einer Höhe des Flüssigkeitsspiegels $h = 2$ m vollständig zu entleeren, wird eine Zeit von $t = 10$ min benötigt. In welcher Zeit fällt der Flüssigkeitsspiegel von $h = 2$ m auf $h' = 1$ m?

2/4. Wie groß ist die theoretische Ausströmgeschwindigkeit von Luft bei 15 °C, wenn diese aus einem Behälter, in dem sie unter einem Druck von 151 987 N/m² steht, in die Umgebung, welche unter einem Druck von 98 659 N/m² steht, ausströmt? ($M = 0{,}02896$ kg/mol)

2/5. Wie verhalten sich bei gleichem Druck und gleicher Temperatur die Ausströmgeschwindigkeiten von Stickstoff und Ammoniak, wenn deren Dichten 1,2505 und 0,7714 kg/m³ betragen?

2.5 Druckverlust in Rohren, Formstücken und Armaturen

Der *Druckverlust* Δp_V ist die infolge von Wandreibung und innerer Reibung in Rohrleitungen, Formstücken, Armaturen usw. entstehende Druckdifferenz.

2.5.1 Druckverlust in geraden Rohrleitungen

Für gerade Rohrleitungen mit Kreisquerschnitt ist der Rohrreibungsverlust

$$\Delta p_V = \frac{\lambda L}{d} \cdot \frac{\rho w^2}{2} \tag{XXV}$$

(λ Rohrreibungsbeiwert, L Rohrlänge, d Rohrinnendurchmesser, ρ Dichte des strömenden Mediums, w Strömungsgeschwindigkeit in einem für den Druckverlust charakteristischen Querschnitt).

Der *Rohrreibungsbeiwert* λ hängt vom Strömungszustand des Mediums (charakterisiert durch die Reynolds-Zahl) und von der Beschaffenheit der durchströmten Leitung ab. Für glatte Rohre (neue gewalzte Stahlrohre) kann man λ berechnen. Im Bereich laminarer Rohrströmung ($Re < 2320$) gilt:

$$\lambda = \frac{64}{Re}. \tag{XXVI}$$

Im Bereich turbulenter Rohrströmung ($Re > 2320$) gelten die folgenden empirisch ermittelten Beziehungen:

$$2300 < Re < 10^5: \quad \lambda = \frac{0{,}3164}{Re^{0{,}25}} \tag{XXVII}$$

$$10^5 < Re < 10^8: \quad \lambda = 0{,}0032 + \frac{0{,}221}{Re^{0{,}237}}. \tag{XXVIII}$$

Beispiel 2-11. Durch eine gerade glatte Rohrleitung von 120 mm Durchmesser und 60 m Länge wird Dekalin von 20 °C ($\rho = 887$ kg/m³) mit einer Geschwindigkeit von 0,9 m/s gepumpt. Zu berechnen ist der Druckverlust. ($\nu = 2{,}705 \cdot 10^{-6}$ m²/s).

$$Re = \frac{wd}{\nu} = \frac{0{,}9 \cdot 0{,}120}{2{,}705 \cdot 10^{-6}} = 39\,926; \; \lambda = \frac{0{,}3164}{39\,926^{0{,}25}} = 0{,}0224.$$

Dann ist der Druckverlust:

$$\Delta p_V = \frac{\lambda L}{d} \cdot \frac{\rho w^2}{2} = \frac{0{,}0224 \cdot 60}{0{,}120} \cdot \frac{887 \cdot 0{,}9^2}{2} = 4023 \text{ N/m}^2. \text{——}$$

In Abb. 2.6 ist λ als Funktion von Re dargestellt. Im Gebiet sehr großer Re-Zahlen hängt λ nur noch vom Parameter d/k ab, wobei d der Rohrinnendurchmesser und k die mittlere Rauhigkeitserhebung ist (s. Kirschmer, O.: Tabellen zur Berechnung von Rohrleitungen nach Prandtl-Colebrook. Heidelberg: Straßenbauverlag 1963; oder Dubbels Taschenbuch für den Maschinenbau, 12. Aufl., Bd. 1. Berlin-Heidelberg-New York: Springer 1966.

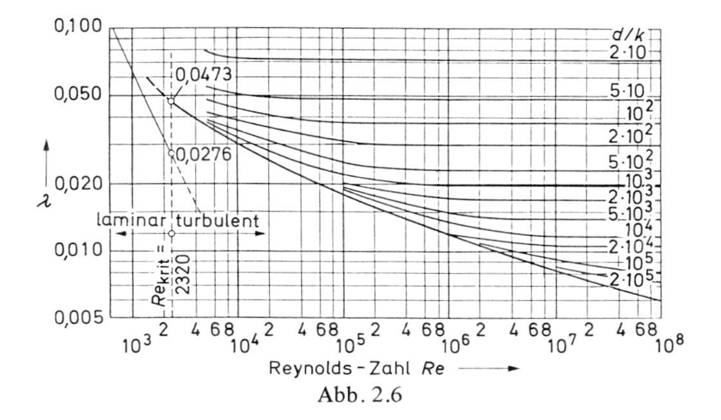

Abb. 2.6

Beispiel 2-12. Durch eine gerade Rohrleitung aus geschweißten Stahlrohren von 150 mm Durchmesser und 50 m Länge soll Wasser ($\nu = 10^{-6}$ m²/s) mit einem Volumenstrom von 423,9 m³/h gedrückt werden. Welche Druckdifferenz ist hierfür erforderlich, wenn a) die Rohre neu sind ($k = 0{,}075$ mm), b) die Rohre leichte Verkrustungen aufweisen ($k = 0{,}15$ mm)?

$$w = \frac{423{,}9}{0{,}075^2 \cdot 3{,}14 \cdot 3600} = 6{,}66 \text{ m/s}; \; Re = \frac{wd}{\nu} = \frac{6{,}66 \cdot 0{,}150}{10^{-6}} =$$

$= 999\,000 \approx 10^6$.

a) $d/k = 150/0{,}075 = 2000$; dann liest man aus Abb. 2.6 für $Re = 10^6$ ab: $\lambda = 0{,}0171$. Somit ist $\Delta p_V = \frac{\lambda L}{d} \cdot \frac{\rho w^2}{2} =$

$$= \frac{0{,}0171 \cdot 50}{0{,}150} \cdot \frac{1000 \cdot 6{,}66^2}{2} = 126\,413 \text{ N/m}^2.$$

b) $d/k = 150/0{,}15 = 1000$; dann ist für $Re = 10^6$: $\lambda = 0{,}0198$.

$$\Delta p_V = \frac{0{,}0198 \cdot 50}{0{,}150} \cdot \frac{1000 \cdot 6{,}66^2}{2} = 146\,373 \text{ N/m}^2. \text{ ——}$$

Bei langen Druckluft- und Dampfleitungen bewirkt der durch die Reibungsverluste hervorgerufene Druckverlust Δp_V eine Expansion des Gases bzw. Dampfes, so daß mit zunehmender Entfernung vom Rohreintritt das Volumen und damit auch die Strömungsgeschwindigkeit größer werden; dadurch ändert sich Δp_V in $\Delta p'_V$. Bei isothermer Expansion gilt:

$$\Delta p'_V = p_1 \cdot \left[1 - \sqrt{1 - \frac{\lambda L}{d} \cdot \frac{\rho_1 w_1^2}{p_1}}\right] . \tag{XXIX}$$

(Index 1: Rohranfang).

Beispiel 2-13. Welchen Druckverlust hat eine Leitung aus geschweißten Stahlrohren (k = 0,075 mm) von 1 km Länge und 150 mm Innendurchmesser, wenn darin ein Gas mit einer Geschwindigkeit w = 20 m/s gefördert wird? (ρ_1 = 2,40 kg/m³, $\nu_1 = 26{,}4 \cdot 10^{-6}$ m²/s, p_1 = 202 000 N/m²).

$$d/k = 150/0{,}075 = 2000; \; Re = \frac{20 \cdot 0{,}150}{26{,}4 \cdot 10^{-6}} = 114\,000; \; \lambda = 0{,}020$$

$$\Delta p'_V = 202\,000 \cdot \left[1 - \sqrt{1 - \frac{0{,}020 \cdot 1000}{0{,}150} \cdot \frac{2{,}40 \cdot 400}{202\,000}}\right] =$$

$= 79\,738$ N/m². ——

Aufgaben. 2/6. Welchen Druckverlust hat eine waagrechte gerade Rohrleitung von 5 m Länge und einem Innendurchmesser von 20 mm, wenn darin eine Ölmenge von 2,8 l/min **a)** bei 20 °C ($\nu = 300 \cdot 10^{-6}$ m²/s, ρ = 900 kg/m³), **b)** bei 50 °C ($\nu = 62 \cdot 10^{-6}$ m²/s, ρ = 890 kg/m³) gefördert wird?

2/7. Es ist der Durchmesser einer geraden, horizontalen Wasserstoffleitung für einen Massenstrom von $3{,}33 \cdot 10^{-2}$ kg/s zu berechnen. Die Rohrleitung ist 1000 m lang, der zulässige Druckverlust beträgt 1079 N/m². Die Dichte des Wasserstoffs bei 25 °C beträgt 0,0825 kg/m³; der Rohrreibungsbeiwert ist $\lambda = 0{,}03$.

2/8. Glyzerin (ρ = 1246 kg/m³, η = 0,41 Pa·s = 0,41 N·s/m²) fließt in einer waagrechten, geraden und glatten Rohrleitung von 2 cm Durchmesser und 7 m Länge aus einem geschlossenen Behälter. In diesem lastet auf der Flüssigkeit ein Gasdruck von 151 000 N/m². Der Höhenabstand zwischen der Flüssigkeitsoberfläche im Behälter und dem Mittelpunkt der Austrittsöffnung der Rohrleitung beträgt 1,50 m. Wie groß ist die Ausflußgeschwindigkeit bei einem Außendruck von 101 000 N/m²?

2.5.2 Druckverlust in Formstücken und Armaturen

Der Druckverlust in Formstücken, Armaturen usw. wird nach folgender Beziehung berechnet:

$$\Delta p_V = \Sigma\, \zeta \cdot \frac{\rho w^2}{2} \tag{XXX}$$

($\Sigma\, \zeta$ Summe der Verlustbeiwerte ζ der einzelnen Formstücke, Armaturen usw.). So gilt z. B. für

Rohrkrümmer (90°) (*R* Krümmungsradius, *d* Rohrinnendurchmesser)	$R/d =$	1	2	4	6	10
	$\zeta =$	0,21	0,14	0,11	0,09	0,11
Ventile (*d* Nenndurchmesser)	$d =$ 13	19	25	32	38	> 50 mm
	$\zeta =$ 11	7	6	6	6	5

Schieber (*d* Nenndurchmesser)	$d = 15 \ldots 100$	$175 \ldots 200$	> 300 mm
	$\zeta =$ 0,5	0,25	0,15

T-Stücke gleicher Abzweigung $\zeta = 1{,}3$

Bei stetigen Querschnittserweiterungen (Erweiterungswinkel $\delta = 8$ bis $10°$) ist

$$\Delta p_V = \zeta \cdot \frac{\rho(w_1^2 - w_2^2)}{2}, \qquad \text{(XXXI)}$$

wobei w_1 die Strömungsgeschwindigkeit im engeren, w_2 diejenige im weiteren Querschnitt ist; $\zeta \approx 0{,}1 \ldots 0{,}25$.

Manchmal setzt man den Druckverlust durch einzelne Formstücke usw. dem Druckverlust durch Reibung in einem geraden Rohr von einer bestimmten Länge $L_ä$ (*äquivalente Rohrlänge*) gleich. Dann ist

$$\Delta p_V = \frac{\lambda L_ä}{d} \cdot \frac{\rho w^2}{2}. \qquad \text{(XXXII)}$$

Die äquivalente Rohrlänge ist das Produkt aus der *äquivalenten Zahl n* ($n = \zeta/\lambda$) und dem Innendurchmesser d des Rohres:

$$L_ä = nd. \qquad \text{(XXXIII)}$$

So ist z. B. für

Rohrkrümmer (90°) (*d* Rohrinnendurchmesser)	$d = 10 \ldots 64$	$76 \ldots 152$	$178 \ldots 254$ mm
	$n =$ 30	40	50

T-Stücke, $d = 25 \ldots 100$ mm: $n = 60 \ldots 90$
Kreuzstücke: $n = 50$
Schieber: $n = 10 \ldots 15$
Ventil, normal: $n = 100 \ldots 120$

Beispiel 2-14. Aus einem Lagerbehälter wird eine Flüssigkeit mit der Dichte $\rho = 1100$ kg/m³ und der dynamischen Zähigkeit $\eta = 1{,}1 \cdot 10^{-3}$ N·s/m² in einen Hochbehälter gepumpt. Die Förderhöhe beträgt 16 m. Die Rohrleitung hat einen Innendurchmesser von 100 mm und eine Länge von 25 m. Sie enthält 2 normale Ventile und 4 Krümmer von 90°. Die Fördermenge soll $\dot{v} = 42\ m^3/h$ betragen. Wie hoch ist der Leistungsbedarf der Pumpe, wenn diese einen Wirkungsgrad von 0,65 hat?

Analog wie in Beispiel 2-4 ist die Förderhöhe der Anlage

$H_A = \frac{w_2^2}{2g} + h_2 - h_1 + h_V$. Der Rohrquerschnitt beträgt

$q = \frac{d^2\pi}{4} = \frac{0{,}1^2 \cdot 3{,}14}{4} = 7{,}85 \cdot 10^{-3}\ m^2$. Somit ist die Strömungs-

geschwindigkeit $w = \frac{\dot{v}}{q} = \frac{1{,}167 \cdot 10^{-2}}{7{,}85 \cdot 10^{-3}} = 1{,}49\ m/s$. Damit erhält man

für $Re = \frac{wd}{\nu} = \frac{wd\rho}{\eta} = \frac{1{,}49 \cdot 0{,}1 \cdot 1100}{1{,}1 \cdot 10^{-3}} = 149\ 000$. Den Rohrrei-

bungsbeiwert berechnen wir aus der Beziehung $\lambda = 0{,}0032 + \frac{0{,}221}{Re^{0{,}237}} =$

$= 0{,}0032 + \frac{0{,}221}{149\ 000^{0{,}237}} = 0{,}0163$. Die äquivalente Rohrlänge

der Ventile ($n = 120$) und der Rohrkrümmer ($n = 40$) beträgt $L_ä = \Sigma nd = (2 \cdot 120 + 4 \cdot 40) \cdot 0{,}1 = 40\ m$. Somit ist der gesamte Druckverlust von gerader Rohrleitung und Formstücken

$\Delta p_V = \frac{\lambda (L + L_ä)}{d} \cdot \frac{\rho w^2}{2} = \frac{0{,}0163 \cdot (25 + 40)}{0{,}1} \cdot \frac{1100 \cdot 1{,}49^2}{2} =$

$= 12\ 937\ N/m^2$. Die entsprechende Druckverlusthöhe ist $h_V = \frac{\Delta p_V}{\rho g}$

$= \frac{12\ 937}{1100 \cdot 9{,}81} = 1{,}20\ m$. Dann ist $H_A = \frac{1{,}49^2}{2 \cdot 9{,}81} + 16 + 1{,}20 =$

$= 17{,}31\ m$. Der Leistungsbedarf der Pumpe bei einem Wirkungsgrad

von 0,65 ist somit $P = \frac{\dot{v} \rho g H}{\eta} = \frac{42 \cdot 1100 \cdot 9{,}81 \cdot 17{,}31}{3600 \cdot 0{,}65} =$

$= 3353\ J/s = 3{,}353\ kW$. ——

Aufgaben. 2/9. Wie groß muß die Förderhöhe H_A einer Anlage sein, welche aus einer Rohrleitung von 0,10 m Durchmesser besteht, deren gerader Teil 20 m lang ist und die außerdem einen Rohrkrümmer von 90° enthält? In der Rohrleitung soll Wasser von 20 °C mit einem Volumenstrom $\dot{v} = 0{,}010\ m^3/s$ gefördert werden; kinematische Zähigkeit des Wassers bei dieser Temperatur: $\nu = 1{,}0064 \cdot 10^{-6}\ m^2/s$.

2.6 Mengenmessungen in Rohrleitungen mittels Drosselgeräten

Zur Ermittlung der mittleren Strömungsgeschwindigkeit in Rohrleitungen verwendet man meist Methoden, welche auf der Messung von Druckdifferenzen bei Querschnittsänderungen der Rohrleitung beruhen. Bei horizontaler Rohrleitung erhält man für inkompressibel strömende Medien aus der Bernoulli-Gleichung (IX) für den Zusammenhang zwischen den in zwei Querschnitten q_1 und q_2 vorliegenden Geschwindigkeiten w_1 und w_2 mit den Drücken p_1 und p_2 folgende Beziehung:

$$p_1 - p_2 = \frac{\rho}{2} \cdot (w_2^2 - w_1^2). \qquad \text{(XXXIV)}$$

Durch Einsetzen von w_1 aus der Kontinuitätsgleichung (VII)

$$w_1 = w_2 \cdot \frac{q_2}{q_1} = w_2 \cdot m \quad (m \text{ Querschnittsverhältnis})$$

in die Gl. (XXXIV) erhält man:

$$w_2 = \frac{1}{\sqrt{1-m^2}} \sqrt{\frac{2(p_1 - p_2)}{\rho}}. \qquad \text{(XXXV)}$$

Die Querschnittsverengung erreicht man durch Einbau eines Venturirohres, einer Düse oder einer Blende. Die Einschnürung des Strömungsquerschnittes hinter der engsten Stelle wird durch eine Kontraktionszahl μ berücksichtigt; schließlich kommen noch andere Einflüsse hinzu (Druckverlust infolge Flüssigkeitsreibung, Lage der Druckmeßstellen, geometrische Form usw.), die alle in einer Durchflußzahl α zusammengefaßt werden. Man setzt daher an Stelle von Gl. (XXXV) für inkompressible Strömung:

$$w_2 = \alpha \sqrt{\frac{2(p_1 - p_2)}{\rho}}. \qquad \text{(XXXVI)}$$

Die Durchflußzahlen α hängen beim Normventurirohr vom Querschnittsverhältnis $m = q_2/q_1$ ab, bei Normdüsen und -blenden außerdem noch von der Reynolds-Zahl. Annähernde Werte für α sind in folgender Tabelle wiedergegeben.

m	0,05	0,10	0,15	0,20	0,25	0,30
α_{Blende}	0,598	0,602	0,608	0,615	0,624	0,634
$\alpha_{\text{Venturirohr}}$		0,989	1,001	1,001	1,010	1,020
$\alpha_{\text{Düse}}$		0,989	0,993	0,999	1,007	1,017

m	0,35	0,40	0,45	0,50	0,55	0,60
α_{Blende}	0,645	0,660	0,676	0,695	0,716	0,740
$\alpha_{\text{Venturirohr}}$	1,032	1,048	1,067	1,091	1,120	1,155
$\alpha_{\text{Düse}}$	1,029	1,043	1,060	1,081	1,108	1,142

Für den Volumenstrom erhält man aus Gl. (XXXVI):

$$\dot{v}_2 = w_2 q_2 = \alpha q_2 \sqrt{\frac{2(p_1 - p_2)}{\rho}}, \qquad \text{(XXXVII)}$$

und für den Massenstrom:

$$\dot{m} = \dot{m}_2 = \dot{v}_2 \rho = w_2 q_2 \rho = \alpha q_2 \sqrt{2\rho(p_1 - p_2)}. \qquad \text{(XXXVIII)}$$

Beispiel 2-15. Durch eine horizontale Rohrleitung mit einem Innendurchmesser von 150 mm strömt Wasser. In der Rohrleitung ist eine scharfkantige Blende angebracht. Die Öffnung in der Blende hat einen Durchmesser von 67,1 mm. Die am Differentialmanometer abgelesene Druckdifferenz beträgt 23 465 Pa. Wie groß ist der Massenstrom des Wassers ($\rho = 1000$ kg/m³)?

$$m = \frac{q_2}{q_1} = \left(\frac{d_2}{d_1}\right)^2 = \left(\frac{0{,}0671}{0{,}1500}\right)^2 = 0{,}200.$$

Aus der Tabelle liest man dazu eine Durchflußzahl $\alpha = 0{,}615$ ab.

Dann ist $w_2 = \alpha \sqrt{\frac{2(p_1 - p_2)}{\rho}} = 0{,}615 \sqrt{\frac{2 \cdot 23\,465}{1000}} = 4{,}21$ m/s.

$w_1 = w_2 \cdot \frac{q_2}{q_1} = 4{,}21 \cdot \left(\frac{0{,}0671}{0{,}1500}\right)^2 = 0{,}842$ m/s. Der Volumenstrom ist $\dot{v}_2 = w_2 q_2 = 4{,}21 \cdot \frac{0{,}0671^2 \cdot 3{,}14}{4} = 1{,}489 \cdot 10^{-2}$ m³/s;

daraus erhält man weiter den Massenstrom $\dot{m}_2 = \dot{v}_2 \rho_2 =$
$= 1{,}489 \cdot 10^{-2} \cdot 1000 = 14{,}89$ kg/s. ——

Aufgaben. 2/10. In einer horizontalen Rohrleitung von 150 mm Innendurchmesser ist zur Mengenmessung eine Venturidüse angebracht. Der Innendurchmesser der Verengung der Düse beträgt 60 mm. In der Rohrleitung strömt Äthan unter einem Druck $p_1 = 1$ bar mit einer Temperatur von 25 °C. Die Anzeige des Differentialmanometers an der Venturidüse beträgt 314 Pa. Zu berechnen ist der Massenstrom des Äthans in der Rohrleitung.

2/11. Durch eine waagrechte Rohrleitung von 200 mm Innendurchmesser strömt ein Mineralöl der Dichte $\rho = 900\ \text{kg/m}^3$. In der Rohrleitung ist eine Düse angebracht, deren Öffnung einen Durchmesser von 76 mm hat. Ein Differentialmanometer zeigt eine Druckdifferenz von 13 600 Pa. Es sind die Strömungsgeschwindigkeit und der Massenstrom des Öls in der Rohrleitung zu berechnen.

3 Sedimentieren

Unter *Sedimentieren* versteht man das Abtrennen suspendierter Feststoffteilchen von der Begleitflüssigkeit durch Absitzenlassen der Feststoffteilchen unter der Wirkung der Schwerkraft.

Zur Abscheidung durch Sedimentieren verwendet man absatzweise oder kontinuierlich arbeitende *Absetzapparate*. Diese werden in der chemischen Industrie und in der chemischen Prozeßindustrie häufig angewandt zur Gewinnung sich absetzender Rückstände, z. B. Pigmenten, Mineralien, Salzen usw., d. h. zur Erzielung einer maximalen Feststoffkonzentration (*Eindickung*); in anderen Fällen soll ein weitgehend geklärter, d. h. feststoffarmer Überlauf gewonnen werden (*Klärung*), so z. B. bei der Reinigung von Abwässern. Ein idealer Absetzapparat sollte nach Möglichkeit beide Funktionen erfüllen. Eine Abtrennung von Feststoffen durch Sedimentieren ist infolge der wesentlich niedrigeren Betriebskosten wirtschaftlicher als eine Abtrennung durch Filtrieren. Es empfiehlt sich daher, Filterapparaten bzw. Zentrifugen Absetzapparate vorzuschalten.

Die treibende Kraft F für die Sedimentation eines Feststoffteilchens im Schwerefeld ist die Schwerkraft F_S, vermindert um die entgegen gerichtete Auftriebskraft F_A : $F = F_S - F_A$. Der nach unten gerichteten Kraft F, durch welche das Teilchen beschleunigt wird, wirkt der hydrodynamische Widerstand F_W des Fluids entgegen, der mit zunehmender Sinkgeschwindigkeit so lange ansteigt, bis nach kurzer Zeit

$$F = F_S - F_A = F_W \tag{I}$$

geworden ist. Von diesem Zeitpunkt an sinkt das Teilchen mit konstanter Geschwindigkeit.

Für ein kugelförmiges Teilchen vom Durchmesser d und der Dichte ρ_s ist

$$F = \frac{\pi d^3}{6} \cdot (\rho_s - \rho_1) \cdot g \tag{II}$$

(ρ_1 Dichte der Flüssigkeit).

Der hydrodynamische Widerstand des Fluids hängt von dessen Dichte ρ_1, der Absetzgeschwindigkeit w, dem Querschnitt des kugelförmigen Teilchens und der Widerstandszahl ζ ab:

$$F_W = \zeta \cdot \frac{\pi d^2}{4} \cdot \frac{\rho_1 w^2}{2} . \tag{III}$$

Die Widerstandszahl ζ, welche durch die am Teilchen vorliegenden Strömungsverhältnisse bestimmt wird, ist eine Funktion der Reynolds-Zahl ($Re = wd/\nu$; d Teilchendurchmesser):

$Re =$	$\leqslant 0{,}5$	$0{,}5 \ldots 500$	$500 \ldots 150\,000$	(IV)
$\zeta =$	$24/Re$	$18{,}5 \cdot Re^{-0{,}6}$	$0{,}44$	

Für $Re \leqslant 0{,}5$ geht Gl. (III) nach Einsetzen von $\zeta = 24/Re = = 24 \cdot \eta/(wd\rho_1)$ über in

$$F_W = 3\,\pi\eta d w, \tag{V}$$

das *Widerstandsgesetz von Stokes* für kugelförmige Teilchen. Bei Gültigkeit des Stokesschen Gesetzes folgt aus den Gln.(I), (II) und (V):

$$\frac{\pi d^3}{6} \cdot (\rho_s - \rho_1) \cdot g = 3\,\pi\eta d w \tag{VI}$$

und daraus für die Absetzgeschwindigkeit

$$w = \frac{d^2 (\rho_s - \rho_1) g}{18\,\eta} . \tag{VI}$$

Beispiel 3-1. Es ist der größte Teilchendurchmesser von Quarzteilchen ($\rho_s = 2650$ kg/m^3) zu berechnen, für den das Stokessche Gesetz beim Sedimentieren in Wasser von 20 °C ($\eta = 10^{-3}$ Pa·s) noch angewandt werden kann.

Für diesen Fall muß $Re = \frac{wd}{\nu} = \frac{wd\rho_1}{\eta} \leqslant 0{,}5$ sein, wobei w durch Gl. (VI) gegeben ist, so daß gilt

$\frac{wd\rho_1}{\eta} = \frac{d^2 (\rho_s - \rho_1)\, g d \rho_1}{18\,\eta^2} \leqslant 0{,}5$; daraus folgt

$$d \leqslant \left(0{,}5 \cdot \frac{18\,\eta^2}{(\rho_s - \rho_1)\rho_1 g}\right)^{1/3} = \left(0{,}5 \cdot \frac{18 \cdot (10^{-3})^2}{1650 \cdot 1000 \cdot 9{,}81}\right)^{1/3} =$$

$= 8{,}22 \cdot 10^{-5}$ m $= 82{,}2$ μm. Diesem Teilchendurchmesser entspricht eine Absetzgeschwindigkeit

$$w = \frac{(8{,}22 \cdot 10^{-5})^2 \cdot (2650 - 1000) \cdot 9{,}81}{18 \cdot 10^{-3}} = 6{,}08 \cdot 10^{-3}\ \text{m/s.} ——$$

Beispiel 3-2. Es soll die Absetzgeschwindigkeit kugelförmiger Quarzsandteilchen ($\rho_s = 2650$ kg/m³) von 0,9 mm Durchmesser in Wasser von 20 °C ($\eta = 10^{-3}$ Pa·s) berechnet werden.

Aufgrund des Ergebnisses von Beispiel 3-1 gilt das Stokessche Gesetz bei Quarzsand nur für Teilchengrößen $d \leqslant 8{,}22 \cdot 10^{-5}$ m. Wir verwenden daher in der Gl. (III) für die Widerstandszahl $\zeta = 18{,}5 \cdot Re^{-0{,}6}$. Dann folgt aus den Gln. (I) bis (III):

$$w = \left(7{,}207 \cdot 10^{-2} \cdot \frac{(\rho_s - \rho_1)\,g d^{1{,}6}}{\rho_1^{0{,}4}\eta^{0{,}6}}\right)^{0{,}7143} =$$

$$= \left(7{,}207 \cdot 10^{-2} \cdot \frac{1650 \cdot 9{,}81 \cdot (9 \cdot 10^{-4})^{1{,}6}}{1000^{0{,}4} \cdot (10^{-3})^{0{,}6}}\right)^{0{,}7143} =$$

$= 0{,}1375$ m/s. ——

In einem kontinuierlich betriebenen Absetzapparat muß der Volumenstrom der Flüssigkeit so klein sein, daß alle suspendierten Feststoffteilchen Zeit haben, sich während der Verweilzeit der Flüssigkeit im Apparat auf dessen Boden abzusetzen. D. h. auch die kleinsten Teilchen, welche sich beim Eintritt in den Apparat an der Flüssigkeitsoberfläche befinden, müssen während der Verweilzeit im Apparat bis auf den Boden absinken können. Die mittlere Verweilzeit t_m der Flüssigkeit im Absetzapparat ist gegeben durch:

$$t_m = \frac{h}{w} = \frac{V}{\dot{v}} = \frac{hA}{\dot{v}} \tag{VII}$$

(h Flüssigkeitshöhe, w Absetzgeschwindigkeit, $\dot{v}$ Volumenstrom im Absetzapparat; A Grundfläche, V Volumen des Absetzapparates). Aus Gl. (VII) ergibt sich dann folgender Zusammenhang zwischen w, A und $\dot{v}$ (unabhängig von h!):

$$A = \frac{\dot{v}}{w}\,. \tag{VIII}$$

Beispiel 3-3. Eine Suspension von $CaCO_3$ ($\rho_s = 2700$ kg/m^3) in Wasser ($\rho_1 = 1000$ kg/m^3, $\eta = 1{,}13 \cdot 10^{-3}$ Pa·s) soll in einem Absetzapparat geklärt werden. Die kleinsten Feststoffteilchen haben einen Durchmesser von 60 μm. Der Flüssigkeitsdurchsatz soll $\dot{v} = 120$ m^3/h betragen.

Analog zu Beispiel 3-1 berechnet man den Durchmesser der größten Teilchen, für die das Stokessche Gesetz noch gilt:

$$d \leqslant \left(0{,}5 \cdot \frac{18 \cdot (1{,}13 \cdot 10^{-3})^2}{(2700 - 1000) \cdot 1000 \cdot 9{,}81} \right)^{1/3} = 8{,}83 \cdot 10^{-5} \text{ m} = 88{,}3 \text{ μm}.$$

Für die kleinsten $CaCO_3$-Teilchen von 60 μm Durchmesser ist also das Stokessche Gesetz noch gültig, so daß für die Absetzgeschwindigkeit die Gl. (VI) gilt:

$$w = \frac{d^2(\rho_s - \rho_1)g}{18\,\eta} = \frac{(60 \cdot 10^{-6})^2 (2700 - 1000) \cdot 9{,}81}{18 \cdot (1{,}13 \cdot 10^{-3})} = 2{,}95 \cdot 10^{-3} \text{ m/s}.$$

Die Fläche des Absetzapparates muß somit sein

$$A = \frac{\dot{v}}{w} = \frac{120}{3600 \cdot (2{,}95 \cdot 10^{-3})} = 11{,}30 \text{ m}^2.$$ Ein runder Absetzapparat z. B. müßte dann einen Durchmesser von $d = 2\sqrt{\frac{A}{\pi}} = 2\sqrt{\frac{11{,}30}{3{,}14}} =$ $= 3{,}79$ m haben. ——

Beispiel 3-4. Es soll der Durchmesser der kleinsten Teilchen berechnet werden, welche sich in einem Gaskanal von 20 m Länge, 2 m Breite und 2,5 m Höhe bei einer Gasgeschwindigkeit von 0,5 m/s absetzen. Dynamische Zähigkeit des Gases $\eta = 3 \cdot 10^{-5}$ Pa·s, Dichte des Gases $\rho_1 = 0{,}8$ kg/m^3, Dichte der Feststoffteilchen $\rho_s =$ $= 4000$ kg/m^3.

Volumenstrom $\dot{v} = wq = 0{,}5 \cdot (2 \cdot 2{,}5) = 2{,}5$ m^3/s. Es können sich nur Teilchen absetzen mit einer Absetzgeschwindigkeit, die kleiner ist als $w = \frac{\dot{v}}{A} = \frac{2{,}5}{2 \cdot 20} = 0{,}0625$ m/s. Aus Gl. (VI) folgt für den Teilchendurchmesser: $d = \sqrt{\frac{18\,\eta w}{(\rho_s - \rho_1)g}} =$

$$= \sqrt{\frac{18 \cdot (3 \cdot 10^{-5}) \cdot 0{,}0625}{(4000 - 0{,}8) \cdot 9{,}81}} = 2{,}93 \cdot 10^{-5} \text{ m} = 29{,}3 \text{ μm}. \text{ ——}$$

Aufgaben. 3/1. Es ist die Absetzgeschwindigkeit von Quarzsandteilchen ($\rho_s = 2650$ kg/m^3) mit einem Durchmesser $d = 100$ μm in Wasser ($\rho_1 =$

$= 1000\ kg/m^3$, $\eta = 1 \cdot 10^{-3}$ Pa·s) zu berechnen. Wie groß muß die Fläche eines Absetzapparates sein, wenn alle Quarzteilchen mit einem Durchmesser $d \geqslant 100\ \mu m$ aus einem Wasserstrom von $100\ m^3/h$ abgetrennt werden sollen?

4 Filtrieren

Unter *Filtrieren* versteht man die Trennung eines Flüssigkeits-Feststoff-Gemisches (*Trübe*) in seine Bestandteile Flüssigkeit (*Filtrat*) und Feststoff (*Filterkuchen*) mittels einer für die Flüssigkeit durchlässigen Schicht (*Filtermittel*), welche den Feststoff zurückhält.

Das in der Zeiteinheit durch die Filterschicht (Filtermittel und Filterkuchen) strömende Flüssigkeitsvolumen ist proportional der Filterfläche A und der Druckdifferenz Δp zwischen beiden Seiten der Filterschicht; es ist umgekehrt proportional der dynamischen Zähigkeit η der reinen Flüssigkeit sowie der Summe aus den Widerständen W_M des Filtermittels (Siebplatte, Fritte, Filtertuch usw.) und W_K des Filterkuchens:

$$\frac{dV}{dt} = \frac{A \cdot \Delta p}{\eta (W_M + W_K)} \ . \tag{I}$$

Während W_M als konstant angenommen werden kann, wird W_K im Verlauf der Filtration immer größer, da die Dicke des Filterkuchens laufend zunimmt. W_K ist proportional dem bereits angefallenen Filtratvolumen (in m^3) und dem Feststoffanteil y (in kg Feststoff/m^3 Flüssigkeit), sowie umgekehrt proportional der Filterfläche A:

$$W_K = \alpha \cdot \frac{Vy}{A} \ . \tag{II}$$

α ist der mittlere spezifische Kuchenwiderstand, bezogen auf die Masse des trockenen Kuchens (in m/kg); er hängt wesentlich von der Form und Größe der Feststoffteilchen ab und muß, ebenso wie W_M, für jedes Trennproblem experimentell bestimmt werden. Setzt man Gl. (II) in Gl. (I) ein und $W_M = \beta$, so erhält man:

$$\frac{\mathrm{d}V}{\mathrm{d}t} = \frac{A \cdot \Delta p}{\eta\left(\beta + \frac{\alpha y}{A} \cdot V\right)} . \tag{III}$$

Die Filtration wird oft bei konstantem Filtrationsdruck durchgeführt. In diesem Fall führt die Integration von Gl. (III) zu der Filtergleichung:

$$t = \frac{\beta \eta V}{A \cdot \Delta p} + \frac{\alpha y \eta}{2 A^2 \cdot \Delta p} \cdot V^2 . \tag{IV}$$

Durch entsprechende Umstellung dieser Gleichung erhält man:

$$\frac{t \cdot \Delta p}{V} = \frac{\beta \eta}{A} + \frac{\alpha y \eta}{2 A^2} \cdot V. \tag{V}$$

Trägt man nun $\frac{t \cdot \Delta p}{V}$ gegen V auf, so ergibt sich eine Gerade, deren Steigung $m = \frac{\alpha y \eta}{2 A^2}$ und deren Ordinatenabschnitt $o = \frac{\beta \eta}{A}$ ist, woraus α und β bestimmt werden können.

Beispiel 4-1. Filtrationsversuche mit einer $CaCO_3$-Suspension, welche 100 kg $CaCO_3$ in 1 m^3 Wasser enthielt, ergaben folgende Ergebnisse:

Δp, N/m^2	t, s	V, m^3
40 500	119	$1{,}17 \cdot 10^{-3}$
	704	$3{,}12 \cdot 10^{-3}$
96 300	61	$1{,}35 \cdot 10^{-3}$
	451	$3{,}92 \cdot 10^{-3}$

Die Filterfläche betrug 0,04 m^2, die dynamische Zähigkeit des Wassers $\eta = 1{,}14 \cdot 10^{-3}$ Pa·s. Es sind zu berechnen: a) die Parameter α und β der Filtergleichung, b) die Filterfläche, welche notwendig ist, um bei einer Druckdifferenz von $\Delta p = 71\,000$ Pa eine Menge von 50 m^3 einer Suspension, welche 50 kg $CaCO_3$ in 1 m^3 enthält, in einer Stunde zu filtrieren.

Wir berechnen aus den Versuchsergebnissen $t \cdot \Delta p / V$ und erhalten:

V	=	$1{,}17 \cdot 10^{-3}$	$3{,}12 \cdot 10^{-3}$	$1{,}35 \cdot 10^{-3}$	$3{,}92 \cdot 10^{-3}$ m^3
$\frac{t \cdot \Delta p}{V}$	=	$4{,}12 \cdot 10^9$	$9{,}14 \cdot 10^9$	$4{,}35 \cdot 10^9$	$1{,}11 \cdot 10^{10}$ Pa·s/m^3

Nach der Methode der kleinsten Quadrate erhält man für den Ordinatenabschnitt $\sigma = \frac{\beta\eta}{A} = 9{,}85 \cdot 10^8$ Pa·s/m^3 und für die Steigung der Geraden $m = \frac{\alpha y \eta}{2A^2} = 2{,}59 \cdot 10^{12}$ Pa·s/m^6.

Dann ist $\beta = 9{,}85 \cdot 10^8 \cdot \frac{A}{\eta} = \frac{9{,}85 \cdot 10^8 \cdot 0{,}04}{1{,}14 \cdot 10^{-3}} = 3{,}456 \cdot 10^{10}\ \text{m}^{-1}$

und $\alpha = \frac{m \cdot 2A^2}{y\eta} = 2{,}59 \cdot 10^{12} \cdot \frac{2 \cdot (0{,}04)^2}{100 \cdot 1{,}14 \cdot 10^{-3}} = 7{,}270 \cdot 10^{10}\ \text{m}^{-1}$.

Zur Berechnung der Filterfläche entsprechend der Aufgabenstellung b) ist die Filtergleichung nach A aufzulösen:

$$A = \frac{\beta \eta V}{2 \cdot \Delta p \cdot t} \left(1 + \sqrt{\frac{2\alpha \cdot \Delta p \cdot ty}{\beta^2 \eta} + 1}\right) =$$

$$= \frac{3{,}456 \cdot 10^{10} \cdot 1{,}14 \cdot 10^{-3} \cdot 50}{2 \cdot 71\,000 \cdot 3600} \times$$

$$\times \left(1 + \sqrt{\frac{2 \cdot 7{,}270 \cdot 10^{10} \cdot 71\,000 \cdot 3600 \cdot 50}{(3{,}456 \cdot 10^{10})^2 \cdot 1{,}14 \cdot 10^{-3}} + 1}\right) =$$

$$= 3{,}8535\,(1 + 36{,}96) = 146{,}28\ \text{m}^2.$$

Beispiel 4-2. Mit den gleichen Daten wie in Beispiel 4-1 ist die Filterfläche für den Fall zu berechnen, daß jeweils 6 Minuten filtriert, 6 Minuten lang der Filterkuchen entleert wird, und diese Folge während einer Stunde ständig wiederholt wird.

Im Verlauf einer Stunde wird das Filter fünfmal beaufschlagt und fünfmal entleert. Demnach muß ein Fünftel der Gesamtmenge von 50 m^3, also 10 m^3 in 6 Minuten filtriert werden. Man erhält somit für A:

$$A = \frac{3{,}456 \cdot 10^{10} \cdot 1{,}14 \cdot 10^{-3} \cdot 10}{2 \cdot 71\,000 \cdot 360} \times$$

$$\times \left(1 + \sqrt{\frac{2 \cdot 7{,}270 \cdot 10^{10} \cdot 71\,000 \cdot 360 \cdot 50}{(3{,}456 \cdot 10^{10})^2 \cdot 1{,}14 \cdot 10^{-3}} + 1}\right) =$$

$= 7{,}71\,(1 + 11{,}72) = 98{,}07\ m^2$. Man sieht, daß es zweckmäßiger ist, den Filterkuchen in bestimmten Zeitabständen auszuräumen, als das Filter ununterbrochen zu beaufschlagen. ——

Beispiel 4-3. Es soll, wiederum mit den gleichen Daten wie in den beiden vorstehenden Beispielen, die Filterfläche eines Trommelzellenfilters berechnet werden. Dieses dreht sich in 1 Stunde 30 mal; von der gesamten Filterfläche wird nur jeweils ein Drittel mit frischer Suspension beaufschlagt.

Die Filtrationszeit während einer Umdrehung (2 min = 120 s) beträgt $\frac{120}{3} = 40$ s. Während dieser Zeit muß jedoch die während einer Umdrehung zulaufende Menge an Suspension, nämlich $50/30 = 1{,}67\ m^3$ filtriert werden. Die benötigte Filterfläche ist

$$A = \frac{3{,}456\cdot 10^{10}\cdot 1{,}14\cdot 10^{-3}\cdot 1{,}67}{2\cdot 71000\cdot 40}\times$$

$$\times\left(1 + \sqrt{\frac{2\cdot 7{,}270\cdot 10^{10}\cdot 71\,000\cdot 40\cdot 50}{(3{,}456\cdot 10^{10})^2\cdot 1{,}14\cdot 10^{-3}} + 1}\right) =$$

$$= 11{,}584\,(1 + 4{,}020) = 58{,}15\ m^2. ——$$

Aufgaben. 4/1. Bei Filtrationsversuchen (Filterfläche $A = 0{,}4\ m^2$, $\Delta p = 50\,000\ N/m^2$) wurden nach verschiedenen Zeiten folgende Volumina an Filtrat gemessen:

$t =$	96,5	258,0	484,5	776,0 s
$V =$	$5\cdot 10^{-3}$	$10\cdot 10^{-3}$	$15\cdot 10^{-3}$	$20\cdot 10^{-3}\ m^3$

Der Feststoffgehalt der Suspension betrug 50 kg/m³, die dynamische Zähigkeit der reinen Flüssigkeit $1{,}14\cdot 10^{-3}$ Pa·s. Zu berechnen sind: **a)** die Parameter α und β der Filtergleichung, **b)** die zur Filtration von 20 m³ Suspension innerhalb einer Stunde erforderliche Filterfläche.

4/2. Mit Hilfe eines Versuchsfilters wurde nach 261 s ein Filtratvolumen von $1{,}5\cdot 10^{-3}\ m^3$, nach 1470 s ein Filtratvolumen von $4{,}0\cdot 10^{-3}\ m^3$ erhalten. Zu berechnen ist die Zeit, nach welcher das Filtratvolumen $10^{-2}\ m^3$ beträgt, wenn der Filtrationsdruck gleich bleibt.

5 Wärmeübertragung

Die Gesamtheit all jener Vorgänge, bei welchen Wärme von einer Stelle des Raumes zu einer anderen transportiert wird, bezeichnet man als *Wärmeübertragung*. Voraussetzung für eine Wärmeübertragung ist das Vorhandensein von Temperaturdifferenzen zwischen diesen verschiedenen Stellen des Raumes, wobei der Wärmestrom von selbst stets nur von einem höheren zu einem niedrigeren Temperaturniveau fließt.

Der Transport von Wärme kann auf verschiedene Arten erfolgen. Man unterscheidet entsprechend folgende Mechanismen, welche entweder allein oder auch gleichzeitig nebeneinander wirken und sich gegenseitig beeinflussen können:

Wärmeleitung, Wärmetransport durch Konvektion und *Wärmestrahlung.*

Der Wärmetransport durch Leitung und Konvektion ist stets stoffgebunden, derjenige durch Strahlung dagegen nicht.

5.1 Wärmeleitung

Der Wärmetransport durch *Leitung* besteht in einer Übertragung von kinetischer Energie zwischen den Atomen und Molekülen eines Körpers. Diese Energieübertragung erfolgt in elektrisch nicht leitenden Feststoffen durch elastische Wellen des Kristallgitters, in elektrisch leitenden Feststoffen vorwiegend durch Leitungselektronen. In Gasen bewegen sich die Moleküle mit großer Geschwindigkeit im Raum und übertragen Wärme als Schwingungs-, Rotations- und Translationsenergie. Reine Wärmeleitung tritt nur dort auf, wo die einzelnen Teilchen eines Stoffes ihre Lage nicht ändern, wie dies bei Feststoffen der Fall ist.

Hält man die beiden Oberflächen einer planparallelen Platte

der Dicke d auf verschiedenen, aber zeitlich konstanten Temperaturen T_1 und T_2 ($T_1 > T_2$), so stellt sich im Inneren der Platte ein lineares Temperaturgefälle ein. Durch jede zwischen den Oberflächen liegende und zu diesen parallele Fläche der Größe A fließt ein zeitlich konstanter Wärmestrom $\dot{Q}$, welcher der Größe der Fläche A und der Temperaturdifferenz $T_1 - T_2$ direkt, der Plattendicke d aber umgekehrt proportional ist:

$$\dot{Q} = \frac{\lambda A}{d} \cdot (T_1 - T_2). \tag{I}$$

Der Proportionalitätsfaktor λ ist der *Wärmeleitfähigkeitskoeffizient* [SI-Einheit: W/(m·K)]. λ ist für verschiedene Stoffe sehr unterschiedlich, vgl. untenstehende Tabelle. Die höchsten Wärmeleitfähigkeitskoeffizienten besitzen unter den Feststoffen die reinen Metalle; die niedrigsten λ-Werte haben die Gase. Poröse, pulvrige oder fasrige Stoffe haben infolge der vorhandenen Luftzwischenräume sehr niedrige λ-Werte und werden daher als Isolierstoffe verwendet, so Glas- oder Steinwolle $\lambda \approx 0{,}12$ W/(m·K) oder Asbest $\lambda \approx 0{,}17$ bis 0,29 W/(m·K).

Wärmeleitfähigkeitskoeffizienten einiger Feststoffe, Flüssigkeiten und Gase bei 20 °C

Stoff	λ W/(m·K)	Stoff	λ W/(m·K)
Silber	458	Glas	0,93
Kupfer	393	Holz	0,05 . . . 0,25
Aluminium (99,5%)	221	Kesselstein (kalkreich)	1,16
Duraluminium	146	Wasser	0,58
Eisen	67	Wasserdampf (100 °C)	0,026
Graugauß	42 . . . 63	Wasserstoff	0,174
Stahl 0,2% C	50	Luft	0,026
Cr/Ni–Stahl 18/8	21		

Besteht eine planparallele Platte aus zwei ebenen Schichten 1 und 2 unterschiedlichen Materials (λ_1 und λ_2), welche die Dicken d_1 und d_2 haben, so ist unter stationären Bedingungen der Wärmestrom konstant und in beiden Schichten gleich. Ist $T_1 > T_2 > T_3$, so gilt:

$$\dot{Q} = A \cdot \frac{\lambda_1}{d_1} \cdot (T_1 - T_2) \quad \text{und} \quad \dot{Q} = A \cdot \frac{\lambda_2}{d_2} \cdot (T_2 - T_3). \tag{II}$$

(T_1 Temperatur an der Außenseite der ersten, T_3 Temperatur an der Außenseite der zweiten Schicht.) Lösen wir diese Gleichungen nach T_2 auf, setzen die erhaltenen Beziehungen gleich, so folgt für den Wärmestrom durch die 2-schichtige ebene Wand:

$$\dot{Q} = A \cdot \frac{T_1 - T_3}{\frac{d_1}{\lambda_1} + \frac{d_2}{\lambda_2}}, \tag{III}$$

oder allgemein für eine n-schichtige Wand:

$$\dot{Q} = A \cdot \frac{T_1 - T_{n+1}}{\sum\limits_{i=1}^{n} \frac{d_i}{\lambda_i}}.$$

(T_1 Temperatur an der Außenseite der ersten Schicht, T_{n+1} Temperatur an der Außenseite der n-ten Schicht.)

Bei der Wärmeleitung durch eine Zylinderschale (ein Rohr) mit dem Innenradius R_1, dem Außenradius R_2 und der Länge L tritt anstelle der Gl. (I) für den Wärmestrom:

$$\dot{Q} = \lambda \cdot \frac{2\pi L}{\ln \frac{R_2}{R_1}} \cdot (T_1 - T_2). \tag{IV}$$

Entsprechend gilt für eine aus n Schichten bestehende Zylinderschale (ein n-schichtiges Rohr):

$$\dot{Q} = \frac{2\pi L\,(T_1 - T_{n+1})}{\frac{1}{\lambda_1} \cdot \ln \frac{R_2}{R_1} + \frac{1}{\lambda_2} \cdot \ln \frac{R_3}{R_2} + \ldots \frac{1}{\lambda_n} \cdot \ln \frac{R_{n+1}}{R_n}}. \tag{V}$$

Anstelle der Radienverhältnisse kann man selbstverständlich die Durchmesserverhältnisse für die einzelnen Schichten setzen.

Beispiel 5-1. Eine Dampfleitung mit einem Außendurchmesser $D_2 = 0{,}17$ m und einem Innendurchmesser $D_1 = 0{,}16$ m ist mit einer zweischichtigen Isolierung versehen. Die Dicke der inneren Schicht beträgt $d_2 = 0{,}03$ m, diejenige der äußeren $d_3 = 0{,}05$ m. Die Wärmeleitfähigkeitskoeffizienten des Rohres und der Isolierung betragen: $\lambda_1 = 58{,}15$, $\lambda_2 = 0{,}174$, $\lambda_3 = 0{,}093$ W/(m·K). Die Innentemperatur der Rohrwand ist $T_1 = 573{,}15$ K ($\vartheta_1 = 300$ °C), die Temperatur der Außenfläche der Isolierung $T_4 = 323{,}15$ K

($\vartheta_4 = 50$ °C). Zu bestimmen ist der Wärmestrom, welcher durch 1 m Rohrlänge hindurchtritt.

Gegeben sind also: $D_1 = 0{,}16$, $D_2 = 0{,}17$, $D_3 = 0{,}23$ und $D_4 = 0{,}33$ m. Nach Gl. (V) ist

$$\dot{Q} = \frac{2 \cdot 3{,}14 \cdot 1 \cdot (573{,}15 - 323{,}15)}{\frac{1}{58{,}15} \cdot \ln \frac{0{,}17}{0{,}16} + \frac{1}{0{,}174} \cdot \ln \frac{0{,}23}{0{,}17} + \frac{1}{0{,}093} \cdot \ln \frac{0{,}33}{0{,}23}} =$$

$= 279{,}5$ W. ——

Beispiel 5-2. Es soll für dieselbe Dampfleitung wie in Beispiel 5-1 der Wärmestrom berechnet werden, wenn das Rohr nicht mit einer Isolierung umhüllt ist. Die Temperatur an der Außenfläche des Rohres sei 323,15 K ($\vartheta = 50$ °C).

Es gilt derselbe Ansatz wie im vorstehenden Beispiel; es entfallen aber die beiden letzten Terme im Nenner:

$$\dot{Q} = \frac{2 \cdot 3{,}14 \cdot 1 \cdot (573{,}15 - 323{,}15)}{\frac{1}{58{,}15} \cdot \ln \frac{0{,}17}{0{,}16}} = 1\,506\,678 \text{ W} \approx 1507 \text{ kW.}$$ ——

5.2 Wärmeübergang

Häufig wird Wärme von einem Medium durch eine Wand hindurch auf ein anderes Medium übertragen. Wir nehmen an, daß sich auf beiden Seiten einer Wand strömende Medien befinden. Selbst wenn diese gut durchmischt sind, werden sich an der Wand langsam strömende oder gar ruhende Grenzschichten ausbilden. Es stellt sich ein Temperaturverlauf ein, wie er in Abb. 5.1 schematisch dargestellt ist. Das wärmere Medium 1 habe die Temperatur T_1, das kältere Medium 2 die Temperatur T_2. Auf der Seite des Mediums 1

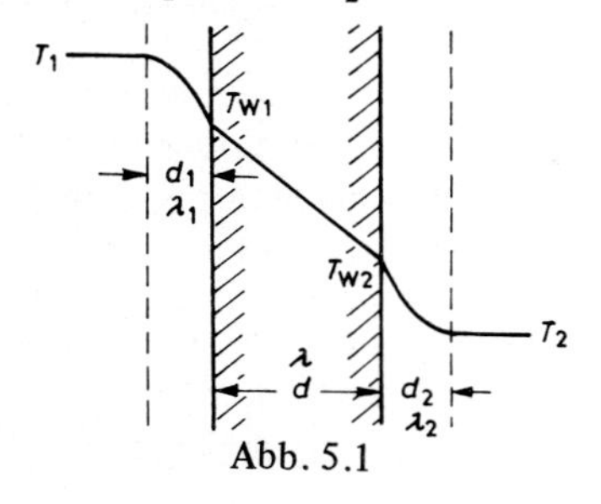

Abb. 5.1

fällt die Temperatur von T_1 innerhalb der Grenzschicht der Dicke d_1 auf die Wandtemperatur T_{W1} ab. Innerhalb dieser Grenzschicht erfolgt der Wärmetransport durch Leitung (Wärmeleitfähigkeitskoeffizient λ_1). Der vom Medium 1 auf die Wand übergehende Wärmestrom ist dann:

$$\dot{Q} = \frac{\lambda_1}{d_1} \cdot A(T_1 - T_{W1}). \qquad \text{(VI)}$$

Die Dicke der Grenzschicht wird mit zunehmender Strömungsgeschwindigkeit des Mediums abnehmen, mit steigender Viskosität dagegen zunehmen. Da die Dicke der Grenzschicht einer Messung nicht unmittelbar zugänglich ist, drückt man den Quotienten λ_1/d_1 durch einen sog. *Wärmeübergangskoeffizienten* α_1 aus:

$$\alpha_1 = \frac{\lambda_1}{d_1} \quad [\text{SI-Einheit für } \alpha\text{: } W/(m^2 \cdot K)]. \qquad \text{(VII)}$$

Durch Einsetzen von Gl. (VII) in Gl. (VI) erhält man für den *Wärmeübergang* vom Medium 1 auf die Wand:

$$\dot{Q} = \alpha_1 A(T_1 - T_{W1}). \qquad \text{(VIII)}$$

Entsprechend gilt für den Wärmeübergang von der Wand auf das Medium 2:

$$\dot{Q} = \alpha_2 A(T_{W2} - T_2). \qquad \text{(IX)}$$

Die Wärmeübergangskoeffizienten erhält man aus Gleichungen, in welchen die für den Wärmeübergang charakteristischen Einflußgrößen in Form dimensionsloser Kennzahlen zusammengefaßt sind. So lassen sich z. B. die Wärmeübergangskoeffizienten bei turbulenter Strömung in Rohren und Kanälen für Gase aus folgender Gleichung berechnen:

$$Nu = 0{,}0214 \cdot (Re^{0{,}8} - 100)\, Pr_m^{0{,}4} \cdot \left[1 + \left(\frac{D}{L}\right)^{2/3}\right] \left(\frac{T_m}{T_W}\right)^{0{,}45}, \qquad \text{(X)}$$

Gültigkeitsbereich: $2300 < Re < 10^6$, $0{,}5 < T_m/T_W < 1{,}5$, $0{,}6 < Pr_m < 10^5$.

Für Flüssigkeiten lautet die entsprechende Beziehung:

$$Nu = 0{,}012\, (Re^{0{,}87} - 280)\, Pr_m^{0{,}4} \cdot \left[1 + \left(\frac{D}{L}\right)^{2/3}\right] \left(\frac{Pr_m}{Pr_W}\right)^{0{,}11}, \qquad \text{(XI)}$$

Gültigkeitsbereich: $2300 < Re < 10^6$, $1{,}5 < Pr_m < 500$, $0{,}05 < Pr_m/Pr_W < 20$.

In den Gln. (X) und (XI) bedeuten: $Nu = \alpha D/\lambda$ Nusselt-Zahl, $Re = wD/\nu = wD\rho/\eta$ Reynolds-Zahl, $Pr = \nu/a = \nu\rho c_p/\lambda$ Prandtl-Zahl, D/L Verhältnis von Rohrdurchmesser zu -länge, Pr_m Prandtl-Zahl bei der mittleren Fluidtemperatur T_m, Pr_W Prandtl-Zahl bei der Wandtemperatur T_W, α Wärmeübergangskoeffizient, λ Wärmeleitfähigkeitskoeffizient des strömenden Mediums, w Strömungsgeschwindigkeit, ν kinematische Zähigkeit, η dynamische Zähigkeit, a Temperaturleitfähigkeitskoeffizient, ρ Dichte des strömenden Mediums, c_p spezifische Wärmekapazität bei konstantem Druck.

Beispiel 5-3. Es soll der Wärmeübergangskoeffizient α für Wasser berechnet werden, welches in Rohren von 50 mm Durchmesser und 3 m Länge strömt, und bei einem Volumenstrom von 5,7 m³/h von 30 auf 70 °C erwärmt werden soll. Das Heizmittel Abdampf hält die Rohrwand auf einer Temperatur von 100 °C. Gegeben sind folgende Stoffwerte des Wassers, dessen mittlere Temperatur 50 °C beträgt:
$\eta_{50} = 5{,}5 \cdot 10^{-4}$ Pa·s, $\eta_{100} = 2{,}878 \cdot 10^{-4}$ Pa·s, $\rho_{50} = 988$ kg/m³, $c_p = 4190$ J/(kg·K), $\lambda_{50} = 0{,}64$ W/(m·K), $\lambda_{100} = 0{,}68$ W/(m·K).

Zuerst müssen wir die Reynolds-Zahl berechnen, um festzustellen, ob turbulente oder laminare Strömung vorliegt; zur Berechnung von Re benötigen wir die Strömungsgeschwindigkeit

$$w = \frac{\dot{v}}{q} = \frac{\dot{v}}{D^2\pi/4} = \frac{5{,}700 \cdot 4}{3600 \cdot 0{,}05^2 \cdot 3{,}14} = 0{,}81 \text{ m/s.}$$ Dann ist

$$Re = \frac{wD}{\nu} = \frac{wD\rho}{\eta} = \frac{0{,}81 \cdot 0{,}05 \cdot 988}{5{,}5 \cdot 10^{-4}} = 72\,753,$$ d. h. turbulente

Strömung; somit ist Gl. (XI) anwendbar. Nun berechnen wir die Prandtl-Zahl bei der mittleren Temperatur der Flüssigkeit:

$$Pr_m = \frac{\nu}{a} = \frac{\eta c_p}{\lambda} = \frac{5{,}5 \cdot 10^{-4} \cdot 4190}{0{,}64} = 3{,}60;$$ entsprechend ist

die Prandtl-Zahl bei der Temperatur der Rohrwand:

$$Pr_W = \frac{2{,}878 \cdot 10^{-4} \cdot 4190}{0{,}68} = 1{,}77$$ und das Verhältnis $\frac{Pr_m}{Pr_W} = 2{,}03$.

Nunmehr ist die Nusselt-Zahl zu berechnen:

$$Nu = 0{,}012\,(72\,753^{0,87} - 280)\cdot 3{,}60^{0,4}\cdot\left[1+\left(\frac{0{,}05}{3}\right)^{2/3}\right]\left(\frac{3{,}60}{1{,}77}\right)^{0,11} =$$

$= 385$. Somit ist der Wärmeübergangskoeffizient $\alpha = \dfrac{Nu\cdot\lambda}{D} =$

$$= \frac{385\cdot 0{,}64}{0{,}05} = 4928\ \mathrm{W/(m^2\cdot K)}.$$ ——

Näherungswerte der Wärmeübergangskoeffizienten bei verschiedenen Strömungsformen für Überschlagsrechnungen sind in der folgenden Tabelle aufgeführt.

Strömungsform	α, W/(m² · K) Medium: Wasser	Medium: Luft (1 bar)
turbulente Strömung längs im Rohr	1000 . . . 4000	30 . . . 50
turbulente Strömung senkrecht zum Rohr	2000 . . . 7000	50 . . . 80
laminare Strömung	250 . . . 350	3 . . 4
freie Konvektion	250 . . . 700	3 . . . 8
siedendes Wasser	1500 . . . 15000	
am waagrechten Rohr kondensierender Wasserdampf	5000 . . . 12000	
kondensierende organische Flüssigkeiten	500 . . . 2000	

Beispiel 5-4. Die Außenwände eines gemauerten Ofens von $A = 40$ m² Oberfläche haben eine Temperatur von 65 °C; die Lufttemperatur in der Nähe des Ofens beträgt 25 °C. Wie groß ist der Wärmeverlust durch Wärmeübergang an die Luft während eines Tages? $\alpha = 8$ W/(m² · K), s. Tabelle, freie Konvektion.

$$\dot{Q} = \alpha A\,\Delta T = 8\cdot 40\cdot(65-25) = 12\,800\ \mathrm{W} = 12\,800\ \mathrm{J/s} = $$
$$= 1{,}106\cdot 10^{9}\ \mathrm{J/d}.$$ ——

5.3 Wärmedurchgang

Für die Wärmeleitung durch die in Abb. 5.1 skizzierte Wand gilt entsprechend Gl. (I):

$$\dot{Q} = \frac{\lambda A}{d}\cdot(T_{W1} - T_{W2}). \qquad \text{(XII)}$$

Dieser Wärmestrom durch Wärmeleitung muß unter stationären Bedingungen gleich sein dem Wärmestrom durch Wärmeübergang vom Medium 1 auf die Wand [Gl. (VIII)], und ebenso dem Wärmestrom durch Wärmeübergang von der Wand auf das Medium 2 [Gl. (IX)]. Nach Abb. 5.1 ist

$$(T_1 - T_{W1}) + (T_{W1} - T_{W2}) + (T_{W2} - T_2) = T_1 - T_2\,, \qquad \text{(XIII)}$$

wofür aus den Gln. (VIII), (XII) und (IX) folgt:

$$\frac{\dot{Q}}{\alpha_1 A} + \frac{\dot{Q} d}{\lambda A} + \frac{\dot{Q}}{\alpha_2 A} = T_1 - T_2\,. \qquad \text{(XIV)}$$

Daraus ergibt sich der Wärmestrom beim Wärmedurchgang:

$$\dot{Q} = \frac{A}{\frac{1}{\alpha_1} + \frac{d}{\lambda} + \frac{1}{\alpha_2}} \cdot (T_1 - T_2) = kA\,(T_1 - T_2), \qquad \text{(XV)}$$

wobei $$k = \frac{1}{\frac{1}{\alpha_1} + \frac{d}{\lambda} + \frac{1}{\alpha_2}} \qquad \text{(XVI)}$$

der *Wärmedurchgangskoeffizient* ist.

Beispiel 5-5. Bei einem dampfbeheizten Lufterhitzer aus Gußeisen, $\lambda = 58$ W/(m·K), Wandstärke $d = 0{,}003$ m sind die Wärmeübergangskoeffizienten auf der Luftseite $\alpha_1 = 17{,}4$ W/(m²·K), auf der Dampfseite $\alpha_2 = 6980$ (bzw. 69 800) W/(m²·K) bei Film- (bzw. Tropfen-) kondensation. Wie groß sind die Wärmedurchgangskoeffizienten a) bei Film-, b) bei Tropfenkondensation? Wie würden sich die Wärmedurchgangskoeffizienten ändern, wenn an Stelle von Gußeisen Kupfer, 18/8-Cr/Ni-Stahl oder Glas als Wandmaterial verwendet werden würden?

Wand aus Gußeisen

a) Filmkondensation: $$k = \frac{1}{\frac{1}{\alpha_1} + \frac{d}{\lambda} + \frac{1}{\alpha_2}} = \frac{1}{\frac{1}{17{,}4} + \frac{0{,}003}{58} + \frac{1}{698}}$$

$$= 17{,}34 \text{ W/(m}^2\cdot\text{K)};$$

b) Tropfenkondensation: $k = \dfrac{1}{\dfrac{1}{17{,}4} + \dfrac{0{,}003}{58} + \dfrac{1}{69\,800}} =$

$= 17{,}38\ \mathrm{W/(m^2 \cdot K)}$.

Wand aus Kupfer, Cr/Ni-Stahl bzw. Glas

		Cu	Cr/Ni-Stahl	Glas
	$\lambda =$	393	21	0,93 W/(m·K)
Filmkondensation:	$k =$	17,35	17,31	16,44 W/(m²·K)
Tropfenkondensation:	$k =$	17,39	17,35	16,47 W/(m²·K)

Infolge des niedrigen Wärmeübergangskoeffizienten auf der Luftseite spielt es keine Rolle, ob Film- oder Tropfenkondensation vorliegt. Aus demselben Grund wirkt sich auch der Werkstoff der Wand nur geringfügig auf die Größe des Wärmedurchgangskoeffizienten aus. ——

Der Wärmestrom beim Wärmedurchgang durch ein kreisrundes Rohr mit dem Innenradius R_1, dem Außenradius R_2 und der Länge L ist gegeben durch die aus den Gln. (IV), (VIII) und (IX) folgende Beziehung:

$$\dot{Q} = \frac{2\pi L}{\dfrac{1}{R_1 \alpha_1} + \dfrac{1}{R_2 \alpha_2} + \dfrac{1}{\lambda} \cdot \ln \dfrac{R_2}{R_1}} \cdot (T_1 - T_2). \qquad \text{(XVII)}$$

Strömen zwei Fluide durch einen Wärmeaustauscher, so ändern sich, sofern nicht Phasenänderungen (Kondensation eines Dampfes oder Verdampfung einer Flüssigkeit) stattfinden (s. unten), deren Temperaturen kontinuierlich von einer Eintrittstemperatur T^{ein} auf eine Austrittstemperatur T^{aus}. Der Temperaturverlauf der Fluide längs der Wärmeaustauschfläche hängt von der Stoffstromführung dieser Fluide ab. Für Gegenstrom und Gleichstrom zeigt Abb. 5.2

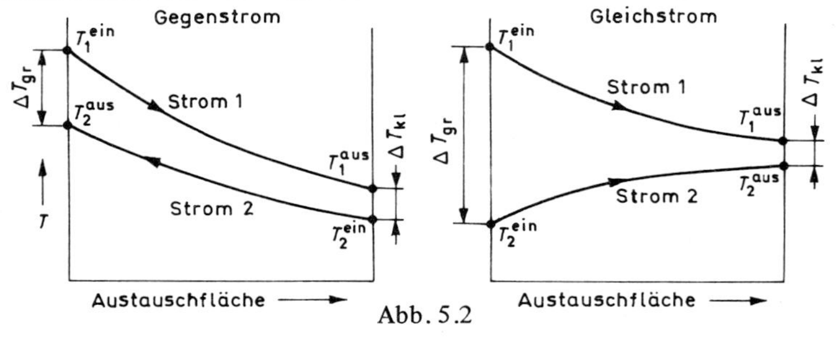

Abb. 5.2

die Temperaturänderungen. Das Fluid mit der kleineren Wärmekapazität $\dot{v}\rho c_p$ erfährt die größere Temperaturänderung $T^{ein} - T^{aus}$. Die mittlere treibende Temperaturdifferenz ΔT_m ist in allen Fällen gegeben durch die Beziehung

$$\Delta T_m = \frac{\Delta T_{gr} - \Delta T_{kl}}{\ln(\Delta T_{gr}/\Delta T_{kl})} . \qquad \text{(XVIII)}$$

ΔT_{gr} ist die größere, ΔT_{kl} die kleinere Temperaturdifferenz zwischen den beiden Fluiden am Eintritt bzw. Austritt aus dem Wärmeaustauscher.

Bei der Kondensation eines Dampfes bzw. bei der Verdampfung einer Flüssigkeit bleibt infolge der scheinbar unendlich großen Wärmekapazität des betreffenden Fluids dessen Temperatur T_1 bzw. T_2 konstant; damit ist

$$\Delta T_m = \frac{T_2^{aus} - T_2^{ein}}{\ln\left(\dfrac{T_1 - T_2^{ein}}{T_1 - T_2^{aus}}\right)} \qquad \text{(XIX)}$$

bzw.

$$\Delta T_m = \frac{T_1^{ein} - T_1^{aus}}{\ln\left(\dfrac{T_1^{ein} - T_2}{T_1^{aus} - T_2}\right)} . \qquad \text{(XX)}$$

Beispiel 5-6. Es soll die Heizrohrlänge eines Vorwärmers aus Messing, $\lambda = 83{,}7$ W/(m·K), in dem pro Stunde 2000 kg Wasser von 20 auf 60 °C durch Abdampf von 100 °C erwärmt werden, berechnet werden. Die Strömungsgeschwindigkeit des Wassers beträgt $w = 0{,}5$ m/s, der Rohrinnendurchmesser $D_i = 0{,}020$ m, der Rohraußendurchmesser $D_a = 0{,}022$ m.

Wärmestrom $\dot{Q} = 2000 \cdot 4{,}1868 \cdot (60 - 20) = 334\,944$ kJ/h = = 93,04 kJ/s = 93,04 kW. $\Delta T_{gr} = 100 - 20 = 80$ °C; $\Delta T_{kl} =$ $= 100 - 60 = 40$ °C. Damit wird nach Gl. (XVIII) die mittlere treibende Temperaturdifferenz $\Delta T_m = \dfrac{80 - 40}{\ln(80/40)} = 57{,}7$ °C.

Der Wärmeübergangskoeffizient von Wasser läßt sich nach Schack mittels folgender Beziehung berechnen:
$\alpha = 3373 \cdot w^{0,85} \cdot (1 + 0{,}014 \cdot \bar{\vartheta}_W)$, wobei $\bar{\vartheta}_W$ die mittlere Tem-

peratur des Wassers ist, $\bar{\vartheta}_W = (20 + 60) : 2 = 40$ °C. Dann ist $\alpha = \alpha_i = 3373 \cdot 0{,}5^{0{,}85} \cdot (1 + 0{,}014 \cdot 40) = 2919$ W/(m² · K). Der Wärmeübergangskoeffizient α_a für den Dampf an der Außenseite des Rohres sei zu 12 000 W/(m² · K) angenommen. Dann folgt aus Gl. (XVII) für die Rohrlänge L, wenn man an Stelle von $T_1 - T_2$ die mittlere treibende Temperaturdifferenz ΔT_m setzt:

$$L = \frac{\dot{Q}}{2\pi \cdot \Delta T_m} \left(\frac{1}{R_i \alpha_i} + \frac{1}{R_a \alpha_a} + \frac{1}{\lambda} \cdot \ln \frac{R_a}{R_i} \right) =$$

$$= \frac{93\,040}{2 \cdot 3{,}14 \cdot 57{,}7} \cdot \left(\frac{1}{0{,}010 \cdot 2919} + \frac{1}{0{,}011 \cdot 12\,000} + \right.$$

$$\left. + \frac{1}{83{,}7} \cdot \ln \frac{0{,}011}{0{,}010} \right) = 11{,}03 \text{ m.}$$

Aufgaben. 5/1. Die Wand eines Kühlraumes besteht aus folgenden Schichten: einer äußeren Ziegelmauer von 0,50 m Dicke, $\lambda = 0{,}87$ W/(m · K), einer Steinwolleisolierung von 0,16 m Dicke, $\lambda = 0{,}12$ W/(m · K), und einer inneren Betonschicht von 0,05 m Dicke, $\lambda = 1{,}28$ W/(m · K). Die Temperatur der Außenluft beträgt 28 °C, diejenige der Luft im Inneren des Kühlraumes –5 °C. Die Wärmeübergangskoeffizienten betragen auf der Außenseite der Wand $\alpha_a = 23$ W/(m² · K), auf der Innenseite $\alpha_i = 8$ W/(m² · K). Welche Wärmemenge strömt stündlich durch 1 m² der Wand hindurch?

5/2. In einem Stahlrohr mit den Durchmessern $D_i = 94$ und $D_a = 102$ mm strömt gesättigter Wasserdampf von 150 °C, während die umgebende Luft eine Temperatur von 20 °C hat. Die Wärmeübergangskoeffizienten betragen $\alpha_i = 12\,000$ W/(m² · K) und $\alpha_a = 23$ W/(m² · K). **a)** Welche Wärmemenge strömt stündlich durch 1 m² der Wand hindurch? **b)** Wie hoch sind die Wandtemperaturen?

5/3. Die Wandung eines Ofens besteht aus zwei Schichten: einer Mauerung aus a) feuerfesten Steinen der Dicke $d_1 = 0{,}50$ m, $\lambda_1 = 1{,}16$ W/(m · K), und b) Ziegeln der Dicke $d_2 = 0{,}25$ m, $\lambda_2 = 0{,}58$ W/(m · K). Die Temperatur im Ofen beträgt $\vartheta_1 = 1300$ °C, im umgebenden Außenraum $\vartheta_5 = 25$ °C. Die Temperaturen an der inneren Ofenwand seien mit ϑ_2, an der Grenzfläche zwischen den feuerfesten Steinen mit ϑ_3 und an der Außenwand mit ϑ_4 bezeichnet. Der Wärmeübergangskoeffizient zwischen den Feuerungsgasen und der Innenwand beträgt $\alpha_1 = 34{,}9$ W/(m² · K), derjenige zwischen der Außenwand und der umgebenden Luft $\alpha_2 = 16{,}3$ W/(m² · K). Zu berechnen ist **a)** der Wärmeverlust pro Stunde und Quadratmeter Wandfläche, **b)** die Temperatur ϑ_3.

5/4. In einem 3 m langen Rohr mit einem Innendurchmesser von 53 mm wird Benzol von 20 auf 60 °C erwärmt. Die Wandtemperatur beträgt 70 °C, die Strömungsgeschwindigkeit des Benzols 0,1 m/s. Es soll der Wärmeübergangskoeffizient berechnet werden.

5/5. Es soll der Wärmeübergangskoeffizient α für Wasser berechnet werden, welches in den Rohren eines Rohrbündelwärmeaustauschers von 15 auf 80 °C erwärmt wird. Der Rohrinnendurchmesser beträgt 35 mm. Das Wasser strömt mit einer Geschwindigkeit von 1 m/s durch die Rohre. Die Temperatur der Rohrwand beträgt 95 °C, die Rohrlänge 2 m. Bei einer mittleren Temperatur des Wassers von 47,5 °C beträgt dessen Wärmeleitfähigkeitskoeffizient $\lambda = 0{,}644$ W/(m·K).

5/6. Der Wärmeinhalt der heißen, aus einem Reaktor abgeführten Reaktionsmasse wird in einem Wärmeaustauscher teilweise zur Vorwärmung frischer Reaktionsmischung verwendet. Die heiße Reaktionsmasse kühlt sich im Wärmeaustauscher von 300 auf 200 °C ab, während die frische Reaktionsmischung von 25 auf 180 °C erwärmt wird. Wie groß ist die mittlere treibende Temperaturdifferenz **a)** für Gleichstrom, **b)** für Gegenstrom?

5.4 Wärmeübertragung durch Strahlung

Während die Wärmeübertragung durch Leitung und Konvektion stets stoffgebunden ist, erfolgt der Wärmetransport durch *Strahlung* in Form elektromagnetischer Wellen. Hier ist ein stofflicher Kontakt zwischen den wärmeaustauschenden Körpern nicht notwendig.

Im allgemeinen Fall wird von der auf einen Körper auftreffenden gesamten Wärmestrahlung E_0 ein Teil $r = E_r/E_0$ (*r Reflexionsvermögen*) reflektiert, ein Teil $a = E_a/E_0$ (*a Absorptionsvermögen*) absorbiert, und ein Teil $d = E_d/E_0$ (*d Durchlässigkeit*) durchgelassen; es gilt:

$$a + r + d = 1. \qquad \text{(XXI)}$$

Die meisten festen Körper sind für Strahlung undurchlässig, d. h.:

$$a = 1 - r. \qquad \text{(XXII)}$$

Reflektiert ein Körper außerdem keine Strahlung ($r = 0$), so handelt es sich um einen idealisierten, sog. *schwarzen Körper* ($a = 1$). Der schwarze Körper hat neben dem besten Absorptionsvermögen auch das höchste *Strahlungsvermögen*. Wirkliche Körper haben stets ein Absorptionsvermögen $a < 1$; d. h. die Strahlung E eines realen Körpers ist unter stationären Bedingungen bei gleicher Temperatur kleiner als die Strahlung E_s eines schwarzen Körpers. Der Quotient

$$\epsilon = E/E_s \tag{XXIII}$$

wird als *Emissionskoeffizient* oder *Emissionsverhältnis* eines realen Körpers bezeichnet.

Der von einem heißen Körper 1 (Temperatur T_1, Emissionsverhältnis ϵ_1, Fläche A_1) auf einen kälteren Körper 2 (Temperatur T_2, Emissionsverhältnis ϵ_2) durch Strahlung übertragene Wärmestrom $\dot{Q}_{12}$ ist nach Stefan-Boltzmann:

$$\dot{Q}_{12} = C_{12} A_1 \left[\left(\frac{T_1}{100} \right)^4 - \left(\frac{T_2}{100} \right)^4 \right]. \tag{XXIV}$$

In dieser Gleichung bedeutet C_{12} die *Strahlungsaustauschzahl* für das betreffende Körperpaar:

$$C_{12} = \epsilon_{12} C_S, \tag{XXV}$$

wobei $C_S = 5{,}6697\ \mathrm{W/(m^2 \cdot K^4)}$ die *Strahlungszahl des schwarzen Körpers* ist. Das mittlere Emissionsverhältnis ϵ_{12} ist für zwei parallele, ebene und gleich große Flächen 1 und 2:

$$\epsilon_{12} = \frac{1}{1/\epsilon_1 + 1/\epsilon_2 - 1}, \tag{XXVI}$$

und für zwei konzentrische Rohre (A_1 Fläche innen, A_2 Fläche außen):

$$\epsilon_{12} = \frac{1}{\dfrac{1}{\epsilon_1} + \dfrac{A_1}{A_2}\left(\dfrac{1}{\epsilon_2} - 1\right)}. \tag{XXVII}$$

Beispiel 5-7. Ein gerader Heizdraht von 1 m Länge und 4 mm Durchmesser wird durch Widerstandserhitzung auf 500 °C ($T_1 = 773{,}15$ K) erwärmt. Er befindet sich in einem sehr großen, abgeschlossenen Raum, dessen mittlere Temperatur gleich der Wandtemperatur ist: $\vartheta_W = \vartheta_2 = 20$ °C ($T_2 = 293{,}15$ K). Es soll der durch Strahlung abgegebene Wärmestrom berechnet werden, wenn $\epsilon_1 = 0{,}845$ ist. (Indizes „D“ und „W“: Draht bzw. Wand).

$A_D = 0{,}01257\ \mathrm{m^2}$, $A_W \gg A_D$, d. h. $A_D/A_W = 0$.

Somit ist $\dot{Q}_{12} = A_D C_S \dfrac{1}{\dfrac{1}{\epsilon_D} + \dfrac{A_D}{A_W}\left(\dfrac{1}{\epsilon_W} - 1\right)} \left[\left(\dfrac{T_D}{100}\right)^4 - \left(\dfrac{T_W}{100}\right)^4\right] =$

$= 0{,}01257 \cdot 5{,}6697 \cdot \dfrac{1}{1/0{,}845 + 0 \cdot (1/\epsilon_W - 1)} \cdot (7{,}73^4 - 2{,}93^4) =$

$= 210{,}6$ W. ——

Aufgaben. 5/7. Die gemauerte Rückwand eines Heizkessels von 4 m Breite und 3,5 m Höhe hat eine Außentemperatur $\vartheta_1 = 90\ °C$. Die parallel gegenüberstehende Kesselhauswand (Mauerwerk) hat die Temperatur der vor ihr befindlichen Luft von $\vartheta_2 = 30\ °C$. Die Luft sei praktisch in Ruhe, $\alpha = 4{,}65\ W/(m^2 \cdot K)$. Der Emissionskoeffizient von Mauerwerk beträgt $\epsilon = 0{,}94$. Zu berechnen ist der gesamte Wärmeverlust in 1 Sekunde.

6 Verdampfen

6.1 Verdampfungsenthalpie

Zur Umwandlung einer Flüssigkeit in Dampf bei konstanter Temperatur muß der Flüssigkeit Wärmeenergie zugeführt werden; diese wird in erster Linie zur Überwindung der Anziehungskräfte zwischen den Molekülen der Flüssigkeit benötigt. Da die Verdampfung meist bei konstantem Druck erfolgt, ist noch ein zusätzlicher Energiebetrag für die Leistung äußerer Arbeit erforderlich, entsprechend der Volumenvergrößerung ΔV beim Druck p. Die in diesem Fall zuzuführende Wärme wird als *Verdampfungsenthalpie* $\Delta_V H$ bezeichnet; der Quotient $\Delta_V H/n = \Delta_V H_m$ ist die *molare*, der Quotient $\Delta_V H/m = \Delta_V h$ die *spezifische Verdampfungsenthalpie*. Die zur Verdampfung verbrauchte Wärmemenge wird bei der Kondensation des Dampfes wieder frei; d. h. die *Kondensationsenthalpie* ist stets entgegengesetzt gleich der Verdampfungsenthalpie. Die Verdampfungsenthalpie hängt von der Art der Flüssigkeit ab und ändert sich mit der Temperatur.

Beispiel 6-1. Es sollen 20 000 kg Wasser von 20 auf 70 °C durch Dampf von 1 bar im Gegenstrom erwärmt werden, so daß das Kondensat mit einer Temperatur von 30 °C abfließt. Wieviel Dampf ist hierfür erforderlich? Die spezifische Verdampfungsenthalpie des Wassers beträgt 2256,9 kJ/kg.

Bei der Erwärmung um 1 °C nimmt 1 kg Wasser 4,1868 kJ auf. Somit ist die insgesamt dem zu erwärmenden Wasser zuzuführende Wärmemenge $20\,000 \cdot 4{,}1868 \cdot (70-20)$ kJ. 1 kg Dampf gibt bei der Kondensation 2256,9 kJ ab; das bei 100 °C gebildete Wasser kühlt sich dann weiter auf 30 °C ab, wobei pro kg und 1 °C wiederum 4,1868 kJ frei werden. Insgesamt beträgt die von m kg Dampf abgegebene Wärmemenge $m \cdot [2256{,}9 + 4{,}1868 \cdot (100-30)]$ kJ.

Diese muß gleich sein der vom Wasser aufgenommenen Wärmemenge, also $m \cdot [2256{,}9 + 4{,}1868 \cdot (100-30)] = 20\,000 \cdot 4{,}1868 \cdot (70-20)$. Daraus ergibt sich die Dampfmenge $m = 1641{,}9$ kg. ——

6.2 Sattdampf, Naßdampf und überhitzter Dampf

Als *Naßdampf* bezeichnet man ein Gemisch aus Flüssigkeit und Dampf, wobei sich beide auf Sättigungstemperatur (Temperatur, bei der die Verdampfung beginnt) befinden. *Trocken gesättigter Dampf* oder *Sattdampf* ist Dampf von Sättigungstemperatur. *Überhitzter Dampf* (s. unten) ist Dampf, dessen Temperatur höher ist als die Sättigungstemperatur.

Bei Naßdampf gibt der *spezifische Dampfgehalt X* den Massenanteil des trocken gesättigten Dampfes im Dampf-Flüssigkeits-Gemisch an. Für trocken gesättigten Dampf ist $X = 1$, für Flüssigkeit von Sättigungstemperatur ist $X = 0$. In 1 kg des Dampf-Flüssigkeits-Gemisches sind somit X kg Sattdampf und $(1-X)$ kg Flüssigkeit enthalten.

In den *Dampftafeln* (s. Tab. 1, S. 224 ff.) sind in Abhängigkeit von der Sättigungstemperatur die spezifischen Volumina v' und v'' in dm^3/kg bzw. m^3/kg, ferner die spezifischen Enthalpien h' und h'' in kJ/kg angegeben, wobei sich der Index $'$ auf Flüssigkeit von Sättigungstemperatur, der Index $''$ auf trocken gesättigten Dampf bezieht.

Für Naßdampf ist

das spezifische Volumen: $v = Xv'' + (1-X)v' = X(v''-v') + v'$; (I)

bei nicht zu hohen Drücken ist meist $v' \ll v''$, so daß näherungswe[ise] gilt:

$$v \approx Xv''; \qquad \text{(Ia)}$$

die spezifische Enthalpie: $h = h' + X(h''-h') = h' + X \cdot \Delta_V h$ (II)

($\Delta_V h$ spezifische Verdampfungsenthalpie).

Beispiel 6-2. Es sollen 10 000 kg Wasser von 20 °C durch Einleiten von kondensierendem Naßdampf ($p = 2$ bar, $X = 0{,}1$) auf 90 °C erwärmt werden. Wieviel Dampf wird dazu benötigt? (Benötigte Zahlenwerte s. Tab. 1, S. 224 ff., für $p = 2$ bar durch Interpolation).

Die spezifische Enthalpie des Naßdampfes ist $h = h' + X \cdot \Delta_V h =$ $= 504{,}70 + 0{,}9 \cdot 2201{,}6 = 2486{,}14$ kJ/kg, die Enthalpie von m kg des Naßdampfes demnach $m \cdot 2486{,}14$ kJ.

Nach dem Kondensieren des Naßdampfes sind $(10\,000 + m)$ kg Wasser von 90 °C vorhanden. Die Enthalpiedifferenz gegenüber 10 000 kg Wasser von 20 °C beträgt somit $[(10\,000 + m) \cdot 90 - 10\,000 \cdot 20] \cdot 4{,}1868$ kJ. Diese muß gleich $m \cdot 2486{,}14$ kJ sein, also $[(10\,000 + m) \cdot 90 - 10\,000 \cdot 20] \cdot 4{,}1868 =$ $= m \cdot 2486{,}14$; daraus berechnet man $m = 1389{,}43$ kg. ——

Bei überhitzten Dämpfen gelten für jeden Stoff besondere, meist empirisch aufgestellte Zustandsgleichungen, so für Wasserdampf:

$$v = \frac{461{,}50 \cdot T}{p} - \frac{0{,}9172}{(T/100)^{2{,}82}} - p^2 \cdot \left[\frac{1{,}3609 \cdot 10^{-6}}{(T/100)^{14}} + \frac{4{,}553 \cdot 10^5}{(T/100)^{31{,}6}}\right] \text{m}^3/\text{kg}, \tag{III}$$

wobei p in Pa (N/m²) und T in K einzusetzen sind.

Beispiel 6-3. Zu berechnen sind das spezifische Volumen und die spezifische Enthalpie des überhitzten Wasserdampfes von 10 bar und 300 °C.

$$v = \frac{461{,}50 \cdot 573{,}15}{10 \cdot 10^5} - \frac{0{,}9172}{5{,}7315^{2{,}82}} - (10 \cdot 10^5)^2 \times$$

$$\times \left[\frac{1{,}3609 \cdot 10^{-6}}{5{,}7315^{14}} + \frac{4{,}553 \cdot 10^5}{5{,}7315^{31{,}6}}\right] = 0{,}2578 \text{ m}^3/\text{kg}.$$

Für $p = 10{,}0$ bar ist $\vartheta_S = 179{,}88$ °C und $h'' = 2776{,}2$ kJ/kg, ferner $\bar{c}_p = 2{,}1478$ kJ/(kg·K). Damit ergibt sich $h = 2776{,}2 + 2{,}1478 \cdot (300 - 179{,}88) = 3034{,}2$ kJ/kg. ——

Aufgaben. 6/1. Wieviel Kühlwasser von 10 °C ist erforderlich, um im direkten Wärmeaustausch 500 kg Sattdampf von 1,2 bar so niederzuschlagen, daß die gemeinsame Kondensat- und Kühlwassermenge eine Temperatur von 40 °C hat? Zahlenwerte s. Wasserdampftafel, S. 224 ff.

6/2. In einem Kessel von 2 m³ Inhalt befinden sich 1000 kg Wasser und Dampf von 12,8 bar bei Sättigungstemperatur. **a)** Welches spezifische Volumen hat der Naßdampf? **b)** Wieviel Dampf und wieviel Wasser befinden sich im Kessel? **c)** Welche Enthalpie haben der Dampf und das Wasser im Kessel? **d)** Welche spezifische Enthalpie hat der Naßdampf?

6/3. Zu berechnen ist, wieviel Wasser man aus einer Lösung durch 1 kg

Wasserdampf von 3 bar und 133,54 °C abdampfen kann **a)** bei 100 °C, wenn das Kondenswasser mit 133,54 °C abgeht; **b)** bei 70 °C (unter Vakuum), wenn das Kondenswasser mit 75 °C abgeht. Siedepunkterhöhung und Wärmeverluste sind zu vernachlässigen.

6/4. Eine Lösung mit einem Massenanteil $w = 10\%$ wird im Vakuum bei 52 °C mittels Heizdampf von 3 bar auf einen Massenanteil $w = 50\%$ eingedampft. Der Zulauf an Lösung beträgt 5000 kg/h. Das Kondensat verläßt den Heizmantel mit 80 °C. Der Wärmedurchgangskoeffizient beträgt 1750 W/(m² · K). Die Siedpunkterhöhung der Lösung und Wärmeverluste sollen vernachlässigt werden. Welche Menge an Frischdampf wird stündlich benötigt und wie groß muß die Wärmeaustauschfläche sein?

6.3 Einstufige Verdampfung

Beispiel 6-4. In einem einstufigen Verdampfer sollen 9072 kg/h einer Lösung mit einem Massenanteil an NaOH von $w = 20\%$ konzentriert werden auf einen Massenanteil von $w = 50\%$. Der Druck des Heizdampfes beträgt 2,435 bar, der Druck im Brüdenraum 0,1333 bar. Der Wärmedurchgangskoeffizient wird zu 1420 W/(m² · K) angenommen. Die zu konzentrierende Lösung läuft mit einer Temperatur von 37,8 °C zu. Zu berechnen sind der stündliche Dampfverbrauch, die pro kg Heizdampf verdampfte Wassermenge und die benötigte Wärmeaustauschfläche des Verdampfers.

Die zu verdampfende Wassermenge ergibt sich aus einer Stoffbilanz. 1 kg des Zulaufs enthält 0,80 kg Wasser und 0,20 kg NaOH, auf 1 kg NaOH also 4 kg Wasser. Die konzentrierte Lösung enthält 1 kg Wasser auf 1 kg NaOH. Die zu verdampfende Menge beträgt also $4 - 1 = 3$ kg Wasser pro kg Feststoff oder $3 \cdot 9072 \cdot 0{,}20 =$ $= 5443{,}2$ kg/h Wasser. Der Massenstrom der eingedickten Lösung (Ablauf) ist dann $\dot{m}_A = 9072 - 5443{,}2 = 3628{,}8$ kg/h.

Dampfverbrauch. Bei konzentrierten NaOH-Lösungen ist die Verdünnungsenthalpie nicht mehr vernachlässigbar. Aus Tabellen oder Diagrammen entnimmt man die spezifischen Enthalpien für NaOH-Lösungen; sie betragen für den
Zulaufstrom, $w = 20\%$, $\vartheta_Z = 37{,}8$ °C: $h_Z = 127{,}84$ kJ/kg;
Ablaufstrom, $w = 50\%$, $\vartheta_A = 91{,}7$ °C: $h_A = 513{,}70$ kJ/kg.

Die Siedetemperatur des Wassers bei 0,1333 bar ist 51,1 °C, diejenige der Lösung mit $w = 50\%$ ist 91,7 °C, die Siedetemperaturerhöhung somit 91,7 − 51,1 = 40,6 °C.

Die Enthalpie des Brüdens, welcher den Verdampfer verläßt, entnimmt man aus Dampftafeln. Die Enthalpie von überhitztem Wasserdampf bei 91,7 °C unter einem Druck von 0,1333 bar beträgt 2670,8 kJ/kg. Aus den Wasserdampftafeln entnimmt man für einen Druck von 2,435 bar einen Wert der spezifischen Verdampfungsenthalpie $\Delta_V h_D = 2183{,}7$ kJ/kg.

Die Enthalpiebilanz für die Flüssigkeitsseite lautet: $\dot{Q}_F = (\dot{m}_Z - \dot{m}_A)\, h_{Br} - \dot{m}_Z h_Z + \dot{m}_A h_A$. Darin bedeuten $\dot{m}$ die Massenströme (Indizes: „Z“ Zulauf, „A“ Ablauf) und h die spezifischen Enthalpien (Indizes: „Br“ Brüden, „Z“ Zulauf, „A“ Ablauf). Treten keine Wärmeverluste auf, so muß die vom Dampf abgegebene Wärmemenge $\dot{Q}_D = \dot{m}_D \cdot \Delta_V h_D$ gleich der von der Flüssigkeit aufgenommenen sein, d. h. $\dot{Q} = \dot{Q}_F = \dot{Q}_D = \dot{m}_D \cdot \Delta_V h_D =$
$= (\dot{m}_Z - \dot{m}_A)\, h_{Br} - \dot{m}_Z h_Z + \dot{m}_A h_A =$
$= (9072 - 3628{,}8) \cdot 2670{,}8 - 9072 \cdot 127{,}84 + 3628{,}8 \cdot 513{,}70 =$
$= 15\,242\,049$ kJ/h ($= 4{,}234 \cdot 10^6$ J/s). Somit ist der stündliche Dampfverbrauch $\dot{m}_D = \dfrac{\dot{Q}}{\Delta_V h_D} = \dfrac{15\,242\,049}{2183{,}7} = 6980$ kg/h.

Die pro kg Heizdampf verdampfte Wassermenge beläuft sich auf $\dfrac{5443{,}2}{6980} = 0{,}780$ kg/kg.

Wärmeaustauschfläche. Die Kondensationstemperatur des Heizdampfes von 2,435 bar ist 126,5 °C. Die Größe der Wärmeaustauschfläche muß betragen $A = \dfrac{\dot{Q}}{k \cdot \Delta\vartheta} = \dfrac{4{,}234 \cdot 10^6}{1420 \cdot (126{,}5 - 91{,}7)} =$
$= 85{,}68\ \mathrm{m}^2$. ——

6.4 Mehrstufige Verdampfung

Beispiel 6-5. In einer dreistufigen Verdampferanlage soll eine Lösung mit vernachlässigbarer Siedepunkterhöhung von einem Feststoffanteil $w = 10\%$ auf $w = 50\%$ konzentriert werden. Es steht Sattdampf von 2,0257 bar zur Verfügung, entsprechend einer Sättigungstemperatur $\vartheta_S = 120{,}6$ °C. Im letzten Verdampfer soll ein Druck von 0,1338 bar gehalten werden, entsprechend einer Siedetemperatur von 51,6 °C. Der Zulaufstrom der Dünnlauge beträgt $\dot{m}_Z = 24\,948$ kg/h, deren Temperatur 21,1 °C. Die spezifische Wärmekapazität der Lösung soll bei allen Feststoffgehalten mit $c_p = 4{,}1868$ kJ/(kg·K) eingesetzt werden. Die Wärmedurchgangskoeffizienten k werden bei Gleichstrom im ersten Verdampfer zu 3100, im zweiten zu 2000 und im dritten zu 1150 W/(m²·K) angenommen. Bei Gegenstrom sollen die Wärmedurchgangskoeffizienten 2550, 2000 bzw. 1550 W/(m²·K) betragen. Jede Verdampferstufe soll dieselbe Heizflächengröße haben.

Zu berechnen sind: die erforderlichen Größen der Heizflächen, der stündliche Dampfverbrauch, die Temperaturaufteilung und die je kg Heizdampf verdampfte Flüssigkeitsmenge, (a) bei Gleichstrom (s. Abb. 6.1a), (b) bei Gegenstrom (s. Abb. 6.1b).

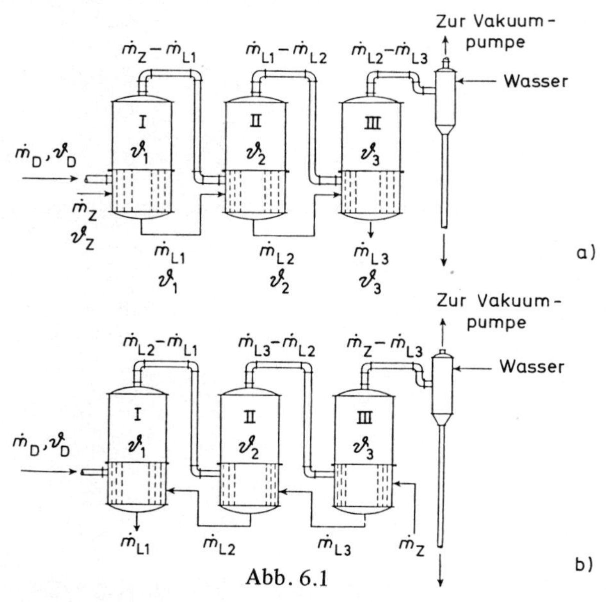

Abb. 6.1

In beiden Fällen ist die verdampfte Flüssigkeitsmenge natürlich dieselbe; diese kann aus einer Gesamtstoffbilanz berechnet werden, sofern der Feststoff die Verdampferanlage ohne Verluste durchläuft.

24 948 kg/h Dünnlauge (mit 2495 kg/h Feststoff + 22 453 kg/h Wasser) ergeben 4990 kg/h Dicklauge (mit 2495 kg/h Feststoff +

+ 2495 kg/h Wasser). Zu verdampfen sind also 19 958 kg/h Wasser.

Für eine dreistufige Verdampferanlage kann man sieben Gleichungen aufstellen: eine Enthalpiebilanz für jede Verdampferstufe, eine Wärmedurchgangsgleichung für jede Verdampferstufe und die bekannte (geforderte) Summe der in den drei Stufen stündlich verdampften Flüssigkeitsmengen. Ist die Größe der Heizfläche in jeder Stufe dieselbe, so treten in diesen Gleichungen sieben Unbekannte auf: (1) der Dampf-Massenstrom $\dot{m}_D$ zur ersten Verdampferstufe, (2) bis (4) die Massenströme der Lösungen $\dot{m}_{L1}$, $\dot{m}_{L2}$ und $\dot{m}_{L3}$ aus jeder Verdampferstufe, (5) die Siedetemperatur ϑ_1 in der ersten Stufe, (6) die Siedetemperatur ϑ_2 in der zweiten Stufe und (7) die Größe der Heizfläche in jeder Verdampferstufe. Die algebraische Lösung der sieben Gleichungen für die sieben Unbekannten ist prinzipiell möglich, jedoch kompliziert und langwierig. Daher wendet man eine kombinierte Methode an, wobei von der Schätzung der Temperatur ausgegangen wird. Der Rechengang ist dann folgender:

(1) Die Siedetemperaturen in der ersten und zweiten Verdampferstufe werden geschätzt.

(2) Aus den Enthalpiebilanzen werden die Massenströme des Dampfes und der Flüssigkeit für jede Verdampferstufe berechnet.

(3) Mit Hilfe der Wärmedurchgangsgleichungen werden die für jede Verdampferstufe erforderlichen Heizflächengrößen berechnet.

(4) Sind die nach (3) berechneten Heizflächen nicht annähernd gleich groß, so werden die angenommenen Temperaturen korrigiert und die Rechnung wiederholt. Häufig führt bereits eine einmalige Korrektur zum Erfolg, so daß die Berechnung nicht zu langwierig wird.

Fall (a), Gleichstrom (s. Abb. 6.1a)

Bei der ersten Schätzung der Temperatur können gewisse Gesichtspunkte als Richtlinien dienen: die Temperaturdifferenz muß bei kleineren Wärmeübergangskoeffizienten größer sein; ferner erfordert eine größere Belastung einer Verdampferstufe eine höhere Temperaturdifferenz.

In unserem Beispiel beträgt die gesamte Temperaturdifferenz $\Delta\,\vartheta = 120{,}6 - 51{,}6 = 69{,}0$ °C. Die dritte Verdampferstufe muß wegen des wesentlich geringeren Wärmedurchgangskoeffizienten die größte Temperaturdifferenz gegenüber den beiden anderen Stufen erhalten; schließlich muß die erste Verdampferstufe wegen der notwendigen Erwärmung der zulaufenden Dünnlauge auf die Siedetemperatur eine etwas höhere Temperaturdifferenz erhalten als die zweite Stufe. Wir wählen also als erste Annahme: $\Delta \vartheta_1 = 20$ °C $\Delta \vartheta_2 = 19$ °C und $\Delta \vartheta_3 = 30$ °C.

Es liegen dann folgende Verhältnisse vor:

Temperatur des Heizdampfes der 1. Stufe	120,6 °C	spezifische Verdampfungsenthalpi $\Delta_V h_D = 2199$ kJ/kg
Siedetemperatur der Flüssigkeit in der 1. Stufe	100,6 °C	
	$\Delta \vartheta_1 = 20{,}0$ °C	
Temperatur des Brüden aus der 1. Stufe (= Heizdampf der 2. Stufe)	100,6 °C	spezifische Verdampfungsenthalpi $\Delta_V h_1 = 2255$ kJ/kg
Siedetemperatur der Flüssigkeit in der 2. Stufe	81,6 °C	
	$\Delta \vartheta_2 = 19{,}0$ °C	
Temperatur des Brüden aus der 2. Stufe (= Heizdampf der 3. Stufe)	81,6 °C	spezifische Verdampfungsenthalpi $\Delta_V h_2 = 2304$ kJ/kg
Siedetemperatur der Flüssigkeit in der 3. Stufe	51,6 °C	spezifische Verdampfungsenthalp $\Delta_V h_3 = 2379$ kJ/kg
	$\Delta \vartheta_3 = 30{,}0$ °C	

(Verdampfungsenthalpien s. Tab. 1, S. 224 ff.)

Nun werden die Enthalpiebilanzen für jede Verdampferstufe aufgestellt, wobei wir bezeichnen mit $\dot{m}_Z$, kg/h, Massenstrom des Zulau (Dünnlauge); $\dot{m}_D$, kg/h, Massenstrom des Heizdampfes der 1. Stufe; $\dot{m}_{L1}$, $\dot{m}_{L2}$, $\dot{m}_{L3}$, kg/h, Massenströme der Lösungen aus der 1., 2. und 3. Stufe; $\Delta_V h_D$, kJ/kg, spezifische Verdampfungsenthalpie des Heizdampfes in der 1. Stufe; $\Delta_V h_1$, $\Delta_V h_2$, $\Delta_V h_3$, kJ/kg, spezifische

Verdampfungsenthalpien der Flüssigkeit in der 1., 2. und 3. Stufe; ϑ_Z, °C, Zulauftemperatur der Flüssigkeit zur 1. Stufe; ϑ_D, °C, Kondensationstemperatur des Heizdampfes; ϑ_1, ϑ_2, ϑ_3, °C, Siedetemperaturen der Lösungen in der 1., 2. und 3. Stufe; c_{pZ}, kJ/(kg·K), spezifische Wärmekapazität des Dünnlauge-Zulaufs; c_{p1}, c_{p2}, c_{p3}, kJ/(kg·K), spezifische Wärmekapazitäten der aus den einzelnen Stufen ablaufenden Lösungen; $\dot{Q}_1$, $\dot{Q}_2$, $\dot{Q}_3$, kJ/h, Wärmedurchgangsströme in den einzelnen Stufen.

Als Bezugstemperaturen setzen wir in die Enthalpiebilanzen die Siedetemperaturen der Lösung in den einzelnen Stufen ein. Beim Übertritt der Lösung von der ersten in die zweite und von der zweiten in die dritte Stufe tritt Nachverdampfung auf.

Die Enthalpiebilanzen lauten dann:

$$\dot{Q}_1 = \dot{m}_D \cdot \Delta_V h_D - (\dot{m}_Z - \dot{m}_{L1}) \cdot \Delta_V h_1 + \dot{m}_Z c_{pZ} (\vartheta_1 - \vartheta_Z);$$
$$\dot{Q}_2 = (\dot{m}_Z - \dot{m}_{L1}) \cdot \Delta_V h_1 = (\dot{m}_{L1} - \dot{m}_{L2}) \cdot \Delta_V h_2 + \dot{m}_{L1} c_{p1} (\vartheta_2 - \vartheta_1);$$
$$\dot{Q}_3 = (\dot{m}_{L1} - \dot{m}_{L2}) \cdot \Delta_V h_2 = (\dot{m}_{L2} - \dot{m}_{L3}) \cdot \Delta_V h_3 + \dot{m}_{L2} c_{p2} (\vartheta_3 - \vartheta_2).$$

In unserem Beispiel nehmen wir alle spezifischen Wärmekapazitäten gleich 4,1868 kJ/(kg·K) an; $\dot{m}_Z = 24\,948$ kg/h; $\dot{m}_{L3} = 4990$ kg/h. Die drei Unbekannten sind: $\dot{m}_D$, $\dot{m}_{L1}$, $\dot{m}_{L2}$. Es gelten dann folgende Beziehungen:

$$\dot{Q}_1 = \dot{m}_D \cdot 2199 = (24\,948 - \dot{m}_{L1}) \cdot 2255 + 24\,948 \cdot 4{,}1868 \cdot (100{,}6 - 21{,}1);$$
$$\dot{Q}_2 = (24\,948 - \dot{m}_{L1}) \cdot 2255 = (\dot{m}_{L1} - \dot{m}_{L2}) \cdot 2304 + \\ + \dot{m}_{L1} \cdot 4{,}1868 \cdot (81{,}6 - 100{,}6);$$
$$\dot{Q}_3 = (\dot{m}_{L1} - \dot{m}_{L2}) \cdot 2304 = (\dot{m}_{L2} - 4990) \cdot 2379 + \dot{m}_{L2} \cdot 4{,}1868 \cdot (51{,}6 - 81{,}6).$$

Löst man die zweite Gleichung nach $\dot{m}_{L1}$ auf, so erhält man: $\dot{m}_{L1} = 12\,559{,}1 + 0{,}51435 \cdot \dot{m}_{L2}$; diese Gleichung wird in die dritte eingesetzt, worauf man erhält $\dot{m}_{L2} = 12\,101$ kg/h und damit aus der vorhergehenden Gleichung $\dot{m}_{L1} = 18\,783$ kg/h. Aus der ersten Gleichung läßt sich darauf $\dot{m}_D = 10\,098$ kg/h berechnen.

Für die Wärmedurchgangsströme ergibt sich:

$$\dot{Q}_1 = 10\,098 \cdot 2199 = 22\,205\,502 \text{ kJ/h} = 6{,}1682 \cdot 10^6 \text{ W};$$
$$\dot{Q}_2 = (24\,948 - 18\,783) \cdot 2255 = 13\,902\,075 \text{ kJ/h} = 3{,}8617 \cdot 10^6 \text{ W};$$
$$\dot{Q}_3 = (18\,783 - 12\,101) \cdot 2304 = 15\,395\,328 \text{ kJ/h} = 4{,}2765 \cdot 10^6 \text{ W}.$$

Mit Hilfe dieser Werte für die Wärmedurchgangsströme, den geschätzten Temperaturdifferenzen und den in der Aufgabenstellung angegebenen Wärmedurchgangskoeffizienten lassen sich die Heizflächen der einzelnen Stufen berechnen; man erhält:

$$A_1 = \frac{\dot{Q}_1}{k_1 \cdot \Delta\vartheta_1} = \frac{6{,}1682 \cdot 10^6}{3100 \cdot 20} = 99{,}49 \text{ m}^2;$$

$$A_2 = \frac{\dot{Q}_2}{k_2 \cdot \Delta\vartheta_2} = \frac{3{,}8617 \cdot 10^6}{2000 \cdot 19} = 101{,}62 \text{ m}^2;$$

$$A_3 = \frac{\dot{Q}_3}{k_3 \cdot \Delta\vartheta_3} = \frac{4{,}2765 \cdot 10^6}{1150 \cdot 30} = 123{,}96 \text{ m}^2.$$

Die drei Heizflächen sollten nach Voraussetzung gleich groß sein, was bei dieser ersten geschätzten Temperaturverteilung nicht zutrifft. Vernachlässigt man den geringen Einfluß der Temperaturdifferenzen auf die Verdampfungsenthalpie, Erwärmung und Nachverdampfung, so kann man annehmen, daß sich die Größe der Heizflächen umgekehrt proportional zu den Temperaturdifferenzen ändert. Die gesamte Temperaturdifferenz beträgt 69 °C. Es können nun verschiedene Temperaturdifferenzen, deren Summe 69 °C ist, probeweise eingesetzt werden, bis sich für alle Stufen eine annähernd gleich große Heizfläche ergibt. Nehmen wir $\Delta\vartheta_1 = 18$ °C, $\Delta\vartheta_2 = 18$ °C und $\Delta\vartheta_3 = 33$ °C an, so ergeben sich näherungsweise folgende Heizflächengrößen:

$$A_1 = \frac{99{,}49 \cdot 20}{18} = 110{,}54 \text{ m}^2; \quad A_2 = \frac{101{,}62 \cdot 19}{18} = 107{,}27 \text{ m}^2;$$

$$A_3 = \frac{123{,}96 \cdot 30}{33} = 112{,}96 \text{ m}^2.$$ Wir korrigieren noch einmal und

nehmen Temperaturdifferenzen von $\Delta\vartheta_1 = 18$ °C, $\Delta\vartheta_2 = 17{,}5$ °C und $\Delta\vartheta_3 = 33{,}5$ °C an; damit erhalten wir für die Heizflächengröße[n] $A_1 = 110{,}54$ m²; $A_2 = 110{,}33$ m² und $A_3 = 111{,}01$ m². Mit diesen Temperaturdifferenzen liegen dann folgende Verhältnisse vor:

Temperatur des Heizdampfes der 1. Stufe	120,6 °C	spezifische Verdampfungsenthalp[ie] $\Delta_V h_D = 2199$ kJ/kg
Siedetemperatur der Flüssigkeit in der 1. Stufe	102,6 °C	
	$\Delta\vartheta_1 = 18{,}0$ °C	
Temperatur des Brüden aus der 1. Stufe (= Heizdampf der 2. Stufe)	102,6 °C	spezifische Verdampfungsenthalp[ie] $\Delta_V h_1 = 2249$ kJ/kg
Siedetemperatur der Flüssigkeit in der 2. Stufe	85,1 °C	
	$\Delta\vartheta_2 = 17{,}5$ °C	

Temperatur des Brüden aus der 2. Stufe (= Heizdampf der 3. Stufe)	85,1 °C	spezifische Verdampfungsenthalpie $\Delta_V h_2 = 2304$ kJ/kg
Siedetemperatur der Flüssigkeit in der 3. Stufe	51,6 °C	spezifische Verdampfungsenthalpie $\Delta_V h_3 = 2379$ kJ/kg
	$\Delta\vartheta_3 = 33{,}5$ °C	

Damit ergeben sich folgende Enthalpiebilanzen:

$$\dot{Q}_1 = \dot{m}_D \cdot 2199 = (24\,948 - \dot{m}_{L1}) \cdot 2249 + 24\,948 \cdot 4{,}1868 \cdot (102{,}6 - 21{,}1);$$

$$\dot{Q}_2 = (24\,948 - \dot{m}_{L1}) \cdot 2249 = (\dot{m}_{L1} - \dot{m}_{L2}) \cdot 2295 + \\ + \dot{m}_{L1} \cdot 4{,}1868 \cdot (85{,}1 - 102{,}6);$$

$$\dot{Q}_3 = (\dot{m}_{L1} - \dot{m}_{L2}) \cdot 2295 = (\dot{m}_{L2} - 4990) \cdot 2379 + \dot{m}_{L2} \cdot 4{,}1868 \cdot (51{,}6 - 85{,}1).$$

Aus diesen berechnet man: $\dot{m}_{L1} = 18\,772$ kg/h, $\dot{m}_{L2} = 12\,121$ kg/h, $\dot{m}_{L3} = 4990$ kg/h (bereits gegeben), $\dot{m}_D = 10\,188$ kg/h; ferner betragen $\dot{Q}_1 = 6{,}22317 \cdot 10^6$ W, $\dot{Q}_2 = 3{,}85828 \cdot 10^6$ W, $\dot{Q}_3 = 4{,}24001 \cdot 10^6$ W. Damit erhält man für die Größe der Heizflächen der einzelnen Stufen: $A_1 = 111{,}53$ m^2, $A_2 = 110{,}24$ m^2 und $A_3 = 110{,}06$ m^2; im Mittel 110,61 m^2. Die Übereinstimmung der Heizflächen ist bei der letzten Schätzung der Temperaturdifferenzen recht befriedigend.

Die je kg Heizdampf verdampfte Flüssigkeitsmenge beträgt 19 958/10 188 = 1,959 kg/kg.

Fall (b), Gegenstrom (s. Abb. 6.1 b)

Da bei der Rückwärtseinspeisung die zur Erwärmung erforderliche Heizflächenbelastung gleichmäßiger auf die einzelnen Stufen verteilt ist, nehmen wir eine Aufteilung der Temperaturdifferenzen an, welche den Wärmedurchgangskoeffizienten annähernd umgekehrt proportional ist. Als erste Annahme wählen wir die Temperaturdifferenzen $\Delta\vartheta_1 = 17$ °C, $\Delta\vartheta_2 = 23$ °C und $\Delta\vartheta_3 = 29$ °C. Damit ergeben sich folgende Verhältnisse:

Temperatur des Heizdampfes der 1. Stufe	120,6 °C	spezifische Verdampfungsenthalpie $\Delta_V h_D = 2199$ kJ/kg
Siedetemperatur der Flüssigkeit in der 1. Stufe	103,6 °C	
	$\Delta\vartheta_1 = 17{,}0$ °C	

Temperatur des Brüden aus der 1. Stufe (= Heizdampf der 2. Stufe) 103,6 °C

Siedetemperatur der Flüssigkeit in der 2. Stufe 80,6 °C

$\Delta\vartheta_2 = 23{,}0$ °C

spezifische Verdampfungsenthalp
$\Delta_V h_1 = 2246$ kJ/kg

Temperatur des Brüden aus der 2. Stufe (= Heizdampf der 3. Stufe) 80,6 °C

spezifische Verdampfungsenthalp
$\Delta_V h_2 = 2307$ kJ/kg

Siedetemperatur der Flüssigkeit in der 3. Stufe 51,6 °C

$\Delta\vartheta_3 = 29{,}0$ °C

spezifische Verdampfungsenthalp
$\Delta_V h_3 = 2379$ kJ/kg

Die Enthalpiebilanzen lauten nunmehr allgemein:

$$\dot{Q}_1 = \dot{m}_D \cdot \Delta_V h_D = (\dot{m}_{L1} - \dot{m}_{L2}) \cdot \Delta_V h_1 + \dot{m}_{L2} c_{p2} (\vartheta_1 - \vartheta_2);$$
$$\dot{Q}_2 = (\dot{m}_{L2} - \dot{m}_{L1}) \cdot \Delta_V h_1 = (\dot{m}_{L3} - \dot{m}_{L2}) \cdot \Delta_V h_2 + \dot{m}_{L3} c_{p3} (\vartheta_2 - \vartheta_3);$$
$$\dot{Q}_3 = (\dot{m}_{L3} - \dot{m}_{L2}) \cdot \Delta_V h_2 = (\dot{m}_Z - \dot{m}_{L3}) \cdot \Delta_V h_3 + \dot{m}_Z c_{pZ} (\vartheta_3 - \vartheta_Z).$$

Daraus folgt nach Einsetzen der Zahlenwerte:

$$\dot{Q}_1 = \dot{m}_D \cdot 2199 = (\dot{m}_{L2} - 4990) \cdot 2246 + \dot{m}_{L2} \cdot 4{,}1868 \cdot (103{,}6 - 80{,}6)$$
$$\dot{Q}_2 = (\dot{m}_{L2} - 4990) \cdot 2246 = (\dot{m}_{L3} - \dot{m}_{L2}) \cdot 2307 + \dot{m}_{L3} \cdot 4{,}1868 \cdot (80{,}6 - 51{,}6);$$
$$\dot{Q}_3 = (\dot{m}_{L3} - \dot{m}_{L2}) \cdot 2307 = (24\,948 - \dot{m}_{L3}) \cdot 2379 + 24\,948 \cdot 4{,}1868 \cdot (51{,}6 - 21{,}1).$$

Die Lösung dieser Gleichungen ergibt folgende Werte: $\dot{m}_{L1} = 4990$ kg/h, $\dot{m}_{L2} = 12\,991$ kg/h, $\dot{m}_{L3} = 19\,741$ kg/h, $\dot{m}_D = 8741$ kg/h. Damit erhält man folgende Wärmeübergangsströme: $\dot{Q}_1 = 5{,}33929 \cdot 10^6$ W, $\dot{Q}_2 = 4{,}99174 \cdot 10^6$ W und $\dot{Q}_3 = 4{,}32563 \cdot 10^6$ W. Die Berechnung der Heizflächen ergibt dann: $A_1 = 123{,}17$ m², $A_2 = 108{,}52$ m² und $A_3 = 96{,}23$ m². Die Forderung gleich großer Heizflächen ist also nicht erfüllt. Wie beim Fall (a) werden die angenommenen Temperaturdifferenzen korrigiert und die Größen der Heizflächen neu berechnet. Dieser Vorgang wird so lang wiederholt, bis ein zufriedenstellendes Ergebnis erzielt wird. Im nächsten Schritt nehmen wir folgende Temperaturdifferenzen an: $\Delta\vartheta_1 = 19{,}5$ °C, $\Delta\vartheta_2 = 23{,}5$ °C und $\Delta\vartheta_3 = 26{,}0$ °C. Damit erhalten wir die nachstehenden Ergebnisse: $\dot{m}_{L1} = 4990$ kg/h, $\dot{m}_{L2} = 12\,906$ kg/h, $\dot{m}_{L3} = 19\,688$ kg/h, $\dot{m}_D = 8691$ kg/h; $\dot{Q}_1 = 5{,}30875 \cdot 10^6$ W, $\dot{Q}_2 = 4{,}95630 \cdot 10^6$ W, $\dot{Q}_3 = 4{,}36120 \cdot 10^6$ W. Für die Größen der Heizflächen erhalten wir: $A_1 = 106{,}76$ m², $A_2 = 105{,}45$ m², $A_3 = 108{,}22$ m², Mittel: 106,81 m².

Die durch 1 kg Heizdampf verdampfte Flüssigkeitsmenge beträgt 19 958/8691 = 2,296 kg/kg.

Im Vergleich zum Fall (a) ergibt sich im Fall (b) ein um 10 188 − 8691 = 1497 kg/h geringerer Dampfverbrauch, d. h. nur etwa 85% des Dampfverbrauchs vom Fall (a). ——

7 Rektifikation

7.1 Grundbegriffe und Dampf-Flüssigkeits-Gleichgewichte

Eine mehr oder weniger weitgehende Zerlegung eines Flüssigkeitsgemisches in seine Bestandteile bzw. in Gemische mit anderer Zusammensetzung kann z. B. durch Destillation, Rektifikation oder Extraktion (s. Kapitel 8) erreicht werden.

Unter *Destillieren* versteht man das Entwickeln von Dämpfen aus einem Flüssigkeitsgemisch durch Wärmezuführung und das anschließende Kondensieren der so erzeugten Dämpfe. Das Destillieren führt im allgemeinen bereits zu einer Zerlegung des ursprünglichen Flüssigkeitsgemisches, da gegenüber diesem die erzeugten und dann kondensierten Dämpfe in der Regel eine andere Zusammensetzung aufweisen (Ausnahme: azeotrope Flüssigkeitsgemische).

Rektifizieren ist die beliebig mehrfache Wiederholung des Destillierens zum Zweck einer möglichst weitgehenden Zerlegung eines Flüssigkeitsgemisches. Das Rektifizieren besteht darin, daß der beim Sieden eines Mehrstoffgemisches entwickelte Dampf im Gegenstrom zum Kondensat dieses Dampfes derart geführt wird, daß zwischen den beiden Phasen ein möglichst vollkommener Wärme- und Stoffaustausch stattfindet.

Zur Beurteilung der Trennbarkeit von Flüssigkeitsgemischen durch Destillation bzw. Rektifikation und zur Berechnung des hierfür erforderlichen Trennaufwandes müssen die betreffenden *Dampf-Flüssigkeits-Gleichgewichte* bekannt sein. Eine Vorausberechnung derartiger *Phasengleichgewichte* ist gegenwärtig noch nicht möglich; vielmehr ist man zur quantitativen Beschreibung von Phasengleichgewichten auf experimentell ermittelte Daten angewiesen. Allerdings gibt es auch thermodynamische Gesetzmäßigkeiten, empirische Regeln sowie theoretische Ansätze, mit deren

Hilfe schon aus verhältnismäßig wenigen Meßdaten ausreichende Auskunft über die Gleichgewichtsverhältnisse sogar von Mehrstoffsystemen erhalten werden kann.

Für ideale flüssige Mischungen gibt das *Raoultsche Gesetz* die Abhängigkeit des Partialdruckes p_i einer Komponente i in der Gasphase vom Molenbruch x_iF dieser Komponente i in der Flüssigkeit an:

$$p_\mathrm{i} = x_\mathrm{iF}\, p_\mathrm{i}^0 ; \qquad \text{(I)}$$

p_i^0 ist der Dampfdruck der reinen Komponente i bei der betreffenden Temperatur.

Die Berechnung der Dampfdrücke p_i^0 der reinen Komponenten kann z. B. nach der *Gleichung von Clausius-Clapeyron* erfolgen (vgl. Wittenberger/Fritz, Physikalisch-chemisches Rechnen, Abschnitt 5.2):

$$\lg p_\mathrm{i}^0 = -\frac{\Delta_\mathrm{V} H_\mathrm{m}}{2{,}3026 \cdot RT} + A = -\frac{B}{T} + A ; \qquad \text{(II)}$$

$\Delta_\mathrm{V} H_\mathrm{m}$ molare Verdampfungsenthalpie, R universelle Gaskonstante, T thermodynamische Temperatur, A und B Konstanten.

Beispiel 7-1. Für Benzol und Äthylbenzol sind die Siedetemperaturen ϑ_S bei einem Druck von $p = 101\,325$ Pa sowie die molaren Verdampfungsenthalpien $\Delta_\mathrm{V} H_\mathrm{m}$ gegeben:

Benzol $\vartheta_\mathrm{S} = 80{,}09$ °C, $\Delta_\mathrm{V} H_\mathrm{m} = 30\,786$ J/mol
Äthylbenzol $\vartheta_\mathrm{S} = 136{,}19$ °C, $\Delta_\mathrm{V} H_\mathrm{m} = 35\,797$ J/mol.

Damit sollen die Konstanten A und B der Clausius-Clapeyron-Gleichung berechnet werden.

Für Benzol ist $B = \dfrac{\Delta_\mathrm{V} H_\mathrm{m}}{2{,}3026 \cdot R} = \dfrac{30\,786}{2{,}3026 \cdot 8{,}3143} = 1608{,}1$ K

und $A = \lg p + \dfrac{B}{T} = \lg 101\,325 + \dfrac{1608{,}1}{273{,}15 + 80{,}09} = 9{,}558.$

Auf analoge Weise erhält man für Äthylbenzol: $B = 1869{,}8$ K und $A = 9{,}574$. Somit lauten die Beziehungen für die Temperaturabhängigkeit des Dampfdruckes p_i^0 in Pa:

für Benzol $\lg p_\mathrm{i}^0 = 9{,}558 - \dfrac{1608{,}1}{T}$,

für Äthylbenzol $\lg p_\mathrm{i}^0 = 9{,}574 - \dfrac{1869{,}8}{T}$. ——

Verhält sich auch die Dampfphase ideal, so gilt für diese neben dem idealen Gasgesetz das *Daltonsche Gesetz* der Additivität der Partialdrücke:

$$\sum_i p_\mathrm{i} = p \tag{III}$$

mit $$p_\mathrm{i} = x_\mathrm{iD}\, p, \tag{IV}$$

wobei p der Gesamtdruck und x_iD der Molenbruch der Komponente i in der Dampfphase ist. Für ein *binäres ideales Flüssigkeitsgemisch*, dessen beide Komponenten 1 und 2 flüchtig sind, folgt dann aus den Gln. (I) und (III):

$$p = p_1 + p_2 = x_\mathrm{1F}\, p_1^0 + x_\mathrm{2F}\, p_2^0, \tag{V}$$

und weiter, da in einem Zweistoffgemisch $x_\mathrm{1F} + x_\mathrm{2F} = 1$ ist:

$$p = p_2^0 + x_\mathrm{1F}(p_1^0 - p_2^0), \text{ bzw. } p = p_1^0 + x_\mathrm{2F}\,(p_2^0 - p_1^0). \tag{VI}$$

Daraus erhält man schließlich durch Auflösen nach x_1F bzw. x_2F:

$$x_\mathrm{1F} = \frac{p - p_2^0}{p_1^0 - p_2^0} \quad \text{(VIIa)} \qquad \text{bzw.} \quad x_\mathrm{2F} = \frac{p - p_1^0}{p_2^0 - p_1^0}\,. \quad \text{(VIIb)}$$

Mit Hilfe dieser Gleichungen lassen sich bei einem Gesamtdruck p für jede Temperatur die Molenbrüche in der flüssigen Phase berechnen, sofern die Dampfdrücke der beiden reinen Komponenten für die jeweiligen Temperaturen bekannt sind.

Den Zusammenhang zwischen dem Molenbruch einer Komponente im Dampf, x_iD, und dem Molenbruch dieser Komponente in der Flüssigkeit, x_iF, erhält man aus den Gln. (I) und (IV):

$$x_\mathrm{iD} = x_\mathrm{iF} \cdot \frac{p_\mathrm{i}^0}{p}; \tag{VIII}$$

entsprechend ist für die beiden Komponenten eines Zweistoffgemisch[es]

$$x_\mathrm{1D} = x_\mathrm{1F} \cdot \frac{p_1^0}{p} \quad \text{(VIIIa)} \qquad \text{und} \qquad x_\mathrm{2D} = x_\mathrm{2F} \cdot \frac{p_2^0}{p}\,. \quad \text{(VIIIb)}$$

Beispiel 7-2. Für Benzol und Äthylbenzol sollen mit Hilfe der Gleichungen aus Beispiel 7-1 die Dampfdrücke der reinen Komponenten im Temperaturbereich zwischen den Siedetemperaturen der beiden Komponenten, $\vartheta = 80{,}09 \ldots 136{,}19$ °C ($T = 353{,}24 \ldots 409{,}34$ K), im Abstand von 5 K berechnet werden. Sodann sind für diese Temperaturen und $p = 101\,325$ Pa die Molenbrüche der leichterflüchtigen Komponente 1 (Benzol) x_{1F} und x_{1D} in der Flüssigkeit und im Dampf, welche sich im Phasengleichgewicht befinden, zu berechnen.

Die mit Hilfe der Gleichungen aus Beispiel 7-1 berechneten Dampfdrücke sind in der untenstehenden Tabelle aufgeführt. Damit ermittelt man mittels Gl. (VIIa) den Molenbruch des Benzols in der Flüssigkeit, z. B. für $\vartheta = 84{,}85$ °C (358,0 K) mit $p_1^0 = 116\,440$ Pa (Benzol) und $p_2^0 = 22\,444$ Pa (Äthylbenzol): $x_{1F} = \dfrac{p - p_2^0}{p_1^0 - p_2^0} = \dfrac{101\,325 - 22\,444}{116\,440 - 22\,444} = 0{,}8392$. Den Molenbruch des Benzols in der Dampfphase, welche mit der Flüssigkeit dieser Zusammensetzung im Phasengleichgewicht steht, erhält man aus Gl. (VIIIa): $x_{1D} = x_{1F} \cdot \dfrac{p_1^0}{p} = 0{,}8392 \cdot \dfrac{116\,440}{101\,325} = 0{,}9644$. In analoger Weise berechnet man die weiteren, in der folgenden Tabelle aufgeführten Molenbrüche.

Temperatur		Partialdrücke		Molenbrüche		Trennfaktor
		Benzol	Äthyl-benzol	Flüss.	Dampf	
ϑ °C	T K	p_1^0 Pa	p_2^0 Pa	x_{1F}	x_{1D}	α
80,09	353,24	101 325	19 086	1,000	1,000	5,31
84,85	358,00	116 440	22 444	0,839	0,964	5,19
89,85	363,00	134 268	26 487	0,694	0,920	5,07
94,85	368,00	154 228	31 119	0,570	0,868	4,96
99,85	373,00	176 498	36 403	0,463	0,807	4,85
104,85	378,00	201 265	42 407	0,371	0,737	4,75
109,85	383,00	228 721	49 206	0,290	0,655	4,65
114,85	388,00	259 067	56 876	0,220	0,562	4,55
119,85	393,00	292 511	65 500	0,158	0,456	4,47
124,85	398,00	329 267	75 164	0,103	0,335	4,38
129,85	403,00	369 554	85 960	0,054	0,198	4,30
134,85	408,00	413 598	97 984	0,011	0,043	4,22
136,19	409,34	426 070	101 428	0,000	0,000	4,20

Zur Angabe der Zusammensetzungen von Flüssigkeit und Dampf binärer Systeme benutzt man stets den Gehalt der leichterflüchtigen Komponente. Mit dieser Festsetzung werden wir im folgenden die Indizes für die Komponenten weglassen und einfach x_F und x_D schreiben. Zur graphischen Darstellung der Dampf-Flüssigkeits-Gleichgewichte von Zweistoffgemischen bei konstantem Druck verwendet man *Siedediagramme* oder *Gleichgewichtsdiagramme*.

Bei den Siedediagrammen wird $T = f(x_F)$ und $T = f(x_D)$ für $p = konst.$ aufgetragen, wobei die Kurve $T = f(x_F)$ als *Siedelinie*, die Kurve $T = f(x_D)$ als *Taulinie* bezeichnet wird, s. Beispiel 7-3. Die Siedelinie gibt die Siedetemperatur einer Flüssigkeit mit dem Molenbruch x_F an, die Taulinie die Kondensationstemperatur eines Dampfes mit dem Molenbruch x_D.

In den Gleichgewichtsdiagrammen (*McCabe-Thiele-Diagrammen*, s. unten) wird der Molenbruch des Leichtersiedenden x_D im Dampf als Funktion des Leichtersiedenden x_F in der Flüssigkeit, also $x_D = f(x_F)$ für $p = konst.$ aufgetragen, s. Beispiel 7-3.

Beispiel 7-3. Für das ideale Zweistoffgemisch Benzol/Äthylbenzol sind mit Hilfe der in Beispiel 7-2 berechneten Werte das Siede- und das Gleichgewichtsdiagramm zu zeichnen.

Das Siedediagramm erhält man dadurch, daß man aus der Tabelle des Beispiels 7-2 zu jeder Temperatur T die Wertepaare x_F und x_D entnimmt und dann T als Funktion von x_F bzw. x_D aufträgt, z. B. $T = 378{,}00$ K über $x_F = 0{,}371$ und über $x_D = 0{,}737$ usw., s. Abb. 7.1.

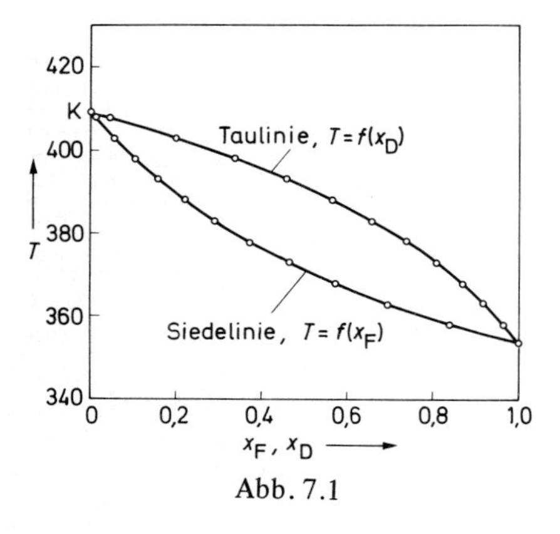

Abb. 7.1

Entnimmt man der Tabelle zu jeder Temperatur die zusammengehörenden Wertepaare x_F und x_D und trägt x_D als Funktion von x_F auf, so erhält man das Gleichgewichtsdiagramm, s. Abb. 7.2. ——

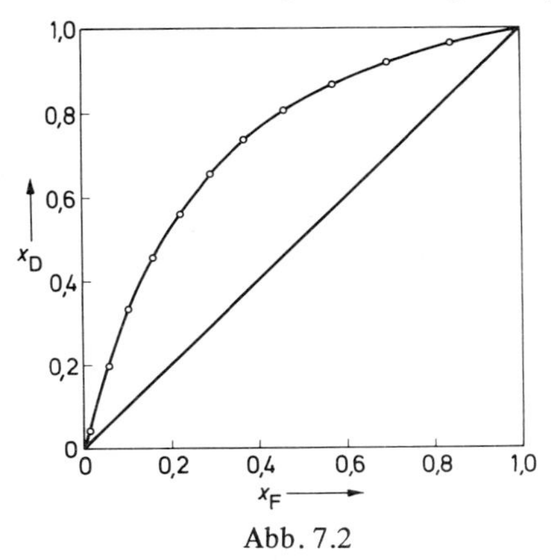

Abb. 7.2

Zur Beschreibung der Trennbarkeit eines flüssigen Zweistoffgemisches über ein Dampf-Flüssigkeits-Gleichgewicht verwendet man den *Trennfaktor* α. Dieser, auch als *relative Flüchtigkeit* bezeichnet, ist definiert als Quotient aus den Verhältnissen der Molenbrüche in der Dampfphase und der flüssigen Phase für die beiden Komponenten:

$$\alpha = \frac{x_{1D}/x_{1F}}{x_{2D}/x_{2F}} \,. \tag{IX}$$

Da als Komponente 1 die leichterflüchtige Komponente bezeichnet wird, ist $\alpha > 1$. Für ein ideales Zweistoffgemisch folgt daraus unter Berücksichtigung der Gln. (VIIIa) und (VIIIb):

$$\alpha = \frac{p_1^0}{p_2^0} \,, \tag{X}$$

d. h. der Trennfaktor ist gleich dem Verhältnis der Dampfdrücke der reinen Komponenten bei der betreffenden Temperatur.

Beispiel 7-4. Für das ideale Zweistoffgemisch Benzol/Äthylbenzol sind die Trennfaktoren als Funktion der Temperatur bzw. der Zusammensetzung des flüssigen Zweistoffgemisches zu berechnen.

Die Trennfaktoren berechnet man nach Gl. (X) mit Hilfe der aus der Tabelle von Beispiel 7-2 entnommenen, zur jeweils gleichen Temperatur gehörenden Wertepaare p_1^0 und p_2^0; z. B. sind für $T = 373{,}00$ K die Dampfdrücke der reinen Komponenten $p_1^0 =$

$$= 176\,498 \text{ Pa und } p_2^0 = 36\,403 \text{ Pa, somit } \alpha = \frac{176\,498}{36\,403} = 4{,}85.$$

Da die Dampfdrücke infolge verschiedener Verdampfungsenthalpien der beiden Komponenten in unterschiedlicher Weise von der Temperatur abhängen, sind die Verhältnisse $\alpha = p_1^0/p_2^0$ nicht konstant, sondern ändern sich mit der Zusammensetzung. Die berechneten Werte für α sind in der letzten Spalte der Tabelle in Beispiel 7-2 aufgeführt. ——

Beispiel 7-5. Für ideale Zweistoffgemische mit relativen Flüchtigkeiten (Trennfaktoren) der beiden Komponenten von $\alpha = 2$, $\alpha = 3$, $\alpha = 5$ und $\alpha = 10$ sind die Gleichgewichtsmolenbrüche x_F und x_D zu berechnen und die Gleichgewichtsdiagramme zu zeichnen. Vorausgesetzt sei, daß die relative Flüchtigkeit jedes Gemisches, unabhängig von der Zusammensetzung, konstant ist.

In der Definitionsgleichung (IX) für die relative Flüchtigkeit eliminiert man die Molenbrüche x_{2F} und x_{2D} der Komponente 2, indem man dafür setzt $x_{2F} = 1 - x_{1F}$ und $x_{2D} = 1 - x_{1D}$ und löst dann nach x_{1D} auf, wobei man erhält:

$$x_{1D} = \frac{\alpha\, x_{1F}}{1 + (\alpha - 1)\, x_{1F}}$$, oder, wenn wir wieder den Index 1 für die leichter flüchtige Komponente weglassen: $$x_D = \frac{\alpha\, x_F}{1 + (\alpha - 1)\, x_F}.$$

Mit Hilfe dieser Beziehung erhält man die in der folgenden Tabelle aufgeführten Wertepaare für $x_D = f(x_F)$.

$$\alpha = 2, \text{ d. h. } x_D = \frac{2\, x_F}{1 + (2-1)\, x_F} = \frac{2\, x_F}{1 + x_F}:$$

x_F	0,0	0,1	0,2	0,3	0,4	0,5
x_D	0,0	0,182	0,333	0,462	0,571	0,667
x_F	0,6	0,7	0,8	0,9	1,0	
x_D	0,750	0,824	0,889	0,947	1,000	

$\alpha = 3$

x_F	0,0	0,05	0,1	0,2	0,3	0,4
x_D	0,0	0,136	0,250	0,429	0,563	0,667
x_F	0,5	0,6	0,7	0,8	0,9	1,0
x_D	0,750	0,818	0,875	0,923	0,964	1,000

$\alpha = 5$

x_F	0,0	0,03	0,05	0,07	0,10
x_D	0,0	0,134	0,208	0,273	0,357
x_F	0,15	0,20	0,30	0,40	0,50
x_D	0,469	0,556	0,682	0,769	0,833
x_F	0,60	0,70	0,80	0,90	1,00
x_D	0,882	0,921	0,952	0,978	1,000

$\alpha = 10$

x_F	0,0	0,01	0,03	0,05	0,075	0,10
x_D	0,0	0,092	0,236	0,345	0,448	0,526
x_F	0,15	0,20	0,30	0,40	0,50	
x_D	0,638	0,714	0,811	0,870	0,909	
x_F	0,60	0,70	0,80	0,90	1,00	
x_D	0,938	0,959	0,976	0,989	1,000	

Die entsprechenden Gleichgewichtsdiagramme sind in Abb. 7.3 wiedergegeben. ——

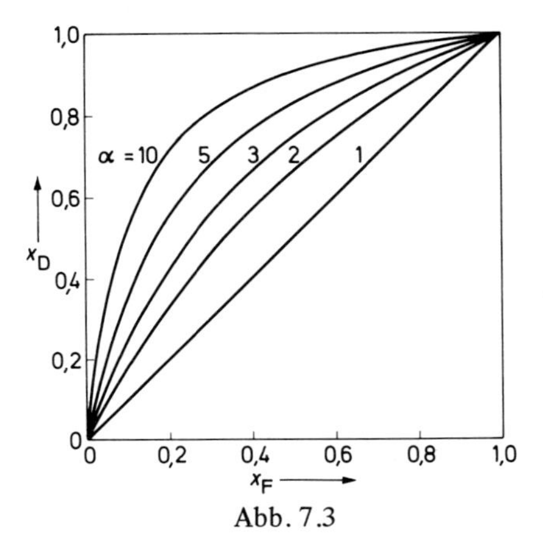

Abb. 7.3

Bilden die beiden zu trennenden Stoffe kein ideales Flüssigkeitsgemisch, d. h. ist die Gültigkeit des Raoultschen Gesetzes nicht gegeben, so muß das Dampf-Flüssigkeits-Gleichgewicht bei dem für die Destillation bzw. Rektifikation vorliegenden Druck experimentell ermittelt werden.

Aufgaben. 7/1. Für das ideale Flüssigkeitsgemisch aus Benzol (leichterflüchtige Komponente, Massenanteil $w_F = 0{,}6$) und Toluol soll die Siedetemperatur bei einem Druck von 1 bar (100 000 Pa) bestimmt werden. Die Dampfdrücke von Benzol (p_1^0) und Toluol (p_2^0) betragen bei den Temperaturen ϑ:

ϑ	80	85	90	95	100	105	110 °C
p_1^0	100 525	116 257	135 989	155 987	179 985	205 316	233 314 Pa
p_2^0	38 130	45 330	53 596	62 662	73 461	86 660	99 992 Pa

7/2. Für ein dampfförmiges Gemisch aus Benzol (leichterflüchtige Komponente, Massenanteil $w_D = 0{,}6$) und Toluol soll die Kondensationstemperatur bei einem Druck von 1 bar (100 000 Pa) bestimmt werden. Dampfdrücke der reinen Komponenten s. Aufgabe 7/1. Das Gemisch zeigt ideales Verhalten.

7/3. Für das ideale Zweistoffgemisch aus Benzol und Toluol, welches unter einem Gesamtdruck von 101 500 Pa bei 100 °C siedet, sollen die Zusammensetzungen der Flüssigkeit und des Dampfes, welche miteinander im Phasengleichgewicht stehen, bestimmt werden.

7.2 Diskontinuierliche Rektifikation

Das Prinzip der Rektifikation sei anhand der Abb. 7.4 erläutert (diskontinuierliche Rektifikation mit Austauschböden, s. unten). Der in einem Verdampfer (*Destillierblase*) erzeugte Gemischdampf gelangt in die meist zylindrische *Rektifiziersäule (Rektifizierkolonne)*, in welcher dem Dampf Flüssigkeit (*Rücklauf*) entgegenströmt, wobei die Wechselwirkung zwischen den beiden im Gegenstrom geführten Phasen erfolgt. Der vom Kopf der Säule abgezogene Dampf wird bei der dargestellten Anordnung im *Rücklaufkondensator* vollständig kondensiert und ein Teil davon als Flüssigkeits-Rücklauf auf den obersten Boden der Rektifiziersäule zurückgeführt, zum Teil aber als *Destillat (Kopfprodukt)* abgezogen.

Um den in Abschnitt 7.1 erwähnten kombinierten Wärme- und Stoffaustausch zwischen den beiden Phasen möglichst günstig zu gestalten, werden in der Rektifiziersäule Einbauten untergebracht,

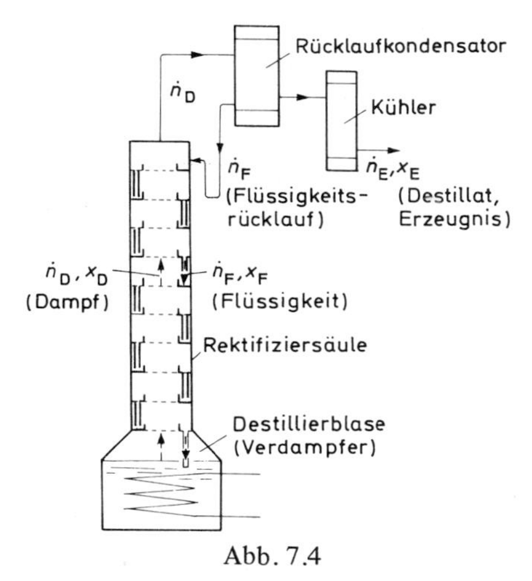

Abb. 7.4

meist *Austauschböden* (*Sieb- und Glockenböden* oder spezielle Ausführungsformen). Einfacher sind beliebig geformte Füllkörper, z. B. *Raschig-Ringe* oder *Berl-Sättel*.

Im folgenden wollen wir uns auf Bodenkolonnen beschränken und als Flüssigkeitsgemische nur Zweistoffgemische betrachten. Mit Hilfe der Rektifikation soll eine *Trennaufgabe* gelöst werden, die im allgemeinen darin besteht, die beiden Komponenten des Zweistoffgemisches mit geforderten Reinheitsgraden zu gewinnen. Gesucht ist die für die Lösung der Trennaufgabe erforderliche Größe der Rektifiziersäule (Zahl der theoretischen Böden, s. unten) und die Betriebsbedingungen (erforderliche Mengen an Dampf und Flüssigkeits-Rücklauf).

Zur Lösung der Trennaufgabe werden wir das Gleichgewichtsdiagramm heranziehen, welches erstmals von McCabe und Thiele verwendet wurde und daher heute allgemein als *McCabe-Thiele-Diagramm* bezeichnet wird.

Die rechnerische Behandlung der Rektifikation ist recht einfach, wenn die Stoffmengenströme von Dampf und Flüssigkeit entlang der gesamten Rektifiziersäule konstant sind. Dies ist unter folgenden Voraussetzungen der Fall:

a) Die molaren Verdampfungsenthalpien der beteiligten Komponenten sind gleich. Dies trifft dann zu, wenn die Troutonsche Regel [molare Verdampfungsentropie konstant, s. Wittenberger/Fritz,

Physikalisch-chemisches Rechnen, Abschnitt 5.2, Gl. (VI)] gilt und die thermodynamischen Siedetemperaturen T_S der Flüssigkeiten nahe beieinander liegen, d. h. praktisch gleich gesetzt werden können.

b) Die Enthalpieänderung der Flüssigkeit in der Säule kann gegenüber der Verdampfungsenthalpie vernachlässigt werden. Dies ist z. B. der Fall, wenn die Temperaturunterschiede zwischen Kopf und Blase (Sumpf) gering sind.

c) Die Mischungswärmen können vernachlässigt werden. Dies trifft für ideale Gemische zu, näherungsweise auch für nahezu ideale Gemische.

d) In der Säule treten keine Wärmeverluste auf. Diese Voraussetzung ist bei gut isolierten Kolonnen mit großem Durchmesser ($>$ 0,5 m) praktisch erfüllt.

Die erwähnten Voraussetzungen treffen zwar streng nie genau zu, annähernd aber in zahlreichen Fällen. Daher kommt der darauf basierenden, nachstehend behandelten Berechnungsmethode große Bedeutung zu.

Wir verwenden folgende Bezeichnungen:

x_F	Molenbruch (Stoffmengenanteil) der leichterflüchtigen Komponente in der Flüssigkeit
x_E, x_{FB}	Molenbrüche (Stoffmengenanteile) der leichterflüchtige Komponente im Kopfprodukt (Destillat) bzw. im Sumpfprodukt (Blase)
x_D	Molenbruch (Stoffmengenanteil) der leichterflüchtigen Komponente im Dampf
$\dot{n}_D$, mol/h	in der Säule aufströmender Stoffmengenstrom des Dampfes
$\dot{n}_F$, mol/h	in der Säule herabfließender Stoffmengenstrom des Flüssigkeits-Rücklaufs
$\dot{n}_E$, mol/h	Stoffmengenstrom des Kopfprodukts (Destillats).

Unter den oben genannten Voraussetzungen ist sowohl der von Boden zu Boden nach oben strömende Dampf-Stoffmengenstrom $\dot{n}_D$ als auch der von Boden zu Boden nach unten fließende Flüssigkeits-Stoffmengenstrom $\dot{n}_F$ längs der ganzen Rektifiziersäule konstant. Es gelten dann folgende Bilanzen für die Stoffmengenströme:

$$\dot{n}_D = \dot{n}_F + \dot{n}_E \qquad \text{(XI)}$$

und $$\dot{n}_D x_D = \dot{n}_F x_F + \dot{n}_E x_E . \qquad \text{(XII)}$$

Aus diesen beiden Gleichungen ergibt sich:

$$x_D = \frac{\dot{n}_F}{\dot{n}_F + \dot{n}_E} \cdot x_F + \frac{\dot{n}_E}{\dot{n}_F + \dot{n}_E} \cdot x_E . \qquad \text{(XIII)}$$

Dividiert man Zähler und Nenner der rechten Seite der Gl. (XIII) durch $\dot{n}_E$ und führt das *Rücklaufverhältnis*

$$v = \frac{\dot{n}_F}{\dot{n}_E} \qquad \text{(XIV)}$$

(Verhältnis des Stoffmengenstroms des Flüssigkeits-Rücklaufs zu demjenigen des Kopfprodukts) ein, so folgt:

$$x_D = \frac{v}{v+1} \cdot x_F + \frac{1}{v+1} \cdot x_E . \qquad \text{(XV)}$$

Da in dieser Gleichung nur x_D und x_F variabel sind (v und x_E werden vorgegeben bzw. gefordert), stellt diese eine Geradengleichung dar, die als *Verstärkungsgerade* oder auch *Bilanzgerade* bzw. *Arbeitsgerade* für die *Verstärkungssäule* bezeichnet wird. Die Gleichung gibt den Molenbruch x_D des Leichterflüchtigen im Dampf als Funktion des Molenbruches x_F des Leichterflüchtigen in der Flüssigkeit für einen beliebigen waagrechten Querschnitt zwischen zwei Böden der Rektifiziersäule an. Die Gerade schneidet im x_F/x_D-Diagramm (s. Abb. 7.5) die Ordinatenachse im Punkt B beim Wert

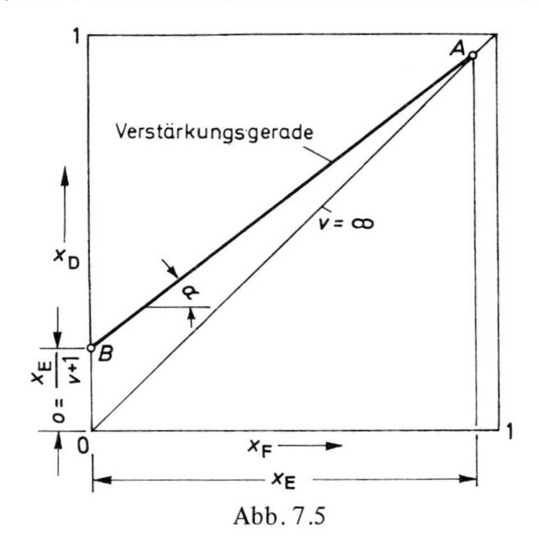

Abb. 7.5

$$o = \frac{x_E}{v + 1} \tag{XVI}$$

und hat gegen die x-Achse die Neigung

$$\tan \alpha = \frac{v}{v + 1} = \frac{\dot{n}_F}{\dot{n}_D} \,. \tag{XVII}$$

Nehmen wir an, daß im Rücklaufkondensator der gesamte in ihn strömende Dampf kondensiert wird, so haben der vom obersten Bode aufströmende Dampf, der auf diesen Boden zurückgeführte Flüssigkeits-Rücklauf und das Kopfprodukt den gleichen Stoffmengenanteil (Molenbruch) x_E. Dann ist dadurch der Schnittpunkt A der Verstärkungsgeraden mit der 45 °-Linie (Diagonale) des Schaubildes festgelegt (Abb. 7.5).

Für den Grenzfall $\dot{n}_E = 0$ (keine Entnahme von Kopfprodukt), d. h. unendlich großes Rücklaufverhältnis ($v \to \infty$), fällt die Verstärkungsgerade mit der Diagonalen zusammen.

Zur Ermittlung der für eine gegebene Trennaufgabe erforderliche Bodenzahl einer Rektifiziersäule mit Hilfe der Gl. (XV) läßt sich ein leicht anwendbares graphisches Verfahren angeben (*McCabe-Thiele-Diagramm*), wenn man den Begriff der „*theoretischen Anreicherung*" eines Rektifizierbodens einführt. Diese liegt dann vor, wenn der von einem Boden aufsteigende Dampf im Phasengleichgewicht steht mit der Flüssigkeit, welche von demselben Boden abläuft. Die Molenbrüche an Leichterflüchtigem dieser beiden Phasen ergeben somit einen Punkt auf der Gleichgewichtskurve.

Häufig liegt die tatsächliche Anreicherung niedriger als die theoretische; andererseits braucht die theoretische Anreicherung keineswegs die höchstmögliche zu sein. Die unter der Annahme der theoretischen Anreicherung sich ergebende Bodenzahl wird als „*theoretische Bodenzahl*" bezeichnet, die nun ermittelt werden soll (s. Abb. 7.6).

Der vom obersten Boden aufsteigende Dampf hat einen Molenbruch an Leichterflüchtigem von $x_{D_0} = x_E$, festgelegt durch den Ordinatenwert des Punktes A. Die Parallele zur Abszissenachse durch diesen Punkt schneidet nun die Gleichgewichtskurve im Punkt I_a; dieser legt somit mit seinem Abszissenwert den Molenbruch an Leichterflüchtigem x_{F_1} im Flüssigkeits-Ablauf des obersten Bodens fest. Diesem Molenbruch x_{F_1} entspricht auf der Verstärkungs

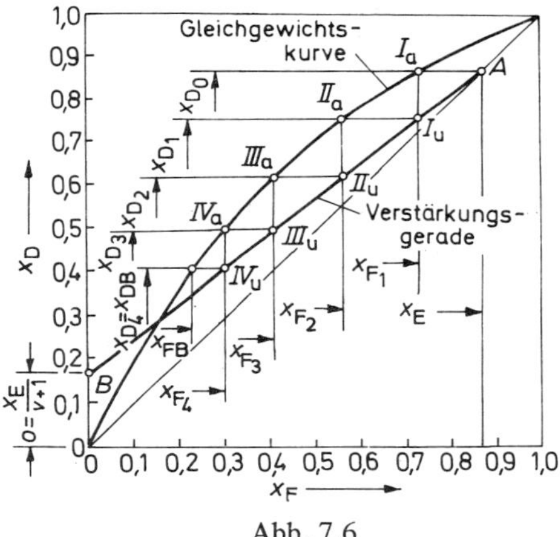

Abb. 7.6

geraden der Punkt I_u, dessen Ordinatenwert den Molenbruch an Leichterflüchtigem x_{D_1} im Dampf angibt, welcher dem obersten (ersten) Boden zu- und vom zweiten Boden abströmt. Dieser Dampf steht aber im Phasengleichgewicht mit der Flüssigkeit, welche vom zweiten Boden abströmt; deren Molenbruch an Leichterflüchtigem ist x_{F_2}. Demnach ist der Zusammenhang zwischen x_{D_1} und x_{F_2} gegeben durch den Schnittpunkt II_a (Schnittpunkt der Parallelen zur Abszissenachse durch den Punkt I_u mit der Gleichgewichtskurve).

Nun wird das Diagramm in gleicher Weise weiterentwickelt. Dem Molenbruch an Leichterflüchtigem x_{F_2} in der Ablauf-Flüssigkeit vom zweiten Boden entspricht der Punkt II_u auf der Verstärkungsgeraden; dieser gibt den Zusammenhang zwischen den Molenbrüchen von Dampf und Flüssigkeit unter dem zweiten Boden wieder. Die Punkte III_u und IV_u vermitteln die Zusammenhänge der Molenbrüche in den Flüssigkeits- und Dampfströmen unter dem dritten bzw. unter dem vierten Boden. Nehmen wir an, die Kolonne hätte vier theoretisch arbeitende Böden, so hat nun die vom untersten Boden in die Blase zurücklaufende Flüssigkeit einen Molenbruch an Leichterflüchtigem x_{F_4}, während x_{D_4} der Molenbruch an Leichterflüchtigem in dem von der Blase aufsteigenden und dann dem untersten Boden zuströmenden Dampf ist. Die theoretische Anzahl der Böden n_{th} ist daher durch die Anzahl der auf der Verstärkungsgeraden liegenden Eckpunkte I_u, II_u, III_u usw. gegeben, die man erhält, wenn man den Treppenlinienzug zwischen der

Gleichgewichtskurve und der Verstärkungsgeraden vom Punkt A bis zum Molenbruch des Leichterflüchtigen in der Blasenflüssigkeit x_{FB} zeichnet.

7.3 Unendliches und Mindestrücklaufverhältnis

Das *Rücklaufverhältnis* ist ein wichtiger Parameter für einen Rektifizierapparat, da es sowohl für dessen Dampf- und Kühlmittelverbrauch wie auch für dessen Abmessungen ausschlaggebend ist. Bei *unendlichem Rücklaufverhältnis* fällt die Verstärkungsgerade mit der Diagonalen $x_D = x_F$ des Gleichgewichtsdiagramms zusammen (s. oben), so daß sich für eine bestimmte Trennaufgabe die kleinste Anzahl an theoretischen Böden ergibt (s. Beispiel 7-6). Umgekehrt ist bei einem gegebenen Molenbruch x_{FB} des Leichterflüchtigen in der Blase die bei einer gegebenen Anzahl von Böden erzielte Anreicherung des Leichterflüchtigen im Destillat am größten (s. Abb. 7.7).

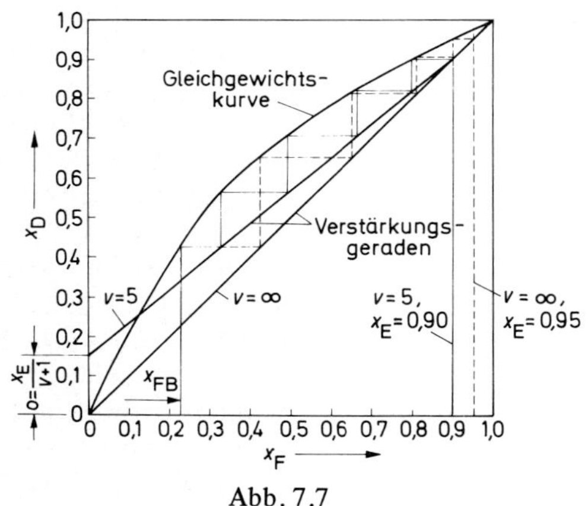

Abb. 7.7

Beispiel 7-6. Welche Anzahl theoretischer Böden wird benötigt, um durch absatzweise Rektifikation aus einem CS_2-CCl_4-Gemisch mit einem Molenbruch an Leichterflüchtigem (CS_2) in der Blase von $x_{FB} = 0{,}23$ ein Destillat mit einem Molenbruch an Leichterflüchtigem von $x_E = 0{,}90$ zu erhalten, wenn das Rücklaufverhältnis $v = 5$ beträgt? Welchen Molenbruch an Leichterflüchtigem im Destillat erreicht man mit einer Säule gleicher theoretischer Bodenzahl, wenn $v = \infty$ ist?

Man zeichnet in das Gleichgewichtsdiagramm (Abb. 7.7) zuerst die Verstärkungsgerade für den ersten Fall ein: Schnittpunkt mit der Diagonalen beim Abszissenwert $x_F = x_E = 0{,}90$;

Ordinatenabschnitt $o = \dfrac{x_E}{v+1} = \dfrac{0{,}90}{6} = 0{,}15.$

Ausgehend von $x_{FB} = 0{,}23$ zeichnet man den (ausgezogenen) Stufenzug zwischen Gleichgewichtskurve und Verstärkungsgerade bis $x_E = 0{,}90$. Die Zahl der Eckpunkte auf der Verstärkungsgeraden ist gleich der Anzahl der theoretischen Böden: $n_{th} = 4$.

Für unendliches Rücklaufverhältnis fällt die Verstärkungsgerade mit der Diagonalen zusammen. Ausgehend von $x_{FB} = 0{,}23$ zeichnet man zwischen Gleichgewichtskurve und Diagonale den (gestrichelten) Kurvenzug. Mit 4 Eckpunkten (gleich 4 theoretischen Böden) erreicht man einen Wert von $x_E = 0{,}95$ als Molenbruch des Leichterflüchtigen im Destillat bei $v = \infty$. ——

Das *Mindestrücklaufverhältnis* v_{min} ist der kleinste Wert von v, mit welchem sich bei gegebenem Molenbruch x_{FB} in der Blase ein Molenbruch x_E im Destillat erzielen läßt, allerdings nur mit einer unendlich großen Anzahl von Böden (Stufen). In Abb. 7.8 ist die

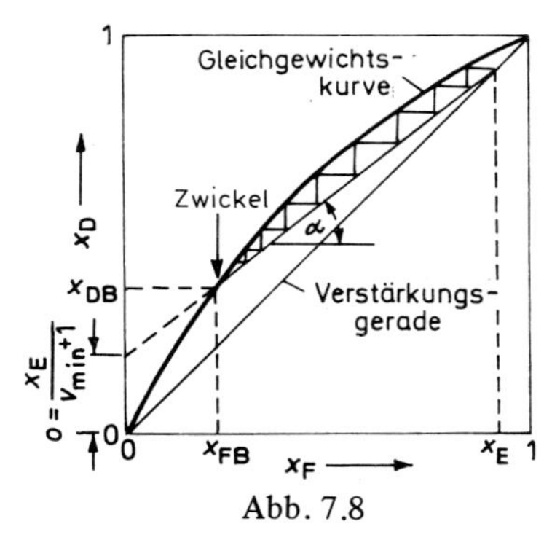

Abb. 7.8

Verstärkungsgerade im McCabe-Thiele-Diagramm so gelegt, daß sie die Diagonale beim Abszissenwert x_E, die Gleichgewichtskurve beim Abszissenwert x_{FB} (Ordinatenwert x_{DB}) schneidet. Man sieht, daß hier im unteren Zwickel eine unendlich große Anzahl von Treppenstufen eingezeichnet werden muß, entsprechend einer unendlich großen Anzahl von Böden. Wird das Mindestrücklaufverhältnis um einen beliebig kleinen Betrag vergrößert, so läßt sich die gestellte Trennaufgabe mit einer endlichen Anzahl von Böden erfüllen.

Da der Schnittpunkt der Verstärkungsgeraden mit der Gleichgewichtskurve, dem die Molenbrüche an Leichterflüchtigem x_{FB} und x_{DB} zugeordnet sind, auf der Verstärkungsgeraden liegt, kann das Mindestrücklaufverhältnis v_{min} aus der Gl. (XV) für die Verstärkungsgerade berechnet werden, indem man darin $x_F = x_{FB}$ (gegeben) sowie $x_D = x_{DB}$ (aus der Gleichgewichtskurve abzulesen) und gefordertes x_E einsetzt und nach $v = v_{min}$ auflöst:

$$v_{min} = \frac{x_E - x_{DB}}{x_{DB} - x_{FB}} \quad . \tag{XVIII}$$

Beispiel 7-7. Aus einem Benzol-Toluol-Gemisch mit einem Molenbruch an Benzol (Leichterflüchtiges) von $x_{FB} = 0{,}300$ (damit befindet sich im Gleichgewicht Dampf von $x_{DB} = 0{,}507$) soll in einer diskontinuierlich betriebenen Rektifiziersäule ein Destillat mit einem Molenbruch des Benzols $x_E = 0{,}950$ erzeugt werden. Welchen Zahlenwert hat das Mindestrücklaufverhältnis a) zu Beginn der Rektifikation, b) am Ende der Rektifikation, wenn der Molenbruch des Benzols in der Destillierblase auf $x_{FB} = 0{,}050$ (damit im Gleichgewicht steht Dampf von $x_{DB} = 0{,}112$) abgesunken ist?

a) $v_{min} = \frac{0{,}950 - 0{,}507}{0{,}507 - 0{,}300} = 2{,}14$; b) $v_{min} = \frac{0{,}950 - 0{,}112}{0{,}112 - 0{,}050} =$

$= 13{,}52$. ——

7.4 Kontinuierliche Rektifikation

Während im Laboratorium meist diskontinuierlich betriebene Rektifiziersäulen verwendet werden, haben in der Technik vor allem kontinuierlich betriebene Rektifiziersäulen Bedeutung (Abb. 7.9). Dabei wird das zu trennende Flüssigkeitsgemisch nicht absatzweise in die Blase, sondern stetig auf einen der Rektifizierböden, den *Zulaufboden*, aufgegeben. Aus der Blase wird das *Sumpfprodukt (Ablauf)*, welches gegenüber dem stetig zulaufenden Flüssigkeitsgemisch reicher an Schwererflüchtigem ist, kontinuierlich abgezogen. Der vom obersten Boden der Säule abströmende Dampf

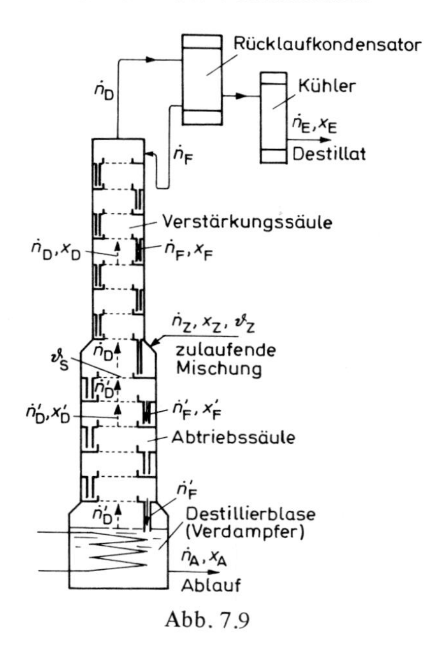

Abb. 7.9

wird bei der dargestellten Anordnung im Rücklaufkondensator vollständig kondensiert. Ein Teil dieses Kondensats wird als *Destillat (Kopfprodukt)* abgenommen, während der Rest als *Flüssigkeits-Rücklauf* auf den obersten Boden zurückgeführt wird.

Der über der Zulaufstelle für das Flüssigkeitsgemisch befindliche Teil der Rektifiziersäule wird als *Verstärkungssäule* bezeichnet, weil sich darin der aufsteigende Dampf an Leichterflüchtigem „verstärkt". Der Teil der Rektifiziersäule unterhalb der Zulaufstelle wird *Abtriebssäule* genannt, weil in dieser aus der Flüssigkeit noch leichterflüchtige Komponenten abgetrieben werden.

Beispiel 7-8. In einer kontinuierlich betriebenen Rektifizieranlage sollen 8000 kg eines Methanol(1)-Wasser(2)-Gemisches mit einem Massenanteil an Methanol von $w_1 = 0{,}509$ getrennt werden. Das Kopfprodukt (Destillat) muß einen Molenbruch des Methanols (Leichterflüchtiges) von $x_E = 0{,}995$ aufweisen. Der Ablauf aus dem Sumpf darf höchstens noch einen Molenbruch des Methanols von $x_{FA} = 0{,}002$ haben. Es sind zu berechnen: a) die Stoffmengenströme an Kopfprodukt und des Methanols im Kopfprodukt,

b) die Menge an Methanol, welche stündlich mit dem Ablauf verlorengeht.

Wir berechnen zunächst die Zulaufströme als Stoffmengenströme und die Anteile in Molenbrüchen (Index „Z“: Zulauf; $i = 1$: Methanol; $i = 2$: Wasser):

	$\dot{m}_i$ kg/h	M_i kg/kmol	$\dot{n}_i$ kmol/h	x_{iZ}
Methanol	4072	32,04	127,09	0,368
Wasser	3928	18,02	217,98	0,632
Gemisch	8000		345,07	1,000

Stoffbilanzen (Indizes „E“: Destillat, „A“: Ablauf), s. auch Abb. 7.14:

Gesamte Stoffbilanz $\dot{n}_Z = \dot{n}_E + \dot{n}_A$

Stoffbilanz für Methanol $\dot{n}_Z x_{1Z} = \dot{n}_E x_{1E} + \dot{n}_A x_{1A}$

Daraus lassen sich die beiden Unbekannten $\dot{n}_E$ und $\dot{n}_A$ berechnen:

$$\dot{n}_A = \dot{n}_Z \cdot \frac{x_{1E} - x_{1Z}}{x_{1E} - x_{1A}} = 345{,}07 \cdot \frac{0{,}995 - 0{,}368}{0{,}995 - 0{,}002} = 217{,}88 \text{ kmol/h};$$

$\dot{n}_E = \dot{n}_Z - \dot{n}_A = 345{,}07 - 217{,}88 = 127{,}19$ kmol/h. Dann ist der Stoffmengenstrom des Methanols im Destillat $\dot{n}_{1E} = \dot{n}_E x_{1E} =$
$= 127{,}19 \cdot 0{,}995 = 126{,}55$ kmol/h und der Massenstrom
$\dot{m}_{1E} = \dot{n}_{1E} M_1 = 126{,}55 \cdot 32{,}04 = 4054{,}66$ kg/h.

Der Stoffmengenstrom des Methanols im Ablauf (Verlust) beträgt $\dot{n}_{1A} = \dot{n}_A x_{1A} = 217{,}88 \cdot 0{,}002 = 0{,}436$ kmol/h, entsprechend einem Massenstrom $\dot{m}_{1A} = \dot{n}_{1A} M_1 = 0{,}436 \cdot 32{,}04 = 13{,}97$ kg/h. —

Die Arbeits- oder Bilanzgeraden für die kontinuierlich betriebene Rektifiziersäule ergeben sich unter den früher gemachten Voraussetzungen aus den Bilanzen für die Stoffmengenströme. Für die Verstärkungssäule gilt nach wie vor die Verstärkungsgerade nach Gl. (XV).

Aus der Abtriebssäule wird unten der Ablauf mit dem Stoffmengenstrom $\dot{n}_A$ und dem Molenbruch x_A an Leichterflüchtigem abgezogen. Der Ablauf ist in vielen Fällen selbst ein Produkt. Zur Unterscheidung werden alle Größen, die sich auf die Abtriebssäule beziehen, durch einen hochgestellten Strich gekennzeichnet. Es gelten dann folgende Stoffbilanzen (Abb. 7.9):

$$\dot{n}'_D = \dot{n}'_F - \dot{n}_A \tag{XIX}$$

und
$$\dot{n}'_D x'_D = \dot{n}'_F x'_F - \dot{n}_A x_A . \tag{XX}$$

Aus diesen beiden Gleichungen ergibt sich die Gleichung für die *Abtriebsgerade* (*Bilanzgerade* bzw. *Arbeitsgerade* für die *Abtriebssäule*):

$$x'_D = \frac{\dot{n}'_F}{\dot{n}'_F - \dot{n}_A} \cdot x'_F - \frac{\dot{n}_A}{\dot{n}'_F - \dot{n}_A} \cdot x_A = \frac{\dot{n}'_F}{\dot{n}'_D} \cdot x'_F - \frac{\dot{n}_A}{\dot{n}'_D} \cdot x_A . \tag{XXI}$$

Die Steigung der Abtriebsgeraden beträgt

$$\frac{\dot{n}'_F}{\dot{n}'_F - \dot{n}_A} = \frac{\dot{n}'_F}{\dot{n}'_D} = \frac{1}{v'} ; \tag{XXII}$$

sie ist stets größer als 1. v' wird als *Rückverdampfungsverhältnis* bezeichnet.

Die Abtriebsgerade schneidet die Diagonale des Gleichgewichtsdiagramms beim Abszissenwert $x'_F = x_A$ (s. Abb. 7.13, Punkt B). Ein weiterer Punkt der Abtriebsgerade ist deren Schnittpunkt S (Abb. 7.13) mit der Verstärkungsgeraden. Die Lage dieses Schnittpunktes hängt von den Zulaufbedingungen (Molenbruch an Leichterflüchtigem und thermischer Zustand der zulaufenden Mischung) ab; sie ist nach Festlegung einer der beiden Bilanzgeraden (durch x_E und v bzw. x_A und v') eindeutig definiert, d. h. die jeweils andere Bilanzgerade ist dann nicht mehr frei wählbar.

Zur Ermittlung der Lage des Schnittpunktes S zwischen Verstärkungs- und Abtriebsgerade muß eine Beziehung zwischen den Stoffmengenströmen in der Verstärkungs- und Abtriebssäule aufgestellt werden; der gesuchte Zusammenhang wird durch die Stoff- und Wärmebilanzen um den Zulaufboden vermittelt. Den Stoffmengenstrom der zulaufenden Mischung bezeichnen wir mit $\dot{n}_Z$, dessen Molenbruch an Leichterflüchtigem mit x_Z. Dann gelten folgende Stoffbilanzen um den Zulaufboden (Abb. 7.10):

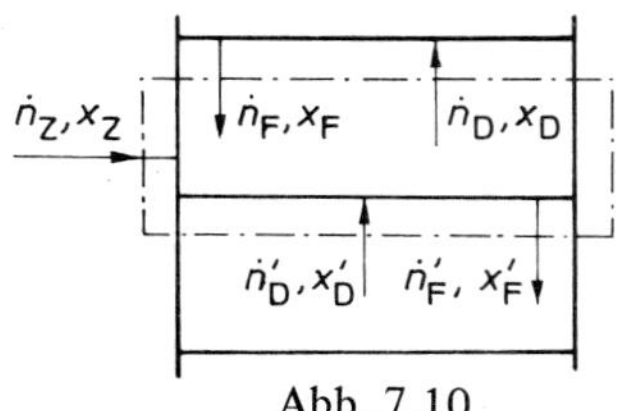

Abb. 7.10

$$\dot{n}_Z + \dot{n}'_D + \dot{n}_F = \dot{n}_D + \dot{n}'_F \tag{XXIIIa}$$

bzw.

$$\dot{n}'_D - \dot{n}_D = \dot{n}'_F - \dot{n}_F - \dot{n}_Z . \tag{XXIIIb}$$

und

$$\dot{n}'_D x'_D - \dot{n}_D x_D = \dot{n}'_F x'_F - \dot{n}_F x_F - \dot{n}_Z x_Z . \tag{XXIV}$$

Im Schnittpunkt (Koordinaten $x_{D,S}$ und $x_{F,S}$) zwischen Verstärkungs- und Abtriebsgerade ist

$$x_D = x'_D = x_{D,S} \tag{XXVa}$$

und

$$x_F = x'_F = x_{F,S} . \tag{XXVb}$$

Damit bekommen wir aus Gl. (XXIV) unter Berücksichtigung der Gl. (XXIIIb):

$$(\dot{n}'_F - \dot{n}_F - \dot{n}_Z)\, x_{D,S} = (\dot{n}'_F - \dot{n}_F)\, x_{F,S} - \dot{n}_Z x_Z . \tag{XXVI}$$

Wir führen jetzt noch einen Parameter q ein, welcher folgendermaßen definiert ist:

$$q \dot{n}_Z = \dot{n}'_F - \dot{n}_F . \tag{XXVII}$$

Der Parameter q kennzeichnet den *thermischen Zustand* des Zulaufstroms; er gibt die Vergrößerung des Flüssigkeitsrücklauf-Stoffmengenstroms pro Einheit des Zulauf-Stoffmengenstroms an.

Mit Hilfe der Beziehung (XXVII) läßt sich die Gl. (XXVI) schreiben:

$$x_{D,S} = \frac{q}{q-1} \cdot x_{F,S} - \frac{1}{q-1} \cdot x_Z . \tag{XXVIII}$$

Da q und x_Z konstant sind, stellt diese Gleichung eine Gerade da welche als „*Schnittpunktsgerade*", „*q-Gerade*" oder auch als „*Zulau gerade*" bezeichnet wird. Sie stellt den geometrischen Ort aller möglichen Schnittpunkte zwischen Verstärkungs- und Abtriebsgerade da

Eine Beziehung für q erhält man aus einer Enthalpiebilanz um den Zulaufboden analog der Stoffbilanz, Gl. (XXIIIa):

$$\dot{n}_Z H_{m,Z} + \dot{n}'_D (H_{m,sF} + \Delta_V H_m) + \dot{n}_F H_{m,sF} = \\ = \dot{n}_D (H_{m,sF} + \Delta_V H_m) + \dot{n}'_F H_{m,sF} . \tag{XXIX}$$

Es bedeuten darin (alle Größen in J/mol): $H_{m,Z}$ molare Enthalpie des Zulaufstroms bei der Zulauftemperatur ϑ_Z, $H_{m,sF}$ molare Enthalpie der Flüssigkeit auf dem Zulaufboden bei deren Siedetemperatur ϑ_S, $\Delta_V H_m$ molare Verdampfungsenthalpie der Flüssigkeit auf dem Zulaufboden bei der Temperatur ϑ_S.

Mit Hilfe der Gln. (XXIIIb) und (XXVII) erhält man aus Gl. (XXIX):

$$q = \frac{H_{m,sF} + \Delta_V H_m - H_{m,Z}}{\Delta_V H_m} = \frac{H_{m,sF} - H_{m\,Z}}{\Delta_V H_m} + 1. \qquad \text{(XXX)}$$

Die Zulaufstelle ist dann richtig angeordnet, wenn die Zusammensetzung der zu trennenden Mischung annähernd gleich derjenigen auf dem Zulaufboden ist. Richtige Anordnung der Zulaufstelle sei im folgenden vorausgesetzt.

Beispiel 7-9. Der Zulaufstrom kann in verschiedenem thermischen Zustand dem Zulaufboden zugeführt werden:

a) als Flüssigkeit mit einer Temperatur $\vartheta < \vartheta_S$ (ϑ_S Siedetemperatur),

b) als Flüssigkeit mit einer Temperatur $\vartheta = \vartheta_S$,

c) als Flüssigkeits-Dampf-Gemisch,

d) als gesättigter Dampf,

e) als überhitzter Dampf.

Wie verläuft in jedem dieser fünf Fälle die Schnittpunktsgerade (Zulaufgerade)?

In allen Fällen ist ein Punkt der Zulaufgeraden der Schnittpunkt mit der Diagonalen, dessen Abszissenwert $x_F = x_Z$ ist.

a) $H_{m,Z} < H_{m,sF}$, d. h. $q > 1$ und Steigung $\dfrac{q}{q-1} > 1$;

der Schnittpunkt mit der Abszissenachse ergibt sich aus Gl. (XXVIII), indem man dort $x_{D,S} = 0$ setzt, zu $x_{F,S} = x_Z/q$.

b) $H_{m,Z} = H_{m,sF}$, d. h. $q = 1$; Steigung $\dfrac{q}{q-1} = \infty$;

Parallele zur Ordinatenachse im Abstand $x_{F,S} = x_Z$.

c) $H_{m,sF} < H_{m,Z} < (H_{m,sF} + \Delta_V H_m)$, d. h. $0 < q < 1$ und Steigung $\dfrac{q}{q-1} < 0$; den Schnittpunkt mit der Abszissenachse erhält man aus Gl. (XXVIII), indem man dort $x_{D,S} = 0$ setzt, zu $x_{F,S} = x_Z/q$.

d) $H_{m,Z} = H_{m,sF} + \Delta_V H_m$, d. h. $q = 0$; Steigung $\dfrac{q}{q-1} = 0$;

mit $q = 0$ ergibt sich aus Gl. (XXVIII): $x_{D,S} = x_Z$, d. h. Parallele zur Abszissenachse im Abstand $x_{D,S} = x_Z$.

e) $H_{m,Z} > (H_{m,sF} + \Delta_V H_m)$, d. h. $q < 0$; Steigung $\frac{q}{q-1} > 0$; die Gerade schneidet die positive Abszissenachse nicht; den Abschnitt auf der Ordinatenachse erhält man, indem man $x_{F,S} = 0$ setzt: $x_{D,S} = -\frac{1}{q-1} \cdot x_Z = \frac{1}{|q+1|} \cdot x_Z$, da $q < 0$ ist.

Der Verlauf der Schnittpunktsgeraden für diese fünf Fälle ist in Abb. 7.11 dargestellt. ——

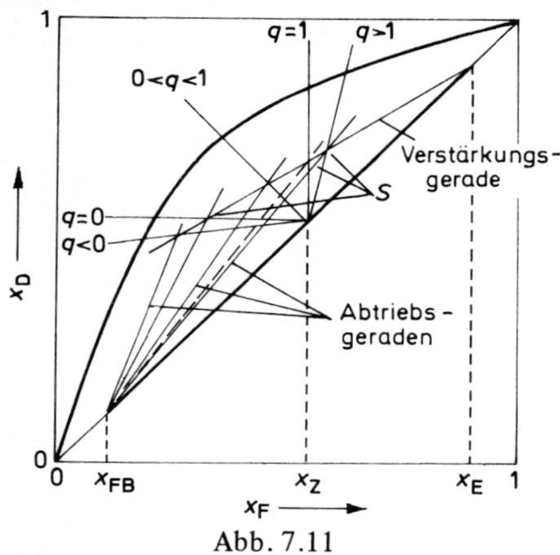

Abb. 7.11

Beispiel 7-10. Ein Benzol-Toluol-Gemisch mit einem Molenbruch des Benzols (Leichterflüchtiges) von $x_{FZ} = 0{,}300$ soll kontinuierlich durch Rektifikation zerlegt werden in ein Destillat (Kopfprodukt) mit einem Molenbruch des Benzols von $x_E = 0{,}980$, während der Ablauf nur noch $x_A = 0{,}001$ Benzol enthalten darf. Das Gemisch wird als Flüssigkeit bei Siedetemperatur dem Zulaufboden zugeführt. Zu berechnen ist das Mindestrücklaufverhältnis v_{min}.

Der Schnittpunkt zwischen Verstärkungs- und Abtriebsgerade liegt auf der Zulaufgeraden, welche die Gleichgewichtskurve im Punkt S^* mit den Koordinaten $x^*_{F,S}$, $x^*_{D,S}$ schneidet, s. Abb. 7.12. Das Mindestrücklaufverhältnis (s. 7.3) ist so definiert, daß bei ihm die Anzahl der theoretischen Böden unendlich groß wird. Dies ist dann der Fall, wenn auch die Verstärkungsgerade durch den Punkt S^* geht. Durch Einsetzen von $x_F = x^*_{F,S}$ und $x_D = x^*_{D,S}$ in die Gl. (XV) der Verstärkungsgeraden erhält man demnach das Mindestrücklaufverhältnis

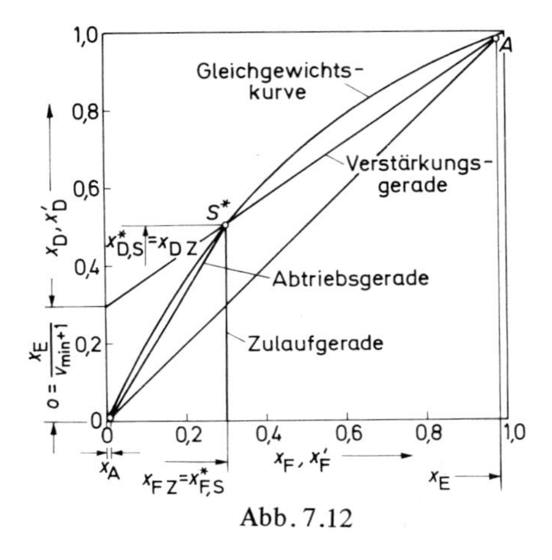

Abb. 7.12

$$v_{\min} = \frac{x_E - x^*_{D,S}}{x^*_{D,S} - x^*_{F,S}} \, . \qquad \text{(XXXI)}$$

In unserem Beispiel ist die Zulaufgerade, da $q = 1$, eine Parallele zur Ordinatenachse im Abstand $x_F = x_{FZ} = x^*_{F,S}$. Den Molenbruch an Leichterflüchtigem im Dampf, welcher mit der Flüssigkeit des Molenbruchs x_{FZ} an Leichterflüchtigem im Gleichgewicht steht, liest man aus der Gleichgewichtskurve ab:

$x_{DZ} = x^*_{D,S} = 0{,}507$ (s. Abb. 7.12). Es ist dann: $v_{\min} = \dfrac{x_E - x_{DZ}}{x_{DZ} - x_{FZ}} =$ $= \dfrac{0{,}980 - 0{,}507}{0{,}507 - 0{,}300} = 2{,}285$. Man kann $v_{\min}$ auch aus dem Ordinatenabschnitt $o = \dfrac{x_E}{v_{\min} + 1} = 0{,}298$ berechnen; daraus

$$v_{\min} = \frac{x_E}{0{,}298} - 1 = \frac{0{,}980}{0{,}298} - 1 = 2{,}289. \text{——}$$

Die Anzahl von *Böden mit theoretischer Anreicherung* (kurz: *theoretische Bodenzahl*), welche zur kontinuierlichen Zerlegung eines Zweistoffgemisches mit dem Molenbruch an Leichterflüchtigem im Zulauf x_Z in die beiden Gemische mit den Molenbrüchen an Leichtersiedendem x_E (Destillat) und x_A (Ablauf) erforderlich ist, läßt sich mit Hilfe des im Abschnitt 7.2 erläuterten graphischen Verfahrens von McCabe-Thiele ermitteln (s. Beispiel 7-11).

Beispiel 7-11. In einer kontinuierlich betriebenen Rektifiziersäule sollen 10 000 kg/h eines Benzol-Toluol-Gemisches mit einem Massenanteil an Leichterflüchtigem (Benzol) von $w_Z = 0{,}410$ zerlegt werden in ein Destillat mit einem Massenanteil an Benzol von $w_E = 0{,}942$, während der Ablauf nur noch einen Massenanteil an Benzol von $w_A = 0{,}060$ aufweisen darf. Das Gemisch wird dem Zulaufboden als Sattdampf (Siedetemperatur 92,7 °C) zugeführt. Zu berechnen sind:

a) die stündliche Produktionsleistung an Destillat und Ablauf,

b) die kleinstmögliche Anzahl theoretischer Böden, d. h. die theoretische Bodenzahl bei unendlichem Rücklaufverhältnis,

c) die Anzahl theoretischer Böden in der Verstärkungs- und Abtriebssäule bei einem Rücklaufverhältnis $v = 3{,}75$.

a) $\dot{m}_Z$, $\dot{m}_E$, $\dot{m}_A$, kg/h, sind die Massenströme des Zulaufs, Destillats und Ablaufs. Massenbilanzen: $\dot{m}_Z = \dot{m}_E + \dot{m}_A$ und $\dot{m}_Z w_Z = \dot{m}_E w_E + \dot{m}_A w_A$; daraus erhält man: $\dot{m}_E = \dot{m}_Z \cdot \dfrac{w_Z - w_A}{w_E - w_A}$ $= 10\,000 \cdot \dfrac{0{,}410 - 0{,}060}{0{,}942 - 0{,}060} = 3968$ kg/h; $\dot{m}_A = \dot{m}_Z - \dot{m}_E =$ $= 10\,000 - 3968 = 6032$ kg/h.

b) Umrechnung der Massenanteile in Stoffmengenanteile (Molenbrüche) des Leichterflüchtigen.

Zulaufende Mischung: $x_Z = 0{,}45$
Destillat: $x_E = 0{,}95$
Ablauf: $x_A = 0{,}07$.

Wir zeichnen in das Gleichgewichtsdiagramm (Abb. 7.13) die Schnittpunkte A (Abszissenwert $x_E = 0{,}95$) der Verstärkungsgeraden und B (Abszissenwert $x_A = 0{,}07$) der Abtriebsgeraden mit der Diagonale ein. Man kommt mit der geringsten Anzahl von Böden dann aus, wenn kein Destillat abgeführt wird ($\dot{n}_E = 0$), d. h. vollständiger Flüssigkeits-Rücklauf vorliegt ($v = \infty$). Dann fällt die Verstärkungsgerade mit der Diagonalen zusammen. Vom Punkt A ausgehend zeichnen wir nun den Stufenzug zwischen Gleichgewichtskurve und Verstärkungsgerade (= Diagonale) ein (gestrichelter Stufenzug).

Wir zählen 6 Eckpunkte auf der Diagonalen ab; d. h. bei $v = \infty$ sind 6 theoretische Böden erforderlich, um die geforderten Gehalte zu erzielen.

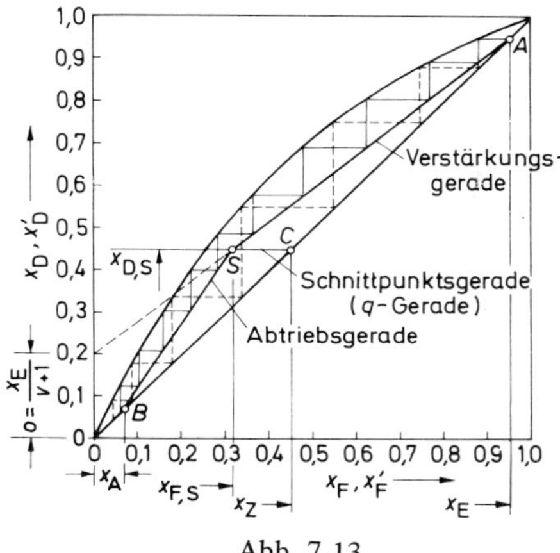

Abb. 7.13

c) Ein Punkt der Verstärkungsgeraden ist wieder der Punkt A auf der Diagonalen; ein weiterer Punkt ist der Schnittpunkt mit der Ordinatenachse, der durch den Ordinatenabschnitt $o = \frac{x_E}{v + 1} = \frac{0{,}95}{3{,}75 + 1} = 0{,}20$ gegeben ist. Da die Mischung als gesättigter Dampf zugeführt wird, ist $q = 0$; somit ist gemäß Gl. (XXVIII) $x_{D,S} = x_Z = 0{,}45$, d. h. die Schnittpunktsgerade (q-Gerade) ist hier eine Parallele zur Abszissenachse im Abstand 0,45. Schnittpunktsgerade und Verstärkungsgerade schneiden sich im Punkt S. Durch diesen und den bereits eingezeichneten Punkt B ist die Abtriebsgerade BS festgelegt. Die für die Trennaufgabe benötigte Anzahl von Böden erhalten wir dadurch, daß wir, vom Punkt A ausgehend, den Stufenzug zwischen Gleichgewichtskurve und Verstärkungsgerade bzw. links von Punkt S zwischen Gleichgewichtskurve und Abtriebsgerade zeichnen. Wir finden 5 Eckpunkte auf der Verstärkungsgeraden und 4 Eckpunkte auf der Abtriebsgeraden, entsprechend 5 theoretischen Böden in der Verstärkungssäule und 4 theoretischen Böden in der Abtriebssäule. ——

Beispiel 7-12. Für die kontinuierliche Rektifikation des Methanol(1)-Wasser(2)-Gemisches in Beispiel 7-8 sollen die benötigte stündliche Heizdampfmenge (Sattdampf, $p = 2$ bar) und der stündliche Kühlwasserverbrauch ($\Delta \vartheta = 10$ °C) berechnet werden. Das Zulaufgemisch wird als Flüssigkeit mit Siedetemperatur ($\vartheta_S = 76{,}0$ °C)

zugeführt. Der vom Kopf der Säule abgezogene Dampf wird vollständig kondensiert, der Flüssigkeitsrücklauf mit Siedetemperatur (ϑ_S = 64,7 °C) auf den obersten Boden zurückgeführt. Der Ablauf hat eine Siedetemperatur von 100 °C. Wärmeverluste an die Umgebung sollen vernachlässigt werden. Das Rücklaufverhältnis beträgt 0,94.
Weitere Angaben
für Methanol: $C_{\mathrm{mp1}} = 87{,}6$ kJ/(kmol·K); $\Delta_V H_{\mathrm{m1}} = 35\,300$ kJ/mol;
für Wasser: $C_{\mathrm{mp2}} = 75{,}5$ kJ/(kmol·K); $\Delta_V H_{\mathrm{m2}} = 40\,660$ kJ/mol.

Wir stellen zwei Bilanzkreise auf (s. Abb. 7.14).

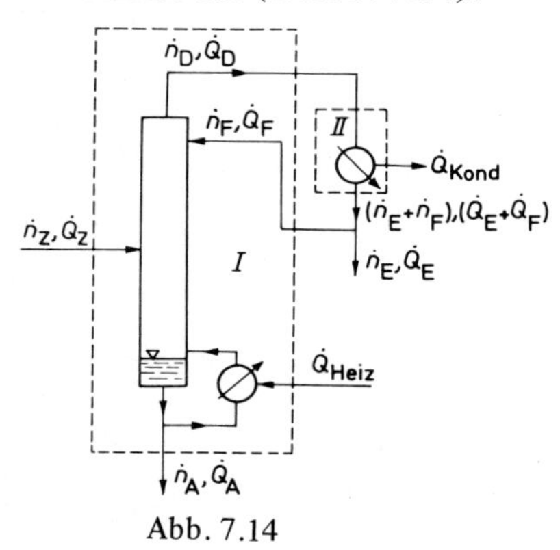

Abb. 7.14

Bilanzkreis I (Rektifiziersäule und Verdampfer)
$\dot{Q}_{\mathrm{Heiz}} + \dot{Q}_Z + \dot{Q}_F = \dot{Q}_D + \dot{Q}_A$, daraus $\dot{Q}_{\mathrm{Heiz}} = \dot{Q}_D + \dot{Q}_A - \dot{Q}_Z - \dot{Q}_F$.
Die Wärmebilanz beziehen wir auf 0 °C. Die einzelnen Terme sind dan

$$\dot{Q}_D = \dot{n}_D H_{\mathrm{mD}} = \dot{n}_E(1+v)\,H_{\mathrm{mD}} = \dot{n}_E(1+v)\,[C_{\mathrm{mp1}}\cdot\Delta\vartheta + \Delta_V H_{\mathrm{m1}}] =$$
$$= 127{,}19\cdot(1+0{,}94)\,(87{,}6\cdot 64{,}7 + 35\,200) = 10{,}109\cdot 10^6 \text{ kJ/h};$$

$$\dot{Q}_A = \dot{n}_A H_{\mathrm{mA}} = \dot{n}_A C_{\mathrm{mp1}}\cdot\Delta\vartheta = 217{,}88\cdot 75{,}5\cdot 100 = 1{,}645\cdot 10^6 \text{ kJ/h};$$

$$\dot{Q}_Z = \dot{n}_Z(x_{1Z}H_{\mathrm{m1Z}} + x_{2Z}H_{\mathrm{m2Z}}) = \dot{n}_Z(x_{1Z}C_{\mathrm{mp1}} + x_{2Z}C_{\mathrm{mp2}})\,\Delta\vartheta =$$
$$= 345{,}07\cdot(0{,}368\cdot 87{,}6 + 0{,}632\cdot 75{,}5)\cdot 76{,}0 = 2{,}097\cdot 10^6 \text{ kJ/h};$$

$$\dot{Q}_F = \dot{n}_F H_{\mathrm{mF}} = \dot{n}_E v C_{\mathrm{mp1}}\cdot\Delta\vartheta = 127{,}19\cdot 0{,}94\cdot 87{,}6\cdot 64{,}7 =$$
$$= 0{,}678\cdot 10^6 \text{ kJ/h};$$

$$\dot{Q}_{\mathrm{Heiz}} = (10{,}109 + 1{,}645 - 2{,}097 - 0{,}678)\cdot 10^6 = 8{,}979\cdot 10^6 \text{ kJ/h}.$$

Die spezifische Kondensationsenthalpie des Heizdampfes von $p = 2$ b
beträgt 2201 kJ/kg. Der stündliche Verbrauch an Heizdampf ist dan

$$\dot{m}_D = \frac{8{,}979 \cdot 10^6}{2201} = 4079{,}5 \text{ kg/h}.$$

Bilanzkreis II (Kondensator)

$\dot{Q}_D = (\dot{Q}_E + \dot{Q}_F) + \dot{Q}_{Kond}$, daraus $\dot{Q}_{Kond} = \dot{Q}_D - (\dot{Q}_E + \dot{Q}_F)$.

$\dot{Q}_E + \dot{Q}_F = \dot{n}_E\,(1 + v)\,C_{mp2} \cdot \Delta\vartheta = 127{,}19 \cdot 1{,}94 \cdot 87{,}6 \cdot 64{,}7 =$
$= 1{,}399 \cdot 10^6$ kJ/h;

$\dot{Q}_D$ s. Bilanzkreis I;

$\dot{Q}_{Kond} = (10{,}109 - 1{,}399) \cdot 10^6 = 8{,}710 \cdot 10^6$ kJ/h.

Der stündliche Verbrauch an Kühlwasser beträgt somit

$$\dot{m}_W = \frac{\dot{Q}_{Kond}}{c_{p1} \cdot \Delta\vartheta} = \frac{8{,}710 \cdot 10^6}{4{,}1868 \cdot 10} = 208\,035 \text{ kg/h, entsprechend } 208 \text{ m}^3\text{/h}.$$ ——

Beispiel 7-13. Einer kontinuierlich betriebenen Rektifiziersäule wird ein Zweistoffgemisch mit einem Molenbruch der leichterflüchtigen Komponente $x_Z = 0{,}24$ zugeführt. Im Kopfprodukt beträgt der Molenbruch der leichterflüchtigen Komponente $x_E = 0{,}95$, im Ablauf aus der Destillierblase (Sumpfprodukt) $x_A = 0{,}03$. In den Rücklaufkondensator strömen $\dot{n}_D = 850$ kmol/h Dampf (s. Abb. 7.9), während der aus dem Kondensator in die Rektifiziersäule zurückgeführte Stoffmengenstrom des Flüssigkeits-Rücklaufs $\dot{n}_F = 670$ kmol/h beträgt. Zu berechnen sind die Stoffmengenströme a) des Ablaufs aus der Destillierblase $\dot{n}_A$, b) des Zulaufgemisches $\dot{n}_Z$, c) des Leichterflüchtigen im Kopfprodukt, d) des Leichterflüchtigen im Ablauf.

Es gelten folgende Stoffbilanzen:

I) $\dot{n}_Z x_Z = \dot{n}_E x_E + \dot{n}_A x_A$

II) $\dot{n}_Z = \dot{n}_E + \dot{n}_A$,

wobei $\dot{n}_E = \dot{n}_D - \dot{n}_F = 850 - 670 = 180$ kmol/h ist.

a) Durch Einsetzen von II) in I) erhält man

$$\dot{n}_A = \dot{n}_E \cdot \frac{x_E - x_Z}{x_Z - x_A} = 180 \cdot \frac{0{,}95 - 0{,}24}{0{,}24 - 0{,}03} = 608{,}6 \text{ kmol/h;}$$

b) $\dot{n}_Z = 180 + 608{,}6 = 788{,}6$ kmol/h;

c) Leichterflüchtiges im Kopfprodukt: $\dot{n}_E x_E = 180 \cdot 0{,}95 =$
$= 171$ kmol/h;

d) Leichterflüchtiges im Ablauf: $\dot{n}_A x_A = 608{,}6 \cdot 0{,}03 =$
$= 18{,}3$ kmol/h. ——

Aufgaben. 7/4. Ein Flüssigkeitsgemisch aus Dichlormethan (leichterflüchtige Komponente) und Tetrachlorkohlenstoff mit einem Stoffmengenanteil an Dichlormethan $x_Z = 0{,}490$ soll kontinuierlich durch Rektifikation getrennt werden. Das Gemisch wird der Rektifiziersäule als Flüssigkeit mit Siedetemperatur zugeführt, wobei der Massenstrom 3 t/h beträgt. Gefordert sind folgende Stoffmengenanteile an Dichlormethan: im Kopfprodukt (Destillat) $x_E = 0{,}990$, im Ablauf aus der Blase (Sumpfprodukt) $x_{FB} = 0{,}015$. Zu bestimmen sind:

a) die Stoffmengenströme $\dot{n}_E$ und $\dot{n}_A$;

b) das Mindestrücklaufverhältnis;

c) die erforderliche Anzahl an theoretischen Böden, wenn das Rücklaufverhältnis das 1,3fache des Mindestrücklaufverhältnisses beträgt.

Die Gleichgewichtsmolenbrüche in der Flüssigkeit und im Dampf sind

x_F	0,1	0,2	0,3	0,4	0,5	0,6	0,7	0,8	0,9
x_D	0,220	0,460	0,620	0,715	0,785	0,842	0,880	0,920	0,96

7/5. Für die in Aufgabe 7/4 gestellte Trennaufgabe soll die zu deren Lösung erforderliche Anzahl theoretischer Böden für folgende Quotienten aus Rücklaufverhältnis und Mindestrücklaufverhältnis bestimmt werden: $v/v_{min} = 1{,}1;\ 1{,}2;\ 1{,}3;\ 1{,}6;\ 2{,}0;\ 3{,}0$ und ∞.

7.5 Druckverluste in Füllkörpersäulen

Füllkörper finden sowohl von Flüssigkeit berieselt zum Rektifizieren und bei anderen Stoffaustauschvorgängen, wie auch unberieselt zum Abscheiden von Schwebstoffteilchen aus Gasen und Dämpfen Verwendung.

Beispiel 7-14. Durch einen mit Porzellan-Raschig-Ringen (25/25 mm) 2 m hoch gefüllten Waschturm von 1,5 m Durchmesser strömen 3000 m^3/h eines Gases der Dichte $\rho = 0{,}8$ kg/m^3. Die Ringe werden mit 9 m^3/h einer Flüssigkeit der kinematischen Zähigkeit $\nu = 6 \cdot 10^{-5}$ m^2/s berieselt. Wie groß ist der Druckverlust a) bei trockenen, b) bei berieselten Füllkörpern?

a) Den größten Einfluß auf den Druckverlust hat die Gasgeschwindigkeit. Als Rechengröße wird sie so berechnet, als wäre die Säule leer. In unserem Beispiel beträgt sie

$$w = \frac{3000}{\pi \cdot \dfrac{1{,}5^2}{4} \cdot 3600} = 0{,}472 \text{ m/s}.$$

Für eine unberieselte Schüttung aus Porzellan-Raschig-Ringen gilt für den Druckverlust folgende Beziehung:

$$\Delta p = 2{,}648 \cdot H \cdot \frac{w^{1,85}\,\rho^{0,83}}{d^{1,27}} \quad \text{Pa}; \tag{XXXII}$$

darin bedeuten H die Füllkörperschichthöhe in m (für unser Beispiel 2 m), w die Geschwindigkeit des strömenden Gases in m/s (0,472 m/s), ρ die Dichte des Gases in kg/m³ (0,8 kg/m³), d den Durchmesser der Raschig-Ringe in m (0,025 m).

Nach Einsetzen der Zahlenwerte erhalten wir für $\Delta p = 118{,}83$ Pa.

b) Der Druckverlust berieselter Füllkörper ist größer als derjenige trockener Füllkörper. Für den Druckverlust berieselter Füllkörper gilt die Gleichung:

$$\Delta p = k_\mathrm{b}\, H\, w^\mathrm{n}. \tag{XXXIII}$$

Es bedeuten H die Füllkörperschichthöhe in m (in unserem Beispiel 2 m), w die Gasgeschwindigkeit in m/s (0,472 m/s), n den Geschwindigkeitsexponenten, im Mittel ist $n = 1{,}9$, und k_b die Widerstandszahl für berieselte Füllkörperschichten. k_b stellt den Druckverlust Δp (Pa) bei einer Schichthöhe von 1 m und einer Gasgeschwindigkeit von 1 m/s dar; k_b ist nach folgender Beziehung zu berechnen:

$$k_\mathrm{b} = k_\mathrm{i} + 0{,}0016 \cdot k_\mathrm{i}^{1,5} \cdot B, \tag{XXXIV}$$

wobei B die Rieselmenge in $\mathrm{m^3/(m^2 \cdot h)}$ ist; in unserem Beispiel ist $B = 9/1{,}767 = 5{,}1\ \mathrm{m^3/(m^2 \cdot h)}$.

k_i ist die Widerstandszahl der benetzten (befeuchteten, aber nicht berieselten) Füllkörperschicht, also für $B = 0$. k_i ist abhängig vom Druckverlust Δp (Pa) der trockenen Füllkörperschicht, von der Dichte ρ (kg/m³) des Gases und von der kinematischen Zähigkeit ν (m²/s) der Flüssigkeit nach

$$k_\mathrm{i} = 1{,}1 \cdot k_\mathrm{t} \cdot \rho^{0,83} \cdot (1 + 1{,}32 \cdot 10^4 \cdot \nu). \tag{XXXV}$$

k_t ist die Widerstandszahl der trockenen Füllkörperschicht; sie stellt den Druckverlust Δp (Pa) dar für eine Schichthöhe $H = 1$ m trockener Füllkörper für eine Gasgeschwindigkeit $w = 1$ m/s und eine Dichte des Gases $\rho = 1$ kg/m³. k_t folgt aus Gl. (XXXII):

$k_t = 2{,}648 \cdot 1 \cdot \dfrac{1^{1,85} \cdot 1^{0,83}}{0{,}025^{1,27}} = 286{,}77$ Pa. Dann ist

$k_i = 1{,}1 \cdot 286{,}77 \cdot 0{,}8^{0,83} \cdot (1 + 1{,}32 \cdot 10^4 \cdot 6 \cdot 10^{-5}) = 469{,}71$ Pa;
weiter ist $k_b = 469{,}71 + 0{,}0016 \cdot 469{,}71^{1,5} \cdot 5{,}1 = 552{,}78$ Pa.
Dann ist der Druckverlust der berieselten Füllkörperschicht
$\Delta p = 552{,}78 \cdot 2 \cdot 0{,}472^{1,9} = 265{,}50$ Pa. ——

8 Flüssig-Flüssig-Extraktion

Die *Flüssig-Flüssig-Extraktion*, auch *Lösungsmittel-(Solvent-) Extraktion* genannt, ist ein Trennverfahren, welches sich auf die unterschiedliche Verteilung der zu trennenden Stoffe zwischen zwei flüssigen Phasen gründet. Da der durch einen einzigen Gleichgewichtsschritt erzielte Trenneffekt für die Gewinnung reiner Stoffe in der Regel nicht ausreicht, vervielfacht man den Trenneffekt, z. B. durch Gegenstromführung der beiden Phasen in Kolonnen oder mehreren hintereinander geschalteten Trennstufen.

Zwischen Extraktion und Rektifikation besteht eine gewisse Ähnlichkeit, indem bei beiden Verfahren die zu trennenden Stoffe in den zwei Phasen in verschiedenen Mengenanteilen vorliegen. Während jedoch bei der Rektifikation die zweite Phase (Dampfphase) einzig die Bestandteile der ursprünglichen (flüssigen) Phase enthält, muß bei der Extraktion zur Bildung der zweiten (flüssigen) Phase ein weiterer Stoff, das Lösungsmittel, zugesetzt werden. Dieser Stoff tritt in der Stoffbilanz des Verfahrens auf und bestimmt auch durch sein Verhalten gegenüber den zu trennenden Stoffen die wesentlichen Kennzeichen dieses Trennverfahrens. Bei der Extraktion liegt demnach im einfachsten Fall ein Dreistoffsystem vor.

Der zu extrahierende Stoff (*Extraktstoff* oder *Übergangskomponente*) ist in einer *Trägerflüssigkeit*, auch *Abgeber* genannt, gelöst. Das mit der Trägerflüssigkeit nicht oder lediglich partiell mischbare *Lösungsmittel*, auch als *Extraktionsmittel, Solvent* oder *Aufnehmer* bezeichnet, soll eine möglichst hohe selektive Löslichkeit für den Extraktstoff aufweisen. Am Ende der Extraktion wird die Abgeberphase auch als *Raffinat*, die Aufnehmerphase als *Extrakt* bezeichnet.

Die Führung der Phasenströme in einem Extraktionsapparat ist schematisch in Abb. 8.1 dargestellt. Das Rohgemisch (Trägerflüssigkeit mit Extraktstoff) und das Lösungsmittel werden dem Ex-

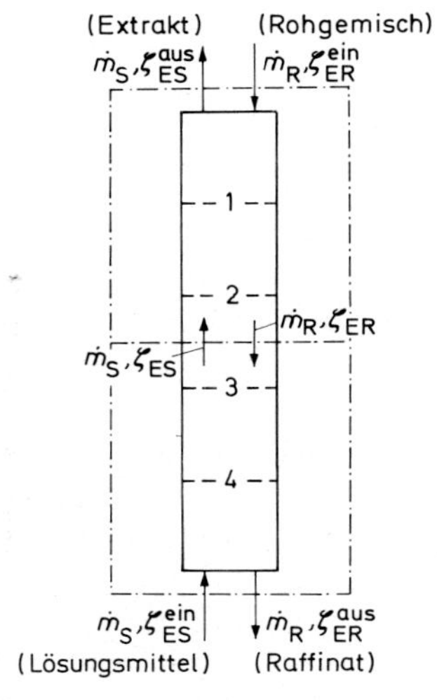

Abb. 8.1

traktionsapparat an entgegengesetzten Enden zugeführt und bewegen sich im Gegenstrom durch den Apparat; als Produktströme treten der mit Extraktstoff angereicherte Extrakt und das an Extraktstoff abgereicherte Raffinat aus dem Apparat aus. Die spezifisch leichtere Phase, meist die Aufnehmerphase, wird natürlich der Apparatur von unten, die spezifisch schwerere Phase von oben zugeführt.

Von den an der Extraktion beteiligten Komponenten bezeichnen wir mit S das Lösungsmittel (das Solvent, den Aufnehmer), E den zu extrahierenden Stoff (den Extraktstoff, die Übergangskomponente), R die Trägerflüssigkeit (den Abgeber).

Die Zusammensetzung der einzelnen Phasen gibt man gewöhnlich als *Massenanteile* w_i der betreffenden Komponenten i (i = S, E oder R) an, d. h. als Quotienten aus der Masse m_i und der Summe der Massen aller N in der jeweiligen Phase enthaltenen Komponenten (s. S. 140). Zur Kennzeichnung der Phase (Lösungsmittel- oder Aufnehmerphase bzw. Trägerflüssigkeits- oder Abgeberphase) müssen wir noch einen weiteren Index (S bzw. R) anbringen. Es sind dann

w_{SS}	Massenanteil des Lösungsmittels	in der Lösungsmittel-(Aufnehmer-)phase
w_{ES}	Massenanteil des Extraktstoffes	
w_{RS}	Massenanteil der Trägerflüssigkeit	

w_{SR} Massenanteil des Lösungsmittels
w_{ER} Massenanteil des Extraktstoffes
w_{RR} Massenanteil der Trägerflüssigkeit
} in der Trägerflüssigkeits-(Abgeber-)phase

Wenn Trägerflüssigkeit und Lösungsmittel praktisch vollständig ineinander unlöslich sind, drückt man die Zusammensetzungen der beiden Phasen durch die *Massenverhältnisse* ζ_{ik} aus, d. h. durch die Quotienten aus der Masse m_E des Extraktstoffes (i = E) und der Masse m_k des Lösungsmittels (k = S) bzw. der Trägerflüssigkeit (k = R), also ζ_{ES} Massenverhältnis von Extraktstoff zu Lösungsmittel, ζ_{ER} Massenverhältnis von Extraktstoff zu Trägerflüssigkeit. Diese Massenverhältnisse werden in der Literatur der Thermischen Verfahrenstechnik meist als *Beladungen* (Formelzeichen Y und X) bezeichnet. Wir folgen hier jedoch der Norm DIN 1310 mit der Bezeichnung Massenverhältnis $\zeta_{ik} = m_i/m_k$.

Schließlich bezeichnen wir noch mit m_S bzw. $\dot{m}_S$ die Masse bzw. den Massenstrom des reinen Lösungsmittels, m_R bzw. $\dot{m}_R$ die Masse bzw. den Massenstrom der reinen Trägerflüssigkeit, $m_{S,ges}$ bzw. $\dot{m}_{S,ges}$ die Masse bzw. den Massenstrom der gesamten Lösungsmittel-(Aufnehmer-)phase, $m_{R,ges}$ bzw. $\dot{m}_{R,ges}$ die Masse bzw. den Massenstrom der gesamten Trägerflüssigkeits-(Abgeber-)phase.

8.1 Behandlung von Extraktionsaufgaben bei vernachlässigbarer gegenseitiger Löslichkeit von Trägerflüssigkeit und Lösungsmittel

Häufig sind Trägerflüssigkeit und Lösungsmittel praktisch vollständig ineinander unlöslich. Dann, oder wenn die gegenseitige Löslichkeit im Arbeitsbereich des Verfahrens praktisch konstant ist, können Trennaufgaben unter Anwendung der Flüssig-Flüssig-Extraktion recht einfach graphisch mit Hilfe eines Stufenzugverfahrens gelöst werden. Man drückt dann die Zusammensetzung der Extrakt- oder Aufnehmerphase durch das Massenverhältnis ζ_{ES} von Extraktstoff zu Lösungsmittel (Solvent), die Zusammensetzung der Raffinat- oder Abgeberphase durch das Massenverhältnis ζ_{ER} von Extraktstoff zu Trägerflüssigkeit aus (s. oben).

Bezeichnen wir mit $\dot{m}_R$ den Massenstrom der Trägerflüssigkeit (Abgeber), mit $\dot{m}_S$ denjenigen des Lösungsmittels (Aufnehmer), mit ζ_{ER}^{ein} und ζ_{ES}^{ein} die Massenverhältnisse am Eintritt, mit ζ_{ER}^{aus} und ζ_{ES}^{aus} die Massenverhältnisse am Austritt der betreffenden Phasen aus dem Apparat, ferner mit ζ_{ER} und ζ_{ES} die Massenverhältnisse in einem beliebigen Querschnitt des Extraktionsapparates zwischen zwei Trennstufen (s. unten), so lautet die Stoffbilanz aufgrund der Abb. 8.1 für den unteren Teil des Extraktionsapparates

$$\dot{m}_S \zeta_{ES}^{ein} + \dot{m}_R \zeta_{ER} = \dot{m}_S \zeta_{ES} + \dot{m}_R \zeta_{ER}^{aus}; \qquad \text{(I)}$$

daraus folgt

$$\zeta_{ES} = \frac{\dot{m}_R}{\dot{m}_S} \cdot \zeta_{ER} - \frac{\dot{m}_R}{\dot{m}_S} \cdot \zeta_{ER}^{aus} + \zeta_{ES}^{ein}. \qquad \text{(II)}$$

Bei konstantem Verhältnis $\dot{m}_R/\dot{m}_S$ ist Gl. (II) die Gleichung einer Geraden, nämlich der *Bilanz- oder Arbeitsgeraden*. Diese läßt sich in einem ζ_{ES}/ζ_{ER}-Diagramm leicht mit Hilfe der ausgezeichneten Punkte zeichnen (s. Abb. 8.2): Für $\zeta_{ER} = \zeta_{ER}^{aus}$ ist $\zeta_{ES} = \zeta_{ES}^{ein}$ (Punkt *B*); der Wert von ζ_{ES} für $\zeta_{ER} = \zeta_{ER}^{ein}$ ergibt sich aus der Gesamt-Stoffbilanz der Extraktionsanlage (s. Abb. 8.1):

$$\dot{m}_S \zeta_{ES}^{ein} + \dot{m}_R \zeta_{ER}^{ein} = \dot{m}_S \zeta_{ES}^{aus} + \dot{m}_R \zeta_{ER}^{aus}, \qquad \text{(III)}$$

und daraus

$$\zeta_{ES}^{aus} = \frac{\dot{m}_R}{\dot{m}_S} \cdot \zeta_{ER}^{ein} - \frac{\dot{m}_R}{\dot{m}_S} \cdot \zeta_{ER}^{aus} + \zeta_{ES}^{ein}. \qquad \text{(IV)}$$

Beim Vergleich der Gln. (II) und (IV) sieht man, daß dann, wenn $\zeta_{ER} = \zeta_{ER}^{ein}$ ist, $\zeta_{ES} = \zeta_{ES}^{aus}$ sein muß (Abb. 8.2, Punkt *A*).

Ist nicht das gewünschte Massenverhältnis im Aufnehmer vorgegeben, sondern das Verhältnis $\dot{m}_R/\dot{m}_S$ von Abgeber- zu Aufnehmer Massenstrom, so geht man zweckmäßig vom Punkt *B* (ζ_{ER}^{aus}, ζ_{ES}^{ein}) aus und zeichnet durch diesen eine Gerade mit der Steigung $\dot{m}_R/\dot{m}_S$ (Abb. 8.2).

Ziel der graphischen Konstruktion ist es, die für eine gegebene Trennaufgabe erforderliche Anzahl von theoretischen Trennstufen, welche der Anzahl der Extraktoren in einer ideal arbeitenden Batterie von Misch- und Trennbehältern entspricht, und das zugehörige Verhältnis $\dot{m}_S/\dot{m}_R$ der Massenströme von Aufnehmer und Abgeber zu ermitteln. Von einer *theoretischen Trennstufe* spricht

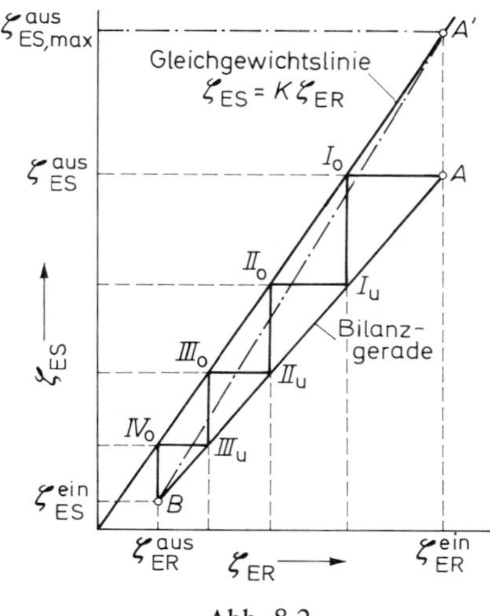

Abb. 8.2

man dann, wenn die Ströme der beiden Phasen, welche die Stufe verlassen, miteinander im Phasengleichgewicht stehen.

Zur Ermittlung der Anzahl theoretischer Trennstufen (kurz: *theoretische Stufenzahl*) bei vorgegebenem Verhältnis $\dot{m}_S/\dot{m}_R$ muß noch die Gleichgewichtskurve bekannt sein, welche den Zusammenhang zwischen dem Massenverhältnis ζ_{ER} in der Abgeberphase und dem damit im Gleichgewicht stehenden Massenverhältnis ζ_{ES} in der Aufnehmerphase beschreibt. Dieser Zusammenhang ist in einfachen Fällen nach dem *Nernstschen Verteilungsgesetz* (s. Wittenberger/Fritz, Physikalisch-chemisches Rechnen, Abschnitt 7.6)

$$\zeta_{ES} = K \cdot \zeta_{ER} \tag{V}$$

linear, und das Gleichgewicht durch den *Verteilungskoeffizienten K* gekennzeichnet. Ist das Nernstsche Verteilungsgesetz nicht gültig, so müssen die Gleichgewichts-Wertepaare von ζ_{ES} und ζ_{ER} tabellarisch oder in Form einer Kurve gegeben sein.

Die für eine Trennaufgabe mit vorgegebenem *Lösungsmittelverhältnis* $\dot{m}_S/\dot{m}_R$ (Reziprokwert der Steigung der Bilanzgeraden) benötigte Anzahl theoretischer Trennstufen wird ähnlich wie im *McCabe-Thiele-Diagramm* bei der Rektifikation (s. Abschnitt 7.2) ermittelt. Ein Punkt auf der Gleichgewichtslinie gibt jeweils den Zusammenhang zwischen den Massenverhältnissen in beiden Phasen, welche sich im Gleichgewicht befinden, *innerhalb* einer Trennstufe an. Ein Punkt auf der Bilanzgeraden stellt den Zusammenhang zwischen den Massenverhältnissen in beiden Phasen *zwischen* zwei Trennstufen dar, d. h. das Massenverhältnis in der Aufnehmerphase, welche einer Trennstufe zuströmt, als Funktion des Massenverhältnisses in der Abgeberphase, die aus derselben Trennstufe abströmt. Zur Ermittlung der Anzahl theoretischer Trennstufen geht man vom Punkt A aus, welcher durch das Massenverhältnis ζ_{ER}^{ein} im Zulaufstrom der Abgeberphase (Rohgemisch) und durch das geforderte Massenverhältnis ζ_{ES}^{aus} im Austragstrom der Aufnehmerphase festgelegt ist (Abb. 8.2). Punkt A gibt also die Zusammensetzungen am oberen Ende der Extraktionsapparatur in Abb. 8.1, d. h. oberhalb der ersten Stufe, wieder.

Die Parallele zur Abszissenachse durch den Punkt A (Abb. 8.2) schneidet die Gleichgewichtslinie im Punkt I_0. Dieser gibt den Zusammenhang zwischen dem Massenverhältnis in der aus der ersten Trennstufe nach oben abströmenden Aufnehmerphase ($\zeta_{ES}^{I_0} = \zeta_{ES}^{aus}$) und dem Massenverhältnis der nach unten strömenden Abgeberphase ($\zeta_{ER}^{I_u}$) an. Der Punkt I_u gibt die Massenverhältnisse zwischen der ersten und der zweiten Trennstufe wieder, nämlich mit seinem Abzsissenwert $\zeta_{ER}^{I_u}$ das Massenverhältnis in der von der ersten Stufe zur zweiten Stufe nach unten strömenden Abgeber-Phase, mit seinem Ordinatenwert $\zeta_{ES}^{II_0}$ das Massenverhältnis in der von der zweiten Stufe zur ersten Stufe nach oben strömenden Aufnehmerphase. Man setzt nun die Treppenstufenkonstruktion zwischen Bilanzgerade und Gleichgewichtslinie so weit fort, bis der Punkt B erreicht ist; dieser ist durch das Massenverhältnis ζ_{ES}^{ein} in der Aufnehmerphase bei deren Eintritt und das geforderte Massenverhältnis ζ_{ER}^{aus} der Abgeberphase bei deren Austritt aus dem Extraktionsapparat festgelegt.

Die Anzahl der Dreiecke zwischen Gleichgewichtslinie und Bilanzgerade entspricht, ähnlich wie bei der McCabe-Thiele-Darstellung der Rektifikation, der Anzahl n_{th} der zur Erfüllung der Trennaufgabe erforderlichen theoretischen Stufen; im Beispiel der Abb. 8.2 ist $n_{th} = 4$.

Beispiel 8-1. In einem Gegenstrom-Extraktionsapparat werden Phenolabwässer zur Reinigung des Wassers und zur Gewinnung des Phenols mittels Benzol extrahiert. In der zulaufenden Lösung (Rohgemisch) ist das Massenverhältnis Phenol/Wasser $\zeta_{ER}^{ein} = 8 \cdot 10^{-3}$. Das Massenverhältnis Phenol/Wasser in der Abgeberphase am Austritt aus der Extraktionsanlage darf höchstens $\zeta_{ER}^{aus} = 8 \cdot 10^{-4}$ betragen. In der Aufnehmerphase (Benzol) soll am Austritt aus der Extraktionsanlage ein Massenverhältnis Phenol/Benzol von $\zeta_{ES}^{aus} = 2{,}85 \cdot 10^{-2}$ erreicht werden.

Zu berechnen ist die stündliche erforderliche Menge an Benzol und die erforderliche Anzahl theoretischer Trennstufen, wenn ein Massenstrom an Abwasser von $\dot{m}_Z = 10\,000$ kg/h durchgesetzt werden soll.

Gegeben sind die Gleichgewichts-Massenverhältnisse:

ζ_{ER} (Phenol/Wasser)	$0{,}427 \cdot 10^{-3}$	$1{,}59 \cdot 10^{-3}$	$5{,}75 \cdot 10^{-3}$
ζ_{ES} (Phenol/Benzol)	$1{,}109 \cdot 10^{-3}$	$4{,}97 \cdot 10^{-3}$	$53{,}1 \cdot 10^{-3}$

$$\dot{m}_R = \dot{m}_Z (1 - \zeta_{ER}^{ein}) = 10\,000 \cdot (1 - 0{,}008) = 9920 \text{ kg/h}.$$

Die Stoffbilanz für die gesamte Extraktionsanlage lautet:

$\dot{m}_R (\zeta_{ER}^{ein} - \zeta_{ER}^{aus}) = \dot{m}_S (\zeta_{ES}^{aus} - \zeta_{ES}^{ein})$; daraus erhält man:

$$\dot{m}_S = \frac{\zeta_{ER}^{ein} - \zeta_{ER}^{aus}}{\zeta_{ES}^{aus} - \zeta_{ES}^{ein}} \cdot \dot{m}_R = \frac{0{,}008 - 0{,}0008}{0{,}0285 - 0} \cdot 9920 = 2506 \text{ kg/h Benzol.}$$

Die Anzahl theoretischer Trennstufen ermitteln wir graphisch. Dazu zeichnen wir in das Diagramm für das Verteilungsgleichgewicht (Abb. 8.3) die Bilanzgerade ein, welche durch die Punkte A

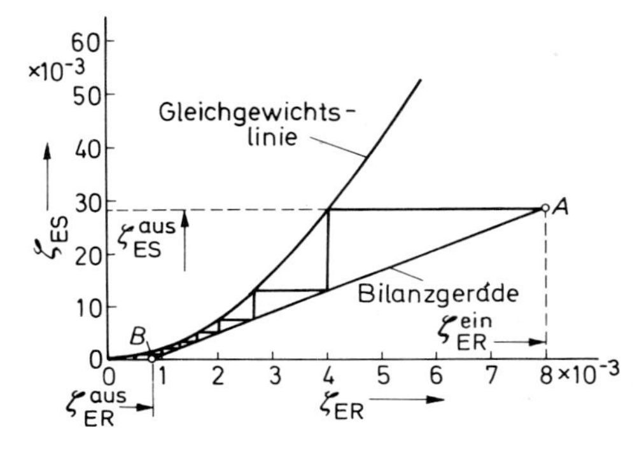

Abb. 8.3

($\zeta_{ER}^{ein} = 0{,}008$, $\zeta_{ES}^{aus} = 0{,}0285$) und B ($\zeta_{ER}^{aus} = 0{,}0008$, $\zeta_{ES}^{ein} = 0$) festgelegt ist. Zwischen der Bilanzgeraden und der Gleichgewichtskurve zeichnen wir den Treppenlinienzug ein und erhalten für die vorgegebene Trennaufgabe eine theoretische Stufenzahl $n_{th} = 7$. —

Die Mindestmenge an Lösungsmittel, welche für eine gestellte Trennaufgabe benötigt wird, ergibt sich aus dem Reziprokwert der Steigung der Geraden $A'B$ (Abb. 8.2), welche die Gleichgewichtslinie beim Abszissenwert ζ_{ER}^{ein}, dem Massenverhältnis Extraktstoff/Trägerflüssigkeit im Rohgemisch, schneidet. Der Reziprokwert der Steigung wird als *Mindestlösungsmittelverhältnis* bezeichnet:

$$\left(\frac{\dot{m}_S}{\dot{m}_R}\right)_{min} = \frac{\zeta_{ER}^{ein} - \zeta_{ER}^{aus}}{\zeta_{ES,\,max}^{aus} - \zeta_{ES}^{ein}} . \qquad \text{(VI)}$$

$\zeta_{ES,\,max}^{aus}$ stellt das größtmögliche Massenverhältnis Extraktstoff/Lösungsmittel in der Aufnehmerphase dar, welches beim Mindestlösungsmittelverhältnis, gegebenem ζ_{ER}^{ein} und ζ_{ES}^{ein} sowie gefordertem ζ_{ER}^{aus} erreichbar ist.

Beispiel 8-2. In einem Sulfochlorierungsgemisch beträgt der Massenanteil an Monosulfochlorid $w_{ER}^{ein} = 0{,}15$. Aus diesem Rohgemisch soll das Sulfochlorid mittels Methanol im Gegenstrom extrahiert werden. Die Gleichgewichtsverhältnisse werden näherungsweise durch das Nernstsche Verteilungsgesetz beschrieben: $\zeta_{ES} = 1{,}30 \cdot \zeta_{ER}$. Das Massenverhältnis Monosulfochlorid/Trägerflüssigkeit darf beim Austritt der Abgeberphase aus der Extraktionsanlage höchstens $\zeta_{ER}^{aus} = 0{,}0400$ betragen.

Zu berechnen sind das maximale Massenverhältnis Monosulfochlorid/Trägerflüssigkeit in der Aufnehmerphase und das Mindestlösungsmittelverhältnis. Ferner ist die erforderliche Anzahl theoretischer Trennstufen zu ermitteln, wenn das Lösungsmittelverhältnis das 1,4fache des Mindestlösungsmittelverhältnisses beträgt. Wie groß ist dann das Massenverhältnis ζ_{ES}^{aus} von Extraktstoff zu Lösungsmittel beim Austritt der Aufnehmerphase aus dem Extraktionsapparat?

Zuerst rechnen wir den Massenanteil im Rohgemisch

$w_{ER}^{ein} = 0{,}15 = \dfrac{0{,}15}{0{,}15 + 0{,}85}$ in das Massenverhältnis um:

$$\zeta_{ER}^{ein} = \frac{0{,}15}{0{,}85} = 0{,}1765.$$

Das maximale Massenverhältnis $\zeta_{ES,max}^{aus}$ im Aufnehmer kann man als Ordinatenwert der Gleichgewichtslinie beim Abszissenwert ζ_{ER}^{ein} ablesen (s. Abb. 8.4). Da aber in unserem Fall annähernd das

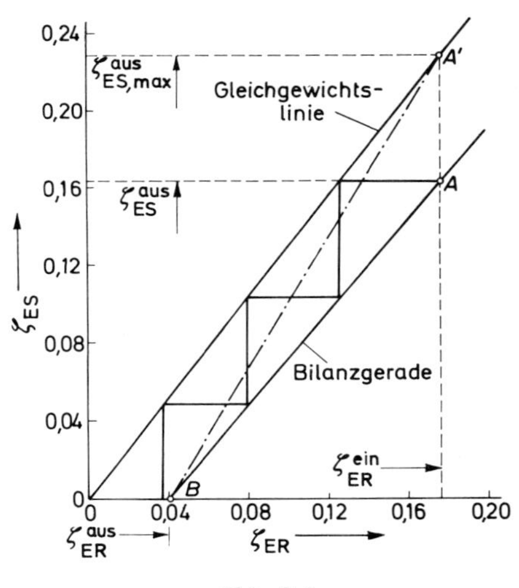

Abb. 8.4

Nernstsche Verteilungsgesetz gilt, kann man $\zeta_{ES,max}^{aus}$ berechnen: $\zeta_{ES,max}^{aus} = 1{,}30 \cdot \zeta_{ER}^{ein} = 1{,}30 \cdot 0{,}1765 = 0{,}2295$; gegeben sind ferner $\zeta_{ER}^{aus} = 0{,}0400$ und $\zeta_{ES}^{ein} = 0$. Damit folgt aus Gl. (VI):

$$\left(\frac{\dot{m}_S}{\dot{m}_R}\right)_{min} = \frac{\zeta_{ER}^{ein} - \zeta_{ER}^{aus}}{\zeta_{ES,max}^{aus} - \zeta_{ES}^{ein}} = \frac{0{,}1765 - 0{,}0400}{0{,}2295 - 0} = 0{,}5948.$$

Für ein Lösungsmittelverhältnis $\dot{m}_S/\dot{m}_R = 1{,}4 \cdot 0{,}5948 = 0{,}8327$ ist die Bilanzgerade in Abb. 8.4 eingezeichnet (Steigung: $1/0{,}8327 = 1{,}201$). Mit Hilfe des Stufenzugverfahrens ermittelt man eine theoretische Stufenzahl $n_{th} = 3$. Mit dieser theoretischen Stufenzahl und dem Lösungsmittelverhältnis $\dot{m}_S/\dot{m}_R = 0{,}8327$ ergibt sich ein Massenverhältnis Extraktstoff/Lösungsmittel in der Aufnehmerphase bei deren Austritt aus der Anlage von $\zeta_{ES}^{aus} = 0{,}1638$. ——

Aufgaben. 8/1. Aus einem Wasser-Aceton-Gemisch mit einem Massenanteil an Aceton von $w_{ER}^{ein} = 0{,}17$ soll mittels Tetrachloräthan das Aceton im Gegenstrom extrahiert werden, so daß der Ablaufstrom des Abgebers einen Acetonanteil von maximal $w_{ER}^{aus} = 0{,}01$ hat. Der Zulauf an Rohgemisch beträgt $\dot{m}_Z = 5000$ kg/h. Tetrachloräthan und Wasser sind praktisch ineinander unlöslich; das zufließende Lösungsmittel enthält keinen Extraktstoff. Die Gleichgewichtsmassenverhältnisse (ζ_{ER} : Aceton in Wasser; ζ_{ES} : Aceton in Tetrachloräthan) sind:

ζ_{ER}	0,004	0,008	0,016	0,030	0,042	0,060
ζ_{ES}	0,012	0,030	0,050	0,080	0,100	0,130
ζ_{ER}	0,083	0,100	0,120	0,160	0,200	0,240
ζ_{ES}	0,160	0,180	0,202	0,240	0,274	0,304

Zu berechnen sind: **a)** das Mindestlösungsmittelverhältnis; **b)** die Anzahl der erforderlichen theoretischen Trennstufen, wenn das Lösungsmittelverhältnis das 1,2fache des Mindestlösungsmittelverhältnisses beträgt; **c)** der Massenstrom des Lösungsmittels; **d)** die stündlich extrahierte Menge an Aceton.

8/2. Aus einem Phenol-haltigen Industrieabwasser mit einem Massenverhältnis des Phenols (E) zu Wasser (R) von $\zeta_{ER}^{ein} = 0{,}012$ soll das Phenol mittels Trikresylphosphat bis auf ein Massenverhältnis $\zeta_{ER}^{aus} = 0{,}0002$ entfernt werden. Für die Verteilung des Phenols (E) zwischen Wasser (R) und Trikresylphosphat (S) gilt das Nernstsche Verteilungsgesetz $\zeta_{ES} = 28 \cdot \zeta_{ER}$. Zu ermitteln sind:

a) das maximal mögliche Massenverhältnis von Phenol zu Trikresylphosphat in der Aufnehmerphase,

b) das Verhältnis der Lösungsmittel-Massenströme $\dot{m}_R/\dot{m}_S$, und

c) die Anzahl der theoretischen Trennstufen für den Fall, daß das tatsächliche Massenverhältnis des Phenols in der Aufnehmerphase am Austritt aus dem Extraktionsapparat 80% des maximal möglichen Massenverhältnisses beträgt. Als Extraktionsmittel wird reines, Phenol-freies Trikresylphosphat verwendet.

8/3. Aus einem Zweistoffgemisch von Aceton (E) und Wasser (R) mit einem Masseanteil des Acetons im Zulauf von $w_{ER}^{ein} = 0{,}18$ soll das Aceton kontinuierlich im Gegenstrom mittels reinem Tetrachloräthan (S) extrahiert werden. Der Massenstrom des Zulaufgemisches beträgt $\dot{m}_Z^{ein} = 2000$ kg/h. Die Abgeberphase darf am Austritt aus dem Extraktionsapparat höchstens noch einen Massenanteil an Aceton von $w_{ER}^{aus} = 0{,}01$ enthalten. Wasser und Tetrachloräthan sollen als ineinander unlöslich angenommen werden. Zu bestimmen sind: **a)** der Mindest-Massenstrom an Tetrachloräthan $\dot{m}_{S,min}$, **b)** die Anzahl der zur Lösung der Trennaufgabe erforderlichen theoretischen Trennstufen, wenn der tatsächliche Massenstrom des Tetrachloräthans

$\dot{m}_S = 1{,}1 \cdot \dot{m}_{S,\,min}$ ist. Gegeben sind die Zusammensetzungen (Massenverhältnisse) der im Gleichgewicht stehenden Phasen (ζ_{ER} Aceton in Wasser, ζ_{ES} Aceton in Tetrachloräthan):

ζ_{ER}	0,004	0,008	0,016	0,030	0,042	0,060
ζ_{ES}	0,012	0,030	0,050	0,080	0,100	0,130
ζ_{ER}	0,083	0,100	0,120	0,160	0,200	0,240
ζ_{ES}	0,160	0,180	0,202	0,240	0,274	0,304

8.2 Behandlung von Extraktionsaufgaben bei teilweiser gegenseitiger Löslichkeit von Trägerflüssigkeit und Lösungsmittel

Bei teilweiser gegenseitiger Löslichkeit von Trägerflüssigkeit und Lösungsmittel benutzt man zur Darstellung der Phasengleichgewichte für die bei der Extraktion auftretenden ternären Systeme zweckmäßig ein *Dreieckskoordinatensystem (Dreiecksdiagramm)*, s. Abb. 8.5. In diesem entsprechen die drei Eckpunkte des gleichseitigen Dreiecks den reinen Komponenten, aus denen sich das ternäre System zusammensetzt. In einem gleichseitigen Dreieck ist die Summe der Abstände eines beliebigen Punktes von den drei

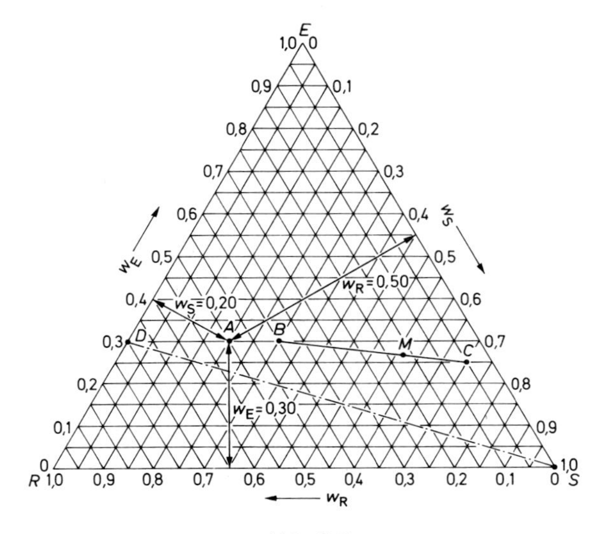

Abb. 8.5

Dreiecksseiten gleich der Höhe des Dreiecks. Diese Höhe repräsentiert die konstante Summe der Mengenanteile der drei Komponenten im ternären System. Drückt man die Zusammensetzung durch die Molenbrüche oder Massenanteile aus, so ist deren Summe (= Höhe des Dreiecks) gleich 1 bzw. 100%. Die Anteile eines Gemisches, dessen Zusammensetzung durch einen beliebigen Punkt A (Abb. 8.5) repräsentiert wird, an den einzelnen Komponenten werden dadurch ermittelt, daß durch diesen Punkt A Parallelen zu den Dreiecksseiten gezogen werden. Der Abstand dieser Geraden von der jeweils parallel dazu liegenden Dreiecksseite gibt den Anteil derjenigen Komponente, die am gegenüberliegenden Eckpunkt angeschrieben ist, im ternären System an. Schließlich kann der Mengenanteil am Schnittpunkt der Parallelen zu den Dreiecksseiten mit der, vom jeweils interessierenden Eckpunkt aus gesehen, rechten Dreiecksseite abgelesen werden. So betragen die Massenanteile des durch den Punkt A dargestellten ternären Systems: $w_R = 0{,}50$, $w_E = 0{,}30$ und $w_S = 0{,}20$.

Im Dreiecksdiagramm bestehen weiterhin folgende Gesetzmäßigkeiten (Abb. 8.5): Vereinigen wir zwei Gemische, deren Zusammensetzungen z. B. den Punkten B und C entsprechen, so wird die Zusammensetzung des daraus entstehenden Gemisches durch einen Punkt M auf der Verbindungsgeraden der Punkte B und C dargestellt, und zwar verhalten sich die Strecken $\overline{MB}$ zu $\overline{MC}$ umgekehrt wie die vereinigten Mengen m_B und m_C der Gemische B und C:

$$\frac{\overline{MB}}{\overline{MC}} = \frac{m_C}{m_B} \ .$$

Diese als „*Hebelgesetz*" bezeichnete Gleichung gilt natürlich auch, wenn ein Gemisch M in die Gemische B und C zerlegt wird, etwa durch Ausbildung zweier Phasen.

Gibt man andererseits zu einer binären Mischung z. B. der Zusammensetzung $w_E = 0{,}30$ und $w_R = 0{,}70$, welche durch den Punkt D (Abb. 8.5) dargestellt wird, laufend die reine Komponente S hinzu, so bleibt natürlich das Verhältnis $m_E/m_R = 3/7$ konstant und die Zusammensetzung der ternären Mischung ändert sich längs der strichpunktierten Linie DS.

Für Flüssig-Flüssig-Extraktionen kommen nur Dreistoffsysteme mit Mischungslücke in Betracht, wobei die sog. *Binodalkurve* (Abb. 8.6) den Bereich der homogenen Mischung von dem Bereich

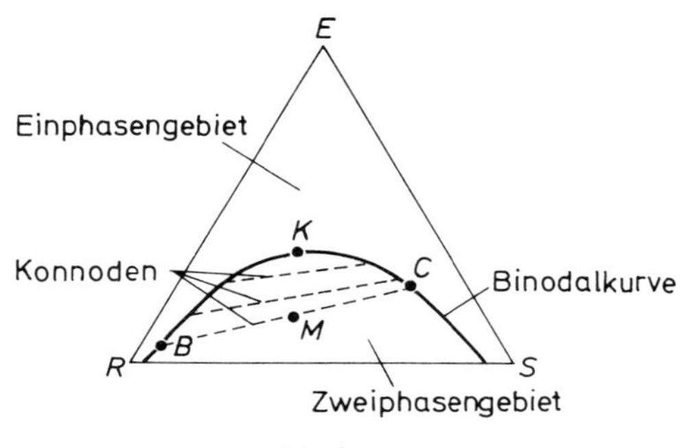

Abb. 8.6

trennt, in welchem zwei flüssige Phasen nebeneinander existieren. Oberhalb der Binodalkurve liegt das Einphasengebiet, unterhalb das Zweiphasengebiet. Auf der Binodalkurve liegt der sog. *kritische Punkt K*, der die Zusammensetzungen der Abgeberphase und diejenigen der Aufnehmerphase trennt. Jede Mischung, deren Zusammensetzung einem Punkt unterhalb der Binodalkurve entspricht, zerfällt in zwei flüssige Phasen; diese weisen, sobald das Gleichgewicht erreicht ist, eine ganz bestimmte Zusammensetzung und ein ganz bestimmtes Mengenverhältnis auf. Der Punkt, welcher die Zusammensetzung der nicht existenzfähigen Mischung charakterisiert, z. B. der Punkt M in Abb. 8.6 und die beiden Punkte B und C auf der Binodalkurve, welche den Zusammensetzungen der koexistierenden Phasen entsprechen, müssen auf einer Geraden liegen. Das Mengenverhältnis dieser beiden Phasen ergibt sich aus dem Hebelgesetz (s. oben).

Die Verbindungsgeraden jeweils zweier solcher Punkte auf der Binodalkurve, welche Gemische charakterisieren, die miteinander im Phasengleichgewicht stehen (koexistente Phasen), werden als *Konnoden* (Abb. 8.6) bezeichnet. Diese müssen, ebenso wie die Binodalkurven, experimentell ermittelt werden. Allerdings kann man nur eine begrenzte Anzahl von Konnoden experimentell bestimmen und im Dreiecksdiagramm darstellen. Weitere Konnoden kann man aber dadurch erhalten, daß man (Abb. 8.7) aus den bekannten Konnoden die Kurve GH (*Konjugationslinie*) konstruiert, indem man durch die bekannten Konnodenendpunkte Parallelen zu den Dreiecksseiten zieht und zum Schnitt bringt. Die Verbindungslinie der Schnittpunkte ist die Kurve GH. Mittels dieser

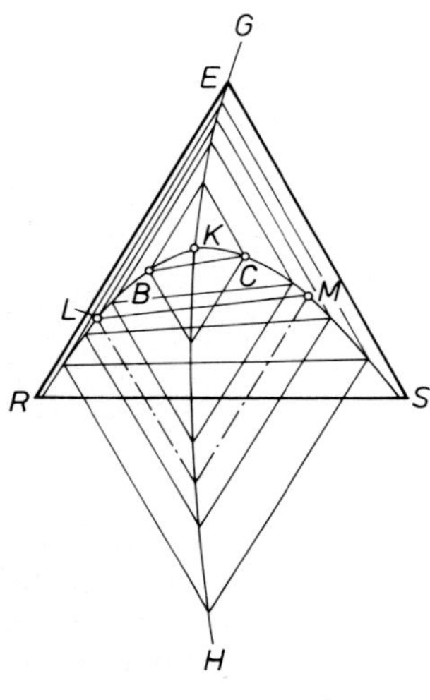

Abb. 8.7

Konjugationslinie kann nunmehr für jeden Punkt M der zugehörige Endpunkt der Konnode auf dem anderen Ast der Binodalkurve ermittelt werden (strichpunktierte Linie und Punkt L). Sind die Konnoden bekannt, so kennt man damit auch den Verteilungskoeffizienten.

Beispiel 8-3. Für das ternäre System Wasser(R)-Aceton(E)-Chlorbenzol(S) mit Mischungslücke soll mit Hilfe folgender Daten für die Zusammensetzung der koexistierenden Phasen das Phasendiagramm im Dreieckskoordinatensystem gezeichnet werden.

wässerige	w_{RR}	0,9989	0,8979	0,7969	0,6942
Phase	w_{ER}	0	0,10	0,20	0,30
	w_{RR}	0,5864	0,4628	0,2741	0,2566
	w_{ER}	0,40	0,50	0,60	0,6058
organische	w_{RS}	0,0018	0,0049	0,0079	0,0172
Phase	w_{ES}	0	0,1079	0,2223	0,3748
	w_{RS}	0,0305	0,0724	0,2285	0,2566
	w_{ES}	0,4944	0,5919	0,6107	0,6058

Das Ergebnis ist in Abb. 8.8 wiedergegeben.

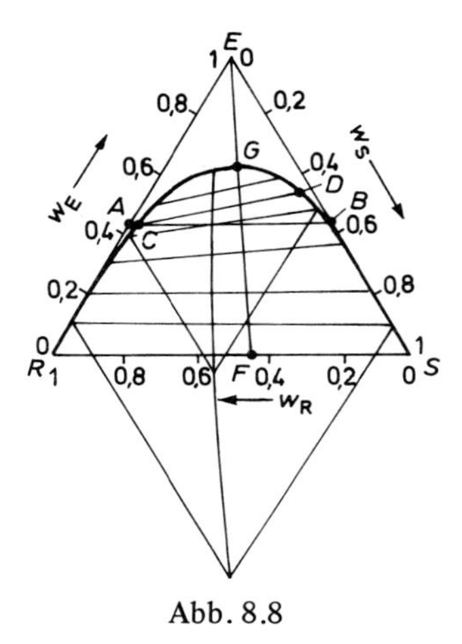

Abb. 8.8

Beispiel 8-4. Für das ternäre System des Beispiels 8-3 sind zu bestimmen

a) die Massenanteile an Wasser und Chlorbenzol in der Abgeberphase (Raffinatphase) bei einem Massenanteil an Aceton von $w_{ER} = 0{,}45$;

b) die Zusammensetzung der mit der Abgeberphase nach a) im Phasengleichgewicht stehenden Aufnehmerphase (Extraktphase);

c) die Masse an Aceton, welche man einem System aus 550 kg Chlorbenzol und 450 kg Wasser zusetzen muß, damit keine Phasentrennung mehr auftritt.

a) Alle möglichen Gemische mit einem Massenanteil an Aceton $w_E = 0{,}45$ liegen auf einer Parallelen *AB* zur Dreieckseite *RS* im Abstand $w_E = 0{,}45$ (Abb. 8.8). Für den Schnittpunkt *C* dieser Parallelen mit der Binodalkurve liest man folgende Massenanteile in der Abgeberphase ab: $w_{RR} = 0{,}528$ und $w_{SR} = 0{,}022$.

b) Mit Hilfe der Konjugationslinie konstruieren wir den zum Punkt *C* gehörenden anderen Konnodenendpunkt *D* als Schnittpunkt der Konnode mit der Binodallinie (Abb. 8.8). Für diesen Punkt *D* lesen wir folgende Massenanteile in der Aufnehmerphase ab: $w_{RS} = 0{,}043$ (Wasser), $w_{ES} = 0{,}549$ (Aceton) und $w_{SS} =$ $= 0{,}408$ (Chlorbenzol).

c) Ein binäres Gemisch mit 550 kg Chlorbenzol und 450 kg Wasser hat folgende Massenanteile: Wasser $w_R = \dfrac{450}{1000} = 0{,}450$

und Chlorbenzol $w_S = \dfrac{550}{1000} = 0{,}550$, entsprechend Punkt F auf der Dreiecksseite RS. Gibt man zu diesem Gemisch laufend Aceton hinzu, so bleibt das Verhältnis der Massen von Wasser und Chlorbenzol konstant. Die Zusammensetzung des ternären Systems ändert sich längs der Geraden FE; diese Gerade schneidet die Binodalkurve im Punkt G. Dieser gibt den geringsten Massenanteil von Aceton im ternären System an, bei dem keine Trennung des Gemisches in zwei Phasen mehr stattfindet.

Nach dem Hebelgesetz ist $\dfrac{\overline{GE}}{\overline{GF}} = \dfrac{m_F}{m_E}$ (m_E Masse von reinem Aceton, m_F Masse des Gemisches mit der Zusammensetzung entsprechend Punkt F). Daraus folgt für die zuzusetzende Masse an Aceton:

$$m_E = m_F \cdot \frac{\overline{GF}}{\overline{GE}} = (550 + 450) \cdot \frac{20{,}4}{12{,}6} = 1619{,}0 \text{ kg.}$$ ——

Aufgaben. 8/4. Zu bestimmen sind Zusammensetzung und Menge der koexistierenden Phasen, in die sich ein Gemisch aus 500 kg Wasser (R), 250 kg Essigsäure (E) und 250 kg Diäthyläther (S) trennt. Welche Menge Diäthyläther muß entfernt werden, damit ein stabiles Gemisch entsteht, welches sich nicht mehr in zwei Phasen auftrennt? Gegeben sind folgende Gleichgewichts-Massenanteile:

wässerige	w_{RR}	0,933	0,880	0,840	0,782	0,721	0,650	0,557
Phase	w_{ER}	0	0,051	0,088	0,138	0,184	0,231	0,279
organische	w_{RS}	0,023	0,036	0,050	0,072	0,104	0,151	0,236
Phase	w_{ES}	0	0,038	0,073	0,125	0,181	0,236	0,287

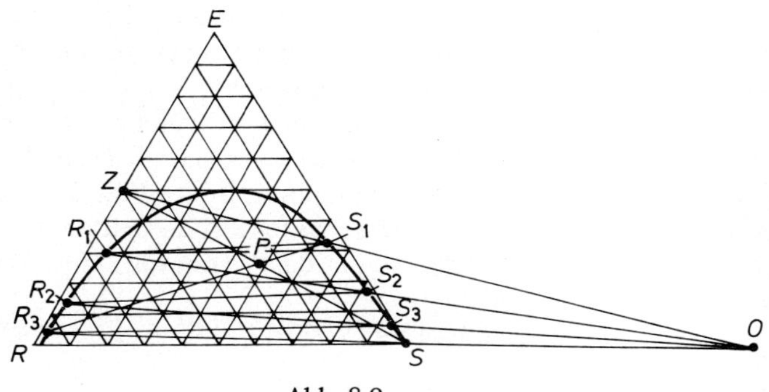

Abb. 8.9

Die graphische Lösung der Trennaufgabe basiert natürlich auf der Stoffbilanz, wonach die in eine Extraktionsanlage eintretenden Massenströme gleich den aus dieser austretenden Massenströmen sind. Im Dreiecksdiagramm der Abb. 8.9 entspricht die obere Ecke E dem reinen Extraktstoff, die linke untere Ecke R der reinen Trägerflüssigkeit und die rechte untere Ecke S dem reinen Lösungsmittel. Grundsätzlich bekannt ist die Zusammensetzung des Rohgemisches, entsprechend dem Punkt Z, und diejenige des Lösungsmittels, entsprechend dem Punkt S. Die Summe der zulaufenden Ströme ergibt eine Zusammensetzung, welche einem Punkt auf der Geraden ZS entspricht. Die Lage dieses Punktes P auf der Geraden aber hängt vom Verhältnis der zulaufenden Massenströme ab; es ist

$$\frac{\dot{m}_Z}{\dot{m}_S^{ein}} = \frac{\text{Strecke } \overline{PS}}{\text{Strecke } \overline{PZ}} . \tag{VII}$$

Durch den Punkt P muß schließlich auch die Gerade verlaufen, welche die Summenzusammensetzung von der aus der n-ten Trennstufe ablaufenden Abgeberphase (entsprechend Punkt R_n, hier R_3) und der aus der ersten Trennstufe ablaufenden Aufnehmerphase (entsprechend Punkt S_1) darstellt. Gibt man einen dieser Werte vor, so ist der andere festgelegt.

Zur graphischen Ermittlung der theoretischen Stufenzahl verlängert man die Geraden ZS_1 sowie R_nS bis zu deren Schnittpunkt O, welcher als *Arbeits-* oder *Polpunkt* bezeichnet wird. Die Konnode durch den Punkt S_1 ergibt den Punkt R_1, nämlich die Zusammensetzung der Abgeberphase, welche aus der ersten Trennstufe abfließt. Verbindet man den Punkt R_1 mit dem Punkt O, so erhält man als Schnittpunkt mit der Binodalkurve den Punkt S_2, welcher die Zusammensetzung der aus der zweiten Stufe abfließenden Aufnehmerphase angibt. Die Konnode durch den Punkt S_2 liefert den Punkt R_2, durch welchen die Zusammensetzung der Abgeberphase festgelegt ist, welche aus der zweiten Stufe abfließt. Die Verbindungsgerade R_2O liefert auf der Binodalkurve den Schnittpunkt S_3. Man setzt nun die Stufenkonstruktion so lange fort, bis man zum Punkt R_n kommt, welcher der geforderten Zusammensetzung der Abgeberphase entspricht. Im Beispiel der Abb. 8.9 ist $R_n = R_3$, die Anzahl der theoretischen Trennstufen also $n_{th} = 3$.

Beispiel 8-5. Aus einem Aceton-Wasser-Gemisch mit einem Massenverhältnis Aceton/Wasser $\zeta_{ER}^{ein} = 0{,}50$ (E Extraktstoff, d. h. Aceton) soll das Aceton mittels Chlorbenzol im Gegenstrom extrahiert werden. Im Raffinat darf das Massenverhältnis Aceton/Wasser höchstens $\zeta_{ER}^{aus} = 0{,}02$ sein. Die Zulauf-Massenströme von Rohgemisch und Lösungsmittel seien gleich groß ($\dot{m}_Z = \dot{m}_S^{ein}$). Der Zulauf-Massenstrom des Rohgemisches beträgt 1000 kg/h.

Zu ermitteln sind: a) die Anzahl der theoretischen Trennstufen; b) der Massenstrom an Extrakt.

a) Man verbindet in Abb. 8.10 Punkt Z (entsprechend der Zusammensetzung des Rohgemisches) und Punkt S (entsprechend dem reinen Chlorbenzol) durch eine Gerade. Da $\dot{m}_Z = \dot{m}_S^{ein}$, liegt

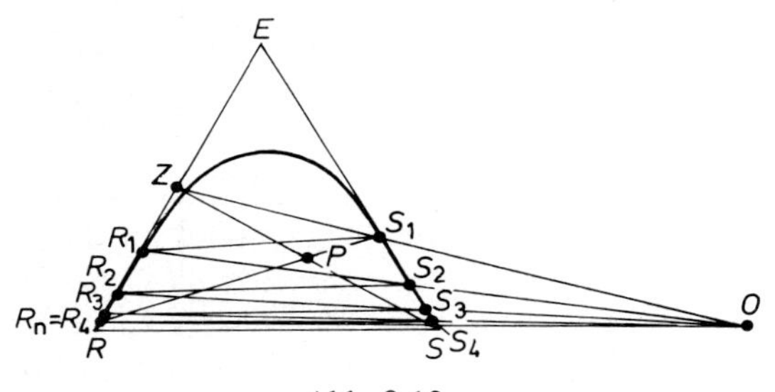

Abb. 8.10

der Punkt P, welcher die fiktive Gesamtzusammensetzung von Rohgemisch und Lösungsmittel wiedergibt, in der Mitte der Geraden ZS. Die Endzusammensetzungen der Abgeberphase (R_n) und der Aufnehmerphase (S_1) sind gefordert, d. h. vorgegeben. Die Verlängerungen der Geraden ZS_1 und R_nS schneiden sich im Polpunkt O. Dieser ist gemeinsamer Schnittpunkt aller Strahlen, die durch jene Punkte gehen, welche der Zusammensetzung der Abgeberphase in einer beliebigen Stufe und derjenigen der Aufnehmerphase in der nächsten Stufe entsprechen. Die Konnode durch S_1 liefert den Punkt R_1. Der Polstrahl durch R_1 ergibt S_2, die Konnode durch S_2 den Punkt R_2 usw. Die beschriebene Konstruktion setzen wir so lange fort, bis die geforderte Endzusammensetzung des Raffinats $\zeta_{ER}^{aus} = 0{,}02$ erreicht bzw. unterschritten wird. Dies ist bei $R_n = R_4$ der Fall; d. h. es sind 4 theoretische Trennstufen erforderlich.

b) Festgelegt sind die Zulauf-Massenströme von Rohgemisch und Lösungsmittel: $\dot{m}_Z + \dot{m}_S^{ein} = 1000 + 1000 = 2000$ kg/h. Aus dem Verhältnis der Strecken folgt: $\frac{\overline{R_4P}}{\overline{PS_1}} = \frac{\dot{m}_{S1}}{\dot{m}_{R4}} = \frac{21{,}8}{7{,}15} = 3{,}049$, Gl. (a). Da die Summe der Zulauf-Massenströme gleich der Summe der Austrag-Massenströme sein muß, gilt: $\dot{m}_{S1} + \dot{m}_{R4} = 2000$ kg/h, Gl. (b). Aus den Gln. (a) und (b) erhält man

$$\dot{m}_{S1} = \frac{2000}{1 + \frac{1}{3{,}049}} = 1506 \text{ kg/h.}$$

Beispiel 8-6. Für ein gegebenes ternäres System mit Mischungslücke soll der zur Lösung einer Trennaufgabe durch Flüssig-Flüssig-Extraktion im Gegenstrom erforderliche Mindest-Massenstrom an Lösungsmittel und der maximal erreichbare Massenanteil an Extraktstoff in der Aufnehmerphase ermittelt werden.

Eine Flüssig-Flüssig-Extraktion ist dann nicht mehr möglich, wenn die Verlängerung der Verbindungslinie $R_n O$ mit einer Konnode zusammenfällt (Abb. 8.11). Daher entspricht der am weitesten vom

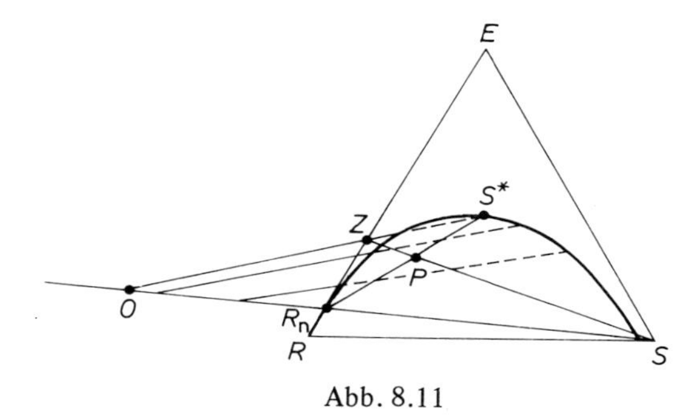

Abb. 8.11

Dreiecksdiagramm entfernt liegende Schnittpunkt aller Konnoden mit der Arbeitsgeraden dem Arbeits- oder Polpunkt O, bei welchem eine kontinuierliche Gegenstromextraktion gerade noch möglich ist, jedoch nur bei einer unendlich großen Anzahl von Trennstufen. Die Gerade durch die Punkte O und Z (Zusammensetzung der zulaufenden, zu trennenden Mischung) und deren Verlängerung bis zum gegenüberliegenden Ast der Binodalkurve ergibt den Punkt S^*, durch den der maximal mögliche Massenanteil an Extraktstoff in der Aufnehmerphase wiedergegeben wird. Die Verbindungslinien der

Punkte S^* und R_n sowie Z und S schneiden sich im Punkt P. Damit läßt sich nach dem Hebelgesetz der Mindest-Massenstrom an Lösungsmittel berechnen, der erforderlich ist, um bei gegebener Zusammensetzung des Zulaufgemisches und gegebenem Zulauf-Massenstrom $\dot{m}_Z$ eine geforderte Zusammensetzung der Raffinatphase (R_n) am Austritt aus der Extraktionsanlage zu erzielen, allerdings bei einer unendlich großen Anzahl theoretischer Trennstufen. ——

Beispiel 8-7. Aus einer wässerigen Lösung mit einem Massenanteil an Aceton (E) von $w_{ER}^{ein} = w_{EZ}^{ein} = 0{,}50$ ist das Aceton mittels reinem Chlorbenzol kontinuierlich im Gegenstrom zu extrahieren, so daß die Raffinatphase (Abgeberphase) am Austritt aus der Extraktionsanlage nur noch einen Massenanteil an Aceton von $w_{ER}^{aus} = 0{,}10$ enthält. Es sind zu bestimmen: a) der Mindest-Massenstrom an Lösungsmittel; b) der maximal erreichbare Massenanteil an Aceton in der Aufnehmerphase. (Zusammensetzungen der koexistierenden Phasen s. Beispiel 8-3.)

Mit Hilfe der Daten aus Beispiel 8-3 zeichnet man die Binodalkurve und die Konnoden für das ternäre System Wasser(R)-Aceton(E)-Chlorbenzol(S), s. Abb. 8.12. Darin werden die Punkte Z und R_n (Zusammensetzung der Raffinatphase am Austritt) gemäß der Auf-

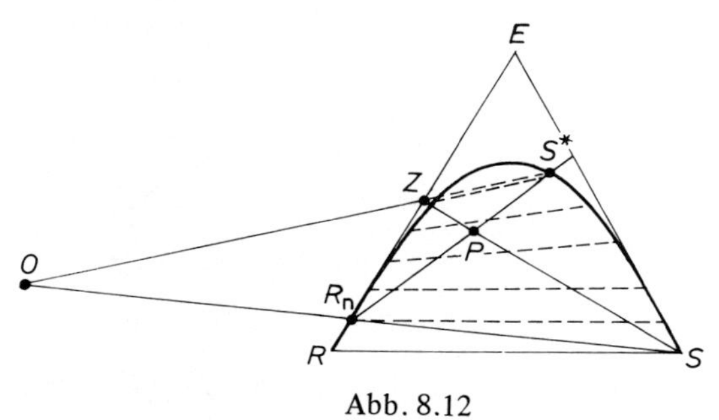

Abb. 8.12

gabenstellung sowie die Gerade R_nS eingetragen. Der Arbeitspunkt beim Mindest-Lösungsmittelstrom liegt auf der verlängerten Geraden durch R_n und S; er wird durch den am weitesten vom Dreiecksdiagramm entfernten Schnittpunkt aller möglichen Konnoden mit der Geraden durch R_n und S bestimmt. Die vom Arbeitspunkt O ausgehende Gerade durch den Punkt Z schneidet die Binodalkurve im Punkt S^*. Dieser gibt den maximalen Massenanteil des Acetons in der Aufnehmerphase an: $w_{ES}^{aus} = 0{,}600$, ferner $w_{RS}^{aus} = 0{,}085$ (Wasser in der Aufnehmerphase) und $w_{SS}^{aus} = 0{,}315$ (Chlorbenzol in der Aufnehmerphase).

Die Geraden durch die Punkte Z und S sowie S^* und R_n ergeben den Mischungspunkt P. Aus den Strecken $\overline{PZ}$ und $\overline{PS}$ erhält man mit Hilfe des Hebelgesetzes

$$\frac{\dot{m}_S}{\dot{m}_Z} = \frac{\overline{PZ}}{\overline{PS}} = 0{,}241, \quad \text{d. h.} \quad \dot{m}_S = 0{,}241 \cdot \dot{m}_Z$$

als Mindest-Massenstrom des Lösungsmittels zur Erfüllung der Trennaufgabe bei unendlich großer Anzahl von theoretischen Trennstufen. ——

Aufgaben. 8/5. Aus einem Gemisch von Wasser und Essigsäure mit einem Massenanteil der Essigsäure (E) im Zulauf von $w_{ER}^{ein} = 0{,}20$ soll die Essigsäure kontinuierlich im Gegenstrom mittels Diäthyläther extrahiert werden. Der Massenanteil der Essigsäure in der Aufnehmerphase am Austritt aus dem Extraktionsapparat soll $w_{ES}^{aus} = 0{,}60$ betragen, während der Massenanteil der Essigsäure in der Abgeberphase nach dem Austritt aus dem Extraktionsapparat und nach Abtrennung des Diäthyläthers 0,02 nicht übersteigen darf. Zu ermitteln sind: **a)** der erforderliche Massenstrom an Diäthyläther für einen Zulaufstrom des Gemisches von 1000 kg/h, **b)** die zur Lösung der Trennaufgabe erforderliche Anzahl theoretischer Trennstufen. (Zusammensetzungen der koexistierenden Phasen s. Aufgabe 8/4.)

9 Reinigung und Trennung von Gasen durch Absorption

Unter *Absorption* – im Sinn einer Solventabsorption – verstehen wir die vollständige oder partielle Aufnahme eines Gases oder Dampfes (*Absorbend*) aus einem Gas- bzw. Gas/Dampf-Gemisch durch eine selektiv lösende Flüssigkeit, das *Absorptionsmittel* (auch *Waschflüssigkeit, Absorbens* oder *Solvent* genannt). Die Löslichkeit des Gases im Absorptionsmittel kann sowohl durch physikalische Kräfte als auch durch eine chemische Bindung bewirkt werden (*physikalische* und *chemische Gaswäsche*).

Die Absorption dient vor allem zur Reinigung von Gasen und zur Trennung von Gasgemischen, wobei eine technische Gaswaschanlage aus dem *Gaswaschturm (Absorptionskolonne, Absorber)* und dem *Regenerator* besteht, in welchem das Gas aus der damit beladenen Waschflüssigkeit desorbiert und letztere dadurch regeneriert wird.

Bei der Gasreinigung und -trennung durch Absorption finden Stoffaustauschvorgänge (und auch Wärmeaustauschvorgänge) zwischen der Absorptionsflüssigkeit und dem Gasgemisch statt. Für die Auslegung einer Absorptionsanlage ist neben dem Absorptionsgleichgewicht die Geschwindigkeit des Stoffüberganges von der Gasphase in die flüssige Phase von großer Bedeutung. Gasphase und flüssige Phase werden praktisch immer im Gegenstrom zueinander geführt.

Um den erwähnten Stoffübergang möglichst günstig zu gestalten, werden in den Absorptionsapparaten geeignete Einbauten untergebracht; dadurch werden Gas und Flüssigkeit in viele Teilströme aufgeteilt und eine große Phasengrenzfläche geschaffen. Als Einbauten in Absorptionskolonnen kommen in Frage: *Füllkörper* und *Waschböden (Sieb-, Ventil-* oder *Glockenböden).*

Im folgenden wollen wir uns nur mit Bodenkolonnen befassen. Die Aufgabe wird dann darin bestehen, die zur Lösung einer bestimmten, vorgegebenen Trennaufgabe erforderliche Bodenzahl einer solchen Absorptionskolonne zu ermitteln. Hierzu verwenden wir das aus der Destillier- und Rektifiziertechnik sowie der Flüssig-Flüssig-Extraktion bekannte *McCabe-Thiele-Diagramm* (s. Kapitel 7 und 8), wobei wir die Zusammensetzung der Phasen entweder durch die Massen- oder durch die Stoffmengenverhältnisse* beschreiben:

Massenverhältnisse $$\zeta_{AG} = \frac{m_{AG}}{m_G}, \quad \zeta_{AS} = \frac{m_{AS}}{m_S}; \tag{I}$$

Stoffmengenverhältnisse $$r_{AG} = \frac{n_{AG}}{n_G}, \quad r_{AS} = \frac{n_{AS}}{n_S}. \tag{II}$$

m_{AG} und m_{AS} sind die Massen des zu absorbierenden Gases A im Gasgemisch bzw. in der Absorptionsflüssigkeit (Solvent), m_G und m_S sind die Massen des Trägergases bzw. Solvents; n_{AG} und n_{AS} sind die Stoffmengen des zu absorbierenden Gases A im Trägergas bzw. Solvent, n_G und n_S sind die Stoffmengen des Trägergases bzw. Solvents.

Für die Löslichkeit eines Gases in einer Flüssigkeit gilt bei idealer Verdünnung das *Henrysche Gesetz*:

$$p_A = H_A x_{AS} \tag{III}$$

(p_A Partialdruck des Gases A im Gasgemisch über der Flüssigkeit, x_{AS} Molenbruch des Gases A in der Flüssigkeit, H_A Henrysche Konstante, welche für die Komponente A charakteristisch und temperaturabhängig ist).

Mit Hilfe des Daltonschen Partialdruckgesetzes $p_A = x_{AG} p$ (x_{AG} Molenbruch von A in der Gasphase, p Gesamtdruck) können wir das Henrysche Gesetz folgendermaßen formulieren:

$$x_{AG} = \frac{H_A}{p} \cdot x_{AS}. \tag{IV}$$

---

* Während in der Literatur der Thermischen Verfahrenstechnik anstelle der Bezeichnung Massenverhältnis meist noch die Bezeichnung *Beladung* (Formelzeichen $X = \zeta_{AG} = m_{AG}/m_G$ und $Y = \zeta_{AS} = m_{AS}/m_S$) verwendet wird, folgen wir hier der Norm DIN 1310 mit der Bezeichnung Massenverhältnis $\zeta_{ik} = m_i/m_k$.

Zwischen den Molenbrüchen und Massenverhältnissen bestehen folgende Beziehungen, die sich leicht aus den entsprechenden Definitionsgleichungen ableiten lassen (s. S. 117 und 140):

$$x_{AG} = \frac{\zeta_{AG}}{\frac{M_A}{M_G} + \zeta_{AG}} \quad \text{und} \quad x_{AS} = \frac{\zeta_{AS}}{\frac{M_A}{M_S} + \zeta_{AS}} . \qquad \text{(V)}$$

Für den Zusammenhang zwischen den Molenbrüchen und den Stoffmengenverhältnissen gilt:

$$x_{AG} = \frac{r_{AG}}{1 + r_{AG}} \quad \text{und} \quad x_{AS} = \frac{r_{AS}}{1 + r_{AS}} . \qquad \text{(VI)}$$

Setzt man z. B. die Gln. (V) in die Gl. (IV) ein, so lautet nach einer kleinen Umstellung das Henrysche Gesetz, ausgedrückt in Massenverhältnissen:

$$\zeta_{AG}\, p\, M_G = \zeta_{AS} H_A M_S \left[1 + \zeta_{AG} \cdot \frac{M_G}{M_A} \left(1 - \frac{p}{H_A} \right) \right] . \qquad \text{(VI}$$

Durch diese Schreibweise erkennt man sofort, daß bei kleinem Wert von ζ_{AG}, was häufig der Fall ist, der rechte Term innerhalb der eckigen Klammer gegenüber 1 vernachlässigt werden kann, so daß man schließlich aus Gl. (VII) durch Auflösen nach ζ_{AS} erhält:

$$\zeta_{AS} = \frac{M_G}{M_S} \cdot \frac{p}{H_A} \cdot \zeta_{AG} . \qquad \text{(VIII)}$$

Die entsprechende Beziehung, ausgedrückt in Stoffmengenverhältnissen, lautet:

$$r_{AS} = \frac{p}{H_A} \cdot r_{AG} . \qquad \text{(IX)}$$

Aufgrund der Gln. (VIII) bzw. (IX) kann man die Gleichgewichts diagramme zeichnen, wobei ζ_{AS} bzw. r_{AS} als Funktion von ζ_{AG} bzw. r_{AG} aufgetragen werden. Unter den gemachten Voraussetzungen sind die Gleichgewichtslinien Geraden.

Die Einführung der Massen- und Stoffmengenverhältnisse ist deshalb von Vorteil, weil dadurch die aus der Stoffbilanz einer Absorptionskolonne sich ergebende Arbeits- oder Bilanzlinie eine Gerad wird.

Die Führung der Phasenströme in einer Absorptionskolonne mit den entsprechenden Bezeichnungen der Massenströme und Massenverhältnisse ist schematisch in Abb. 9.1 dargestellt. Danach ergibt

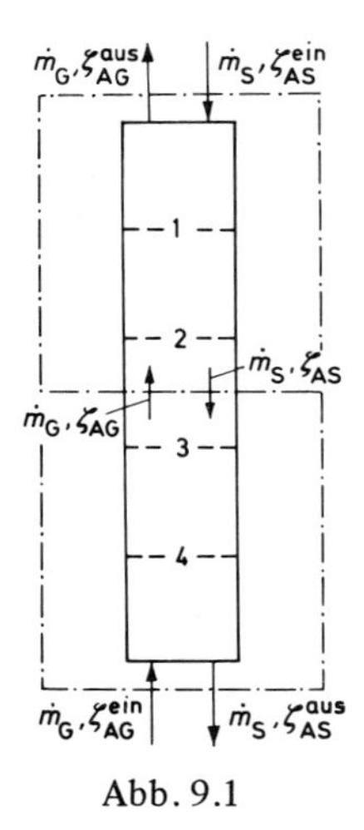

Abb. 9.1

sich für die über den oberen Teil der Kolonne erstreckte Stoffbilanz:

$$\dot{m}_S \zeta_{AS} + \dot{m}_G \zeta_{AG}^{aus} = \dot{m}_S \zeta_{AS}^{ein} + \dot{m}_G \zeta_{AG} . \quad \text{(X)}$$

Die Stoffbilanz für die gesamte Kolonne ist zu formulieren:

$$\dot{m}_S \zeta_{AS}^{aus} + \dot{m}_G \zeta_{AG}^{aus} = \dot{m}_S \zeta_{AS}^{ein} + \dot{m}_G \zeta_{AG}^{ein} . \quad \text{(XI)}$$

Durch Subtraktion der Gl. (XI) von Gl. (X) und Auflösen nach ζ_{AS} erhält man als Gleichung der Arbeits- oder Bilanzgeraden:

$$\zeta_{AS} = \frac{\dot{m}_G}{\dot{m}_S} \cdot (\zeta_{AG} - \zeta_{AG}^{ein}) + \zeta_{AS}^{aus} . \quad \text{(XII)}$$

Diese Gleichung gibt den Zusammenhang zwischen dem Massenverhältnis ζ_{AS} in der Flüssigkeit, welche von einem Boden nach unten abströmt, und dem Massenverhältnis ζ_{AG} in der Gasphase, welche demselben Boden von unten zuströmt. Die Anzahl der *theoretischen Böden (theoretischen Trennstufen)*, welche zur Lösung einer gegebenen Trennaufgabe erforderlich ist, erhält man, wie schon erwähnt, nach dem McCabe-Thiele-Stufenzugverfahren auf graphischem Weg.

Die entsprechende Gleichung der Arbeits- oder Bilanzgeraden, ausgedrückt in Stoffmengenverhältnissen, lautet:

$$r_{\mathrm{AS}} = \frac{\dot{n}_{\mathrm{G}}}{\dot{n}_{\mathrm{S}}} \cdot (r_{\mathrm{AG}} - r_{\mathrm{AG}}^{\mathrm{ein}}) + r_{\mathrm{AS}}^{\mathrm{aus}} . \tag{XI}$$

Die Mindestmenge an Absorptionsmittel, welche für eine gestellte Trennaufgabe erforderlich ist, ergibt sich aus dem Reziprokwert der Steigung der Geraden $A'B$ (Abb. 9.2), welche die Gleichgewichtslinie beim Abszissenwert $r_{\mathrm{AG}}^{\mathrm{ein}}$ bzw. $\zeta_{\mathrm{AG}}^{\mathrm{ein}}$, dem Stoffmengen-

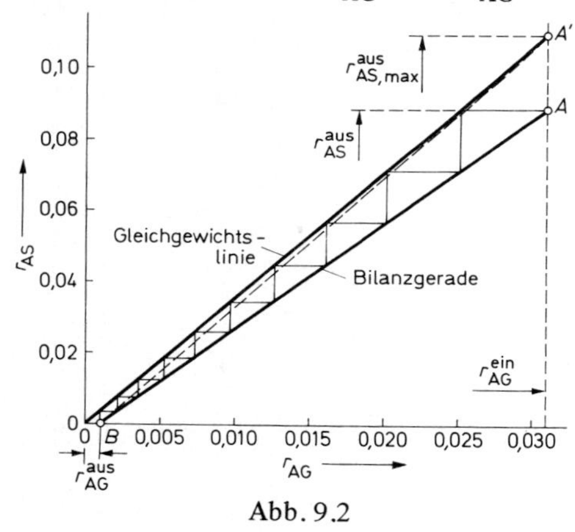

Abb. 9.2

bzw. Massenverhältnis von Absorbend und Trägergas am Eintritt in den Absorptionsapparat, schneidet. Die Mindestmengen an Lösungsmittel, bezogen auf die Trägergasmenge beträgt [vgl. Gl. (VI), Abschnitt 8.1]:

$$\left(\frac{\dot{n}_{\mathrm{S}}}{\dot{n}_{\mathrm{G}}}\right)_{\min} = \frac{r_{\mathrm{AG}}^{\mathrm{ein}} - r_{\mathrm{AG}}^{\mathrm{aus}}}{r_{\mathrm{AS,max}}^{\mathrm{aus}} - r_{\mathrm{AS}}^{\mathrm{ein}}} \quad \text{bzw.} \tag{XIV}$$

$$\left(\frac{\dot{m}_{\mathrm{S}}}{\dot{m}_{\mathrm{G}}}\right)_{\min} = \frac{\zeta_{\mathrm{AG}}^{\mathrm{ein}} - \zeta_{\mathrm{AG}}^{\mathrm{aus}}}{\zeta_{\mathrm{AS,max}}^{\mathrm{aus}} - \zeta_{\mathrm{AS}}^{\mathrm{ein}}} . \tag{XV}$$

Beispiel 9-1. Äthylenoxid wird durch Oxidation von Äthylen mittels Luft über Ag-Katalysatoren bei 250 °C und 20 bar hergestellt. Dabei fällt ein Gasgemisch mit einem Molenbruch an Äthylenoxid $x = 0{,}03$ an. Daraus soll das Äthylenoxid bis auf einen Restmolenbruch von 0,001 mittels Wasser ausgewaschen werden. Für die Absorption von Äthylenoxid in Wasser bei 20 °C gilt das Henrysche Gesetz mit einer Konstante $H_A = 5{,}67$ bar. Zu bestimmen sind: a) das maximale Stoffmengenverhältnis Äthylenoxid/Wasser, wenn die Absorption bei 20 °C und 20 bar erfolgt; b) die erforderliche Lösungsmittelmenge und die Anzahl der Trennstufen, wenn das End-Stoffmengenverhältnis Äthylenoxid/Wasser 80% des Maximalwertes betragen soll; c) die stündliche zur Absorption benötigte Wassermenge, wenn die Äthylenoxidanlage eine Kapazität von 150 t/d Äthylenoxid hat.

Die Gleichung der Gleichgewichtslinie lautet: $r_{AS} = \frac{p}{H_A} \cdot r_{AG} = \frac{20}{5{,}67} \cdot r_{AG} = 3{,}527 \cdot r_{AG}$. Zwischen den Stoffmengenverhältnissen und Molenbrüchen bestehen folgende Zusammenhänge:

$$r_{AG} = \frac{x_{AG}}{1 - x_{AG}} \quad \text{und} \quad r_{AS} = \frac{x_{AS}}{1 - x_{AS}} \text{ ; demnach sind}$$

$$r_{AG}^{ein} = \frac{0{,}03}{1 - 0{,}03} = 0{,}03093 \quad \text{und} \quad r_{AG}^{aus} = \frac{0{,}001}{1 - 0{,}001} = 0{,}00100.$$

a) Das maximale Stoffmengenverhältnis $r_{AS,max}^{aus}$ von Äthylenoxid zu Wasser erhält man, indem man im Abstand $r_{AG}^{ein} = 0{,}03093$ die Parallele zur Ordinatenachse zieht (Abb. 9.2); diese Parallele schneidet die Gleichgewichtsgerade im Punkt A' mit dem Ordinatenwert $r_{AS,max}^{aus} = 0{,}109$. Da der Schnittpunkt A' auch ein Punkt der Gleichgewichtsgeraden ist, kann man $r_{AS,max}^{aus}$ auch rechnerisch mit Hilfe der Gleichung der Gleichgewichtsgeraden erhalten: $r_{AS,max}^{aus} = 3{,}527 \cdot r_{AG}^{ein} = 3{,}527 \cdot 0{,}03093 = 0{,}10909$. Damit ergibt sich nach Gl. (XIV) das Mindestverhältnis der Stoffmengenströme von Lösungsmittel und Trägergas: $\left(\frac{\dot{n}_S}{\dot{n}_G}\right)_{min} = \frac{0{,}03093 - 0{,}00100}{0{,}10909 - 0} = 0{,}274.$

b) In der Aufgabenstellung ist gefordert, daß das Stoffmengenverhältnis Absorbend/Solvent am Austritt aus dem Absorptionsapparat 80% des bei gegebenem r_{AG}^{ein} maximal möglichen sein soll, somit $r_{AS}^{aus} = 0{,}8 \cdot 0{,}10909 = 0{,}08727$ (Punkt A in Abb. 9.2).

Durch die Punkte A ($r_{AG}^{ein} = 0{,}03093$, $r_{AS}^{aus} = 0{,}08727$) und B ($r_{AG}^{aus} = 0{,}00100$, $r_{AS}^{ein} = 0$) ist die Bilanzgerade festgelegt. Die Anzahl der erforderlichen Trennstufen erhält man, indem man, ausgehend vom Punkt A, die Treppenstufen zwischen Bilanzgerade und Gleichgewichtslinie zieht. Die Anzahl der Dreiecke zwischen Bilanzgerade und Gleichgewichtslinie entspricht der Anzahl der theoretischen Trennstufen; es ist $n_{th} = 10$.

c) Aus der zu Gl. (XI) analogen Stoffbilanz, ausgedrückt durch die Stoffmengen, ergibt sich durch Auflösen nach $\dot{n}_S$:

$$\dot{n}_S = \frac{r_{AG}^{ein} - r_{AG}^{aus}}{r_{AS}^{aus} - r_{AS}^{ein}} \cdot \dot{n}_G = \frac{0{,}03093 - 0{,}00100}{0{,}08727 - 0} \cdot \dot{n}_G = 0{,}343 \cdot \dot{n}_G, \text{ Gl. (}$$

Nun ist aber $\dot{n}_G = \dot{n}_{AG}^{ein} \cdot \dfrac{1 - x_{AG}^{ein}}{x_{AG}^{ein}} = \dfrac{\dot{m}_{AG}^{ein}}{M_A} \cdot \dfrac{1 - x_{AG}^{ein}}{x_{AG}^{ein}}$, Gl. (b).

Die stündliche benötigte Menge an Lösungsmittel (Wasser) beträgt $\dot{m}_S = \dot{n}_S M_S$, Gl. (c). Durch Einsetzen der Gln. (a) und (b) in Gl. (c) erhält man: $\dot{m}_S = \dot{n}_S M_S = 0{,}343 \cdot \dot{m}_{AG}^{ein} \cdot \dfrac{M_S}{M_A} \cdot \dfrac{1 - x_{AG}^{ein}}{x_{AG}^{ein}} =$

$$= 0{,}343 \cdot 6{,}25 \cdot \frac{18{,}02}{44{,}05} \cdot \frac{1 - 0{,}03}{0{,}03} = 28{,}36 \text{ t/h Wasser.}$$ ——

Aufgaben. 9/1. Aus einem Ammoniak-Luft-Gemisch soll das Ammoniak mittels Wasser in einer Bodenkolonne bei 30 °C absorbiert werden. Gegeben bzw. gefordert sind folgende Stoffmengenverhältnisse (A Absorbend, d. h. Ammoniak):

$r_{AG}^{ein} = 0{,}070$ mol NH_3/mol Luft, $r_{AG}^{aus} = 0{,}002$ mol NH_3/mol Luft,
$r_{AS}^{aus} = 0{,}042$ mol NH_3/mol H_2O, $r_{AS}^{ein} = 0{,}0$ mol NH_3/mol H_2O.

Die Löslichkeit von Ammoniak in Wasser bei 30 °C als Funktion des NH_3-Partialdruckes im Gasgemisch beträgt:

p_A	1201	2442	3587	5155	6805	N/m²
ζ_{AS}	0,00945	0,01891	0,02742	0,03876	0,05010	kg NH_3/kg H_2O

Zu ermitteln sind die für die Trennaufgabe erforderliche Anzahl theoretischer Böden und deren tatsächliche Anzahl, wenn der mittlere Wirkungsgrad 0,55 beträgt. Der Gesamtdruck ist $p = 101\,325$ N/m².

10 Trocknung feuchter Feststoffe

Unter *Trocknung* verstehen wir im folgenden das Abtrennen einer Flüssigkeit (meist Wasser) aus einem feuchten Feststoff unter Anwendung von thermischer Energie. Der Trocknungsvorgang besteht aus zwei Teilschritten: 1. der Überführung der Flüssigkeit in den dampfförmigen Zustand mit Hilfe von Wärmeenergie; 2. dem Abtransport des Dampfes.

Als Beispiel aus der Vielfalt der praktisch verwendeten Trocknungsverfahren soll hier nur die *Konvektionstrocknung* behandelt werden; bei dieser dient das *Trockenmittel* (meist Luft) sowohl als Wärmeträger wie auch zum Abtransport der Feuchtigkeit.

10.1 Molliersches h,X-Diagramm

Im folgenden wollen wir lediglich Luft-Wasserdampf-Gemische ins Auge fassen. Die Eigenschaften der feuchten Luft werden charakterisiert durch die *Temperatur* ϑ, die *Beladung* X* der Luft mit Wasserdampf (kg Feuchte pro kg trockene Luft, auch als *Feuchtegrad* bezeichnet), die *relative Luftfeuchte* φ**, die *spezifische Enthalpie* h der feuchten Luft und den *Wasserdampf-*

---

* Nach der Norm DIN 1310 müßte an Stelle der Bezeichnung *Beladung* X die Bezeichnung *Massenverhältnis* ζ von Wasserdampf (Feuchte) zu trockener Luft verwendet werden. Da aber in der Literatur das Molliersche h,X-Diagramm ein feststehender Begriff ist, wurde hier die Bezeichnung *Beladung* X beibehalten (vgl. auch VDI-Handbuch Energietechnik, Teil 2 Wärmetechnische Arbeitsmappe, VDI-Verlag Düsseldorf 1975).

** Die *relative Luftfeuchte* ist das Verhältnis des Wasserdampfpartialdruckes p_D zum Sättigungsdruck p_S der Luft: $\varphi = p_D/p_S$.

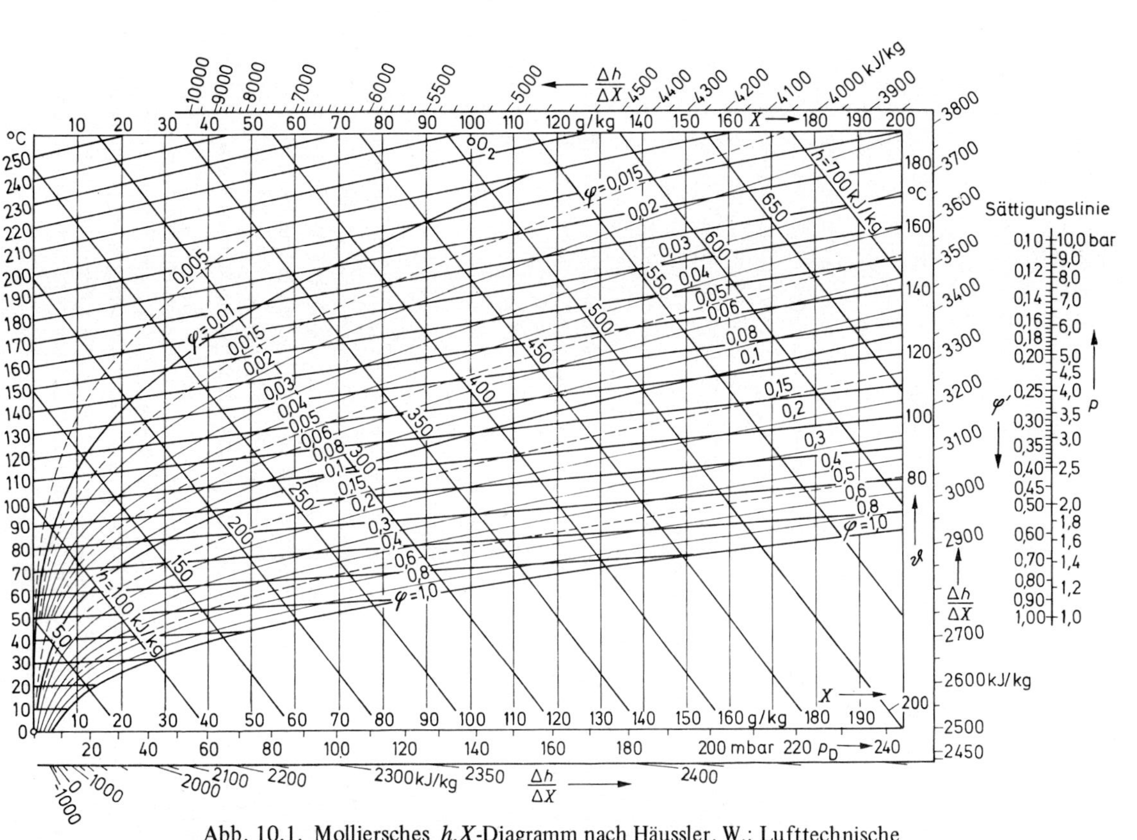

Abb. 10.1. Mollierssches h,X-Diagramm nach Häussler, W.: Lufttechnische Berechnungen im Mollier i,x-Diagramm. Dresden: 1969

partialdruck p_D. Alle diese Eigenschaften faßt das *h,X-Diagramm von Mollier* in einem einzigen Schaubild zusammen, welches in Abb. 10.1 wiedergegeben ist; dadurch können Vorgänge der Konvektionstrocknung in einfacher Weise verfolgt und beurteilt werden. Das h,X-Diagramm enthält:

a) Linien konstanter Temperatur ϑ (Geraden, von links nach rechts leicht ansteigend);
b) Linien konstanter spezifischer Enthalpie h (Geraden, von links oben nach rechts unten verlaufend);
c) Linien konstanter Wasserdampfbeladung X (zur Ordinatenachse parallele Geraden);
d) Linien konstanter relativer Luftfeuchte φ, gültig für einen Luftdruck von 1,0 bar. Die Linie $\varphi = 1$ ist die Sättigungskurve. Bei anderen Drücken p und einer relativen Feuchte φ benützt man an Stelle dieser φ-Linie die Linie $\varphi' = \varphi/p$.

Beispiel 10-1. Für Luft von 20 °C unter einem Druck von 1 bar sind zu bestimmen: die Beladung X der Luft mit Wasserdampf, dessen Partialdruck p_D und die spezifische Enthalpie h der feuchten Luft bei einer relativen Feuchte $\varphi = 1{,}0$ (Sättigung) und $\varphi = 0{,}6$.

Die Temperaturlinie für $\vartheta = 20$ °C ergibt im Schnittpunkt mit der Linie $\varphi = 1$ einen Abszissenwert von $X = 14{,}4$ g/kg ($p_D = 23$ mbar), im Schnittpunkt mit der Linie $\varphi = 0{,}6$ einen Abszissenwert von $X = 8{,}8$ g/kg ($p_D = 14$ mbar).

Aus den Schnittpunkten der φ-Linien mit den Enthalpielinien erhält man: $h = 56{,}6$ kJ/kg ($\varphi = 1{,}0$) bzw. 42,0 kJ/kg ($\varphi = 0{,}6$). ——

Zustandsänderungen feuchter Luft

a) Zustandsänderungen bei gleichbleibender Wasserdampfbeladung werden im h,X-Diagramm durch Parallelen zur Ordinatenachse wiedergegeben.

Beispiel 10-2. Luft von 25 °C, $p = 2$ bar, $\varphi = 0{,}4$ und $h = 36{,}5$ kJ/kg wird vor dem Eintritt in einen Trockner in einem Vorwärmer auf 70 °C erwärmt.

Die gegebenen Daten legen einen Zustandspunkt fest. Durch diesen ziehen wir eine Parallele zur Ordinatenachse bis zum Schnittpunkt mit der 70 °C-Geraden. Dieser Schnittpunkt stellt den neuen Zustandspunkt nach der Erwärmung dar. Mit Hilfe der durch diesen hindurchgehenden Linien liest man folgende Daten ab: $\vartheta = 70$ °C, $h = 80$ kJ/kg und $\varphi' = 0{,}02$, d. h. $\varphi = p\varphi' = 2 \cdot 0{,}02 = 0{,}04$. ——

Zieht man durch einen gegebenen Zustandspunkt eine Parallele zur Ordinatenachse bis zu deren Schnittpunkt mit der Kurve $\varphi = 1{,}0$, so kann man als Ordinatenwert dieses Schnittpunktes die Temperatur des Taupunktes des Luft-Dampf-Gemisches ablesen.

Beispiel 10-3. Gegeben ist der Zustandspunkt $\vartheta = 37$ °C, $\varphi = 0{,}2$, $h = 58$ kJ/kg. Zu bestimmen sind der Taupunkt und die spezifische Enthalpie am Taupunkt.

Als Temperatur des Taupunktes liest man ab $\vartheta = 10{,}5$ °C; durch diesen Punkt geht die Enthalpielinie $h = 31$ kJ/kg hindurch. —

b) Zustandsänderungen bei konstanter spezifischer Enthalpie h der feuchten Luft infolge Änderung der Wasserdampfbeladung X werden im h,X-Diagramm durch die Enthalpiegeraden bzw. die Parallelen dazu beschrieben.

Beispiel 10-4. Wird im Zustandspunkt $\vartheta = 25$ °C, $\varphi = 0{,}4$ ($p = 1$ bar), $h = 46$ kJ/kg die Beladung der Luft mit Wasserdampf um 2 g/kg, d. h. von 8 auf 10 g/kg erhöht, so sinkt die Temperatur auf 20 °C, während die relative Feuchte auf $\varphi = 0{,}67$ ansteigt. ——

c) Zustandsänderungen bei gleichzeitiger Änderung von h und X. Die Änderung von h für 1 kg zugeführten oder entzogenen Wasserdampfes ergibt sich aus dem Randmaßstab für $\Delta h/\Delta X$. Man zieht zur Verbindungslinie der beiden Zustandspunkte eine Parallele durch den Nullpunkt.

Beispiel 10-5. Im Zustandspunkt 1 sind: $\vartheta_1 = 29$ °C, $\varphi_1 = 0{,}2$, $h_1 = 42$ kJ/kg; im Zustandspunkt 2 betragen: $\vartheta_2 = 52$ °C, $\varphi_2 = 0{,}3$ $h_2 = 120$ kJ/kg, $p_1 = p_2 = 1$ bar.

Die Parallele zur Verbindungsgeraden der beiden Punkte schneidet den Randmaßstab bei $\Delta h/\Delta X = 3670$ kJ/kg. ——

Beispiel 10-6. 100 m^3 Luft von 40 °C unter einem Druck von 1,0 bar und mit einer relativen Feuchte $\varphi = 0{,}70$ sollen auf 10 °C gekühlt werden. Zu bestimmen ist die abzuführende Wärmemenge $Q = m_\mathrm{L}(h_1 - h_2)$.

Den Sättigungsdruck des Wasserdampfes bei 40 °C kann man entweder aus der Dampftafel oder aus dem h,X-Diagramm (Abszissenwert des Schnittpunktes der 40 °C-Isotherme mit der Linie $\varphi = 1{,}0$) entnehmen; es ist $p_D = 73{,}75$ mbar. Somit beträgt der Partialdruck des Wasserdampfes bei einer relativen Feuchte $\varphi = 0{,}7$ der Luft $0{,}7 \cdot 73{,}75 = 51{,}63$ mbar. Der Partialdruck der trockenen Luft ist dann $1{,}0 - 0{,}05163 = 0{,}94837$ bar. Die Volumina verhalten sich bei gleicher Temperatur wie die Partialdrücke, also $100/V = 1{,}0/0{,}94837$; daraus ergibt sich das Volumen der trockenen Luft $V = 94{,}8\ \mathrm{m}^3$.

Die Dichte der Luft von 1,01325 bar und 0 °C beträgt 1,293 kg/m³; bei 40 °C ist dann $\rho = \dfrac{\rho_0}{1 + \alpha\vartheta} = \dfrac{1{,}293}{1 + 0{,}003661 \cdot 40} = 1{,}128\ \mathrm{kg/m^3}$.

Die Masse von 94,8 m³ Luft ist $m_L = 94{,}8 \cdot 1{,}128 = 106{,}9$ kg.

Im Schnittpunkt der Temperaturlinie für $\vartheta_1 = 40$ °C und der Linie $\varphi_1 = 0{,}7$ liest man für $h_1 = 127$ kJ/kg ab, ferner als Abszissenwert des Schnittpunktes $X_1 = 33{,}6$ g/kg.

Der Schnittpunkt der Temperaturlinie für $\vartheta_2 = 10$ °C und der Sättigungslinie ($\varphi_2 = 1{,}0$) ergibt für $h_2 = 29{,}3$ kJ/kg und für $X_2 = 7{,}6$ g/kg.

Es fallen daher $106{,}9 \cdot (33{,}6 - 7{,}6) = 2779$ g Kondensat von 10 °C an. Die abzuführende Wärmemenge beträgt $Q = 106{,}9 \cdot (127 - 29{,}3) - 2{,}779 \cdot 4{,}1868 \cdot 10 = 10\,328$ kJ. ——

10.2 Stoff- und Wärmebilanzen des Trocknungsvorganges

Wir wollen nunmehr für eine kontinuierlich betriebene Trocknungsanlage im stationären Betriebszustand unter Verwendung von Luft als Trockenmittel die *Stoff- und Wärmebilanzen* aufstellen; Luftvorwärmer und Trockner betrachten wir dabei als ein System (s. Abb. 10.2). Es werden folgende Bezeichnungen verwendet:

Index „1“ Stelle vor dem Eintritt der Luft in den Vorwärmer
Index „2“ Stelle nach dem Austritt der Luft aus dem Vorwärmer bzw. vor dem Eintritt der Luft in den Trockner
Index „3“ Stelle nach dem Austritt der Luft aus dem Trockner
$\dot{m}_G$ Massenstrom des trockenen Feststoffes (in kg/s)
$\dot{m}_W$ Massenstrom der vom Trocknungsgut mitgeführten Feuchte (in kg/s)

$\dot{m}_L$	Massenstrom der trockenen Luft (in kg/s)
X	Beladung der Luft mit Wasserdampf (in kg/kg)
h_G, h_W, h_L	spezifische Enthalpien des trockenen Feststoffes, der Feuchte (Wasser) bzw. der Luft einschließlich Wasserdampf (in kJ/kg)
$\dot{Q}_{Vorw}$	im Vorwärmer zugeführter Wärmestrom (in kJ/s)
$\dot{Q}_{zus}$	im Trockner zusätzlich zugeführter Wärmestrom (in kJ/s
$\dot{Q}_{Verl}$	Wärmestrom durch Verluste im Trockner (in kJ/s)

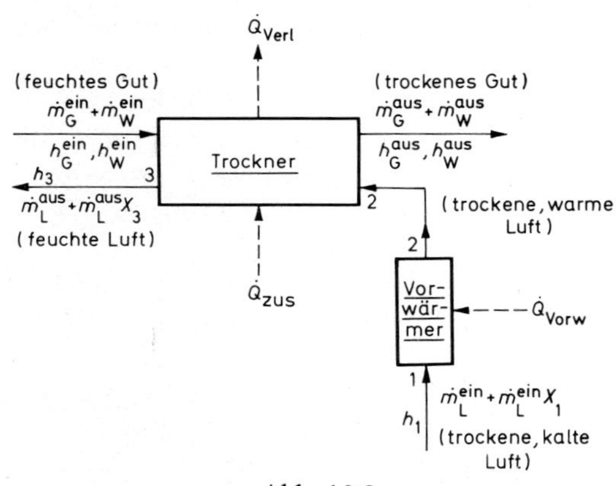

Abb. 10.2

Aus der schematischen Darstellung der Schaltung von Luftvorwärmer und Trockner, Abb. 10.2, folgt für die Stoffbilanz eines einstufigen Konvektionstrockners:

$$\dot{m}_G^{ein} + \dot{m}_W^{ein} + \dot{m}_L^{ein} + \dot{m}_L^{ein} X_1 = \dot{m}_G^{aus} + \dot{m}_W^{aus} + \dot{m}_L^{aus} + \dot{m}_L^{aus} X_3 \,. \quad (\text{I}$$

Da $\dot{m}_G^{ein} = \dot{m}_G^{aus} = \dot{m}_G$, (IIa), und $\dot{m}_L^{ein} = \dot{m}_L^{aus} = \dot{m}_L$, (IIb)

erhält man aus Gl. (I) nach entsprechender Umformung:

$$m_L = \frac{\dot{m}_W^{ein} - \dot{m}_W^{aus}}{X_3 - X_1} = \frac{\Delta \dot{m}_W}{X_3 - X_1}\,, \qquad (\text{III})$$

wobei $\dot{m}_W^{ein} - \dot{m}_W^{aus} = \Delta \dot{m}_W$ (IV)

die in der Zeiteinheit im Trockner verdampfte Wassermenge ist. Dami ergibt sich für den *spezifischen Luftverbrauch l* (Luftbedarf in kg/h pro kg/h verdampfte Wassermenge):

$$l = \frac{\dot{m}_L}{\Delta \dot{m}_W} = \frac{1}{X_3 - X_1} \,. \tag{V}$$

Unter Berücksichtigung der Beziehungen (IIa) und (IIb) erhält man für die Wärmebilanz (vgl. Abb. 10.2):

$$\dot{Q}_{Vorw} + \dot{Q}_{zus} = \dot{m}_G (h_G^{aus} - h_G^{ein}) + \dot{m}_W^{aus} h_W^{aus} - \dot{m}_W^{ein} h_W^{ein} + \dot{m}_L (h_3 - h_1) + \dot{Q}_{Verl} \,, \tag{VI}$$

bzw. mit Gl. (IV):

$$\frac{\dot{Q}_{Vorw}}{\Delta \dot{m}_W} + \frac{\dot{Q}_{zus}}{\Delta \dot{m}_W} = q = \frac{\dot{m}_L}{\Delta \dot{m}_W} \cdot (h_3 - h_1) + \frac{\dot{m}_G (h_G^{aus} - h_G^{ein})}{\Delta \dot{m}_W} + \frac{\dot{m}_W^{aus} h_W^{aus} - \dot{m}_W^{ein} h_W^{ein}}{\Delta \dot{m}_W} + \frac{\dot{Q}_{Verl}}{\Delta \dot{m}_W} \,. \tag{VII}$$

q ist der *spezifische Wärmeverbrauch* (benötigte Wärmemenge in kJ/h pro kg/h verdampfte Wassermenge).

Schließlich ist noch zu prüfen, ob die von der Gutunterlage, der Transportunterlage usw. aufgenommenen Wärmemengen zusätzlich berücksichtigt werden müssen.

10.3 Theoretische Trocknungsanlage

Wir führen nun den Begriff der sog. *theoretischen Trocknungsanlage* ein. Darunter versteht man ein Modell, dem folgende vereinfachende Annahmen zugrunde liegen:

a) eine Wärmezuführung erfolgt nur im Luftvorwärmer, d. h. $\dot{Q}_{zus} = 0$;

b) es treten keine Wärmeverluste auf, d. h. $\dot{Q}_{Verl} = 0$;

c) die Enthalpien des zu trocknenden Gutes und der Transporteinrichtung bleiben konstant, d. h. $h_G^{ein} = h_G^{aus}$;

d) die Änderung der Enthalpie der mit dem Feststoff transportierten Feuchtigkeit ist gegenüber der Verdampfungsenthalpie zu vernachlässigen, d. h. $\dot{m}_W^{aus} h_W^{aus} - \dot{m}_W^{ein} h_W^{ein} \approx 0$.

Unter Berücksichtigung dieser Annahmen folgt aus Gl. (VII) direkt, bzw. mit Hilfe von Gl. (V):

$$\frac{\dot{Q}_{\text{Vorw}}}{\Delta \dot{m}_{\text{W}}} = q = \frac{\dot{m}_{\text{L}}}{\Delta \dot{m}_{\text{W}}} \cdot (h_3 - h_1) = l\,(h_3 - h_1) = \frac{h_3 - h_1}{X_3 - X_1} \;. \qquad \text{(VIII}$$

Aus dieser Gleichung geht hervor, daß der Trocknungsvorgang in einer theoretischen Trocknungsanlage allein durch die Zustandsänderung des Trockenmittels, in unserem Fall der Luft, beschrieben wird.

In differentieller Form läßt sich Gl. (VIII) schreiben:

$$q = \frac{\mathrm{d}h}{\mathrm{d}X} \;. \qquad \text{(IX}$$

Beispiel 10-7. 1000 kg/h feuchtes Gut mit einem Massenanteil an Feuchtigkeit (Wasser) von $w^{\text{ein}} = 0{,}50$ beim Eintritt in den Trockner sollen diesen mit einem Massenanteil von $w^{\text{aus}} = 0{,}06$ verlassen. Der Zustand (1) der Frischluft ist festgelegt durch deren Temperatur $\vartheta_1 = 25\ °\text{C}$ und deren Wasserdampfbeladung $X_1 = 9{,}5$ g/kg trockene Luft (= 0,0095 kg/kg). Als Zustand (3) der Abluft sind gefordert eine Temperatur von $\vartheta_3 = 60\ °\text{C}$ und eine Wasserdampfbeladung $X_3 = 41{,}0$ g/kg trockene Luft (= 0,0410 kg/kg). Für eine einstufige theoretische Trocknungsanlage sind a) aus dem h,X-Diagramm zu ermitteln, auf welche Temperatur die Frischluft im Vorwärmer gebracht werden muß, b) der spezifische und absolute Luft- und Wärmebedarf zu berechne

a) Durch den Zustandspunkt *1* ($\vartheta_1 = 25\ °\text{C}$ und $X_1 = 9{,}5$ g/kg) verläuft die Enthalpiegerade $h_1 = 49$ kJ/kg, durch den Zustandspu die Enthalpiegerade $h_3 = 167$ kJ/kg (Abb. 10.3). Letztere wird vor der durch den Zustandspunkt *1* gelegten Parallelen zur Ordinatenachse im Punkt *2* geschnitten. Durch diesen wird der Zustand der Lu nach dem Austritt aus dem Vorwärmer und vor dem Eintritt in den Trockner beschrieben; man liest ab: $\vartheta_2 = 140\ °\text{C}$, $X_2 = X_1 = 9{,}5$ g und $h_2 = h_3 = 167$ kJ/kg. Die Frischluft muß demnach auf 140 °C erwärmt werden.

b) Spezifischer Luftbedarf $l = \dfrac{\dot{m}_{\text{L}}}{\Delta \dot{m}_{\text{W}}} = \dfrac{1}{X_3 - X_1} =$

$$= \frac{1}{0{,}0410 - 0{,}0095} = 31{,}75 \text{ kg Luft/kg verdampftes Wasser;}$$

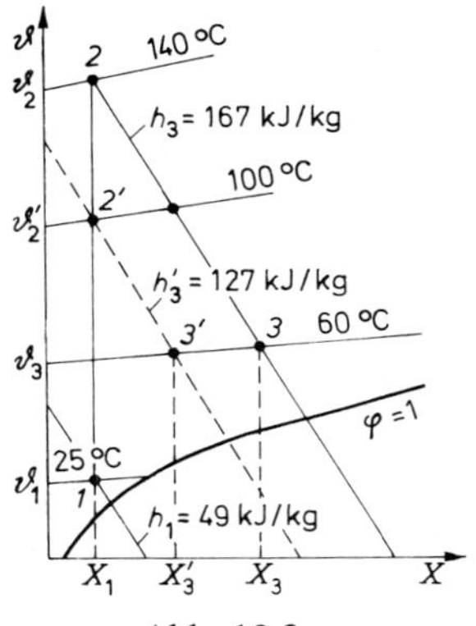

Abb. 10.3

spezifischer Wärmebedarf $q = \dfrac{\dot{Q}}{\Delta \dot{m}_W} = \dfrac{h_3 - h_1}{X_3 - X_1} = \dfrac{167 - 49}{0{,}0410 - 0{,}0095} =$
$= 3746$ kJ/kg verdampftes Wasser.

Die stündlich zu verdampfende Wassermenge beträgt $\Delta \dot{m}_W =$
$= \dot{m}_{ges}^{ein} \cdot \dfrac{w^{ein} - w^{aus}}{1 - w^{aus}} = 1000 \cdot \dfrac{0{,}50 - 0{,}06}{1 - 0{,}06} = 468{,}1$ kg/h. Somit ist der absolute Luftbedarf $\dot{m}_L = l \cdot \Delta \dot{m}_W = 31{,}75 \cdot 468{,}1 =$
$= 14\,862$ kg/h, und der absolute Wärmebedarf $\dot{Q} = q \cdot \Delta \dot{m}_W =$
$= 3746 \cdot 468{,}1 = 1\,753\,503$ kJ/h. ——

Beispiel 10-8. Für die in Beispiel 10-7 gestellte Trocknungsaufgabe soll ermittelt werden, wie hoch a) die Vorwärmtemperatur, b) der spezifische und absolute Luft- und Wärmebedarf sind, wenn unter sonst vollkommen gleichen Bedingungen die Wasserdampfbeladung der Luft am Austritt aus dem Trockner nur $X_3' = 25{,}3$ g/kg ($= 0{,}0253$ kg/kg) betragen soll.

a) Dem Zustandspunkt *3′* (Abb. 10.3) mit $X_3' = 25{,}3$ g/kg und $\vartheta_3' = \vartheta_3 = 60$ °C entspricht eine Enthalpie $h_3' = 127$ kJ/kg. Die Enthalpiegerade $h_3' = 127$ kJ/kg schneidet die Parallele zur Ordinatenachse durch den Zustandspunkt *1* im Punkt *2′*, welcher den Zustand der Luft nach dem Austritt aus dem Vorwärmer und vor dem Eintritt in den Trockner festlegt; man liest für den Zustandspunkt *2′* auf der Ordinatenachse eine Temperatur $\vartheta_2 = 100$ °C (Lufttemperatur nach dem Austritt aus dem Vorwärmer bzw. vor dem Eintritt in den Trockner) ab.

b) Spezifischer Luftbedarf $l = \frac{1}{0{,}0253 - 0{,}0095} = 63{,}29$ kg/kg Wasser; spezifischer Wärmebedarf $q = \frac{127 - 49}{0{,}0253 - 0{,}0095} = 4937$ kJ Wasser. Die stündlich zu verdampfende Wassermenge beträgt $\Delta \dot{m}_W = 468{,}1$ kg/h (s. Beispiel 10-7). Demnach ist der absolute Luftbedarf $\dot{m}_L = l \cdot \Delta \dot{m}_W = 63{,}29 \cdot 468{,}1 = 29\,626$ kg/kg Wasser und der absolute Wärmebedarf $\dot{Q} = q \cdot \Delta \dot{m}_W = 4937 \cdot 468{,}1 =$ $= 2{,}311 \cdot 10^6$ kJ. ——

Die beiden Beispiele 10-7 und 10-8 haben gezeigt, daß bei der geringeren Feuchtigkeitsaufnahme der Luft (Beispiel 10-8) eine niedrigere Vorwärmtemperatur der Luft von $\vartheta_2' = 100$ °C gegenüber $\vartheta_2 = 140$ °C bei der höheren Feuchtigkeitsaufnahme (Beispiel 10-7) erforderlich ist. Andererseits betragen bei der geringeren Feuchtigkeitsaufnahme der spezifische und der absolute Wärmebedarf das 1,3fache gegenüber den Werten bei der höheren Feuchtigkeitsaufnahme.

Darf die durch eine vorgegebene Feuchtigkeitsaufnahme bedingte und festgelegte Vorwärmtemperatur der Luft einen bestimmten Wert nicht überschreiten, so führt man die Trocknung in zwei oder mehr Stufen durch. Unabhängig von der Schaltung werden Luft- und Wärmebedarf der theoretischen Trocknungsanlage allein durch die Zustände der Luft vor dem Eintritt in den Vorwärmer und nach dem Austritt aus dem Trockner bestimmt, d. h. Luft- und Wärmebedarf sind unabhängig davon, auf welchem Weg von einem bestimmten Anfangszustand aus ein festgelegter Endzustand erreicht wird.

10.4 Reale Trocknungsanlage

Die Wärmebilanz der *realen Trocknungsanlage* wird durch Gl. (VII) wiedergegeben. Darin kann man meist, wie bei der theoretischen Trocknungsanlage, den zweiten und dritten Term auf der rechten Seite vernachlässigen, so daß bleibt:

$$\frac{\dot{Q}_{\text{Vorw}}}{\Delta \dot{m}_W} + \frac{\dot{Q}_{\text{zus}}}{\Delta \dot{m}_W} - \frac{\dot{Q}_{\text{Verl}}}{\Delta \dot{m}_W} = q' = \frac{\dot{m}_L}{\Delta \dot{m}_W} \cdot (h_3 - h_1) =$$

$$= l(h_3 - h_1) = \frac{h_3 - h_1}{X_3 - X_1} \,, \tag{X}$$

oder $$q_{Vorw} + q_{zus} - q_{Verl} = \frac{h_3 - h_1}{X_3 - X_1} \,. \tag{XI}$$

Wird im Trockner keine zusätzliche Wärmeenergie zugeführt ($q_{zus} = 0$), so ist:

$$q_{Vorw} - q_{Verl} = \frac{h_3 - h_1}{X_3 - X_1} \,. \tag{XII}$$

Beispiel 10-9. In einem einstufigen, dampfbeheizten Konvektionstrockner sind aus einem feuchten Gut $\Delta \dot{m}_W = 1000$ kg/h Wasser zu verdampfen. Der Frischluftzustand ist festgelegt durch $\vartheta_1 = 10$ °C und $X_1 = 2$ g/kg (= 0,002 kg/kg). Als Zustand der Abluft wird gefordert: $\vartheta_3 = 30$ °C und $X_3 = 17{,}5$ g/kg (= 0,0175 kg/kg). Die Wärmeverluste betragen im Luftvorwärmer 5%, im Trockner 10% der reinen Verdampfungsenthalpie. Die Erwärmung der Luft im Vorwärmer erfolgt mittels Heizdampf von 2 bar ($\vartheta_S = 120{,}23$ °C, $\Delta_V h = 2201{,}6$ kJ/kg). Der Wärmedurchgangskoeffizient zwischen Heizdampf und Frischluft im Luftvorwärmer beträgt $k = 30$ W/(m² · K). Zu ermitteln bzw. zu berechnen sind:

a) der Luftzustand am Eintritt in den und am Austritt aus dem Trockner,

b) der spezifische Luft- und Wärmebedarf der theoretischen Trocknungsanlage unter den angegebenen Bedingungen, ohne die Wärmeverluste,

c) der spezifische Luft- und Wärmebedarf der realen Trocknungsanlage,

d) der Heizdampfbedarf der realen Trocknungsanlage,

e) die Wärmeaustauschfläche des Vorwärmers unter realen Verhältnissen.

a) Aus dem h,X-Diagramm (Abb. 10.4) liest man ab: $h_1 = 15{,}5$ kJ/kg;

b) Spezifischer Luftbedarf der theoretischen Trocknungsanlage:

$$l = \frac{\dot{m}_L}{\Delta \dot{m}_W} = \frac{1}{X_3 - X_1} = \frac{1}{0{,}0175 - 0{,}0020} = 64{,}52 \text{ kg/kg};$$

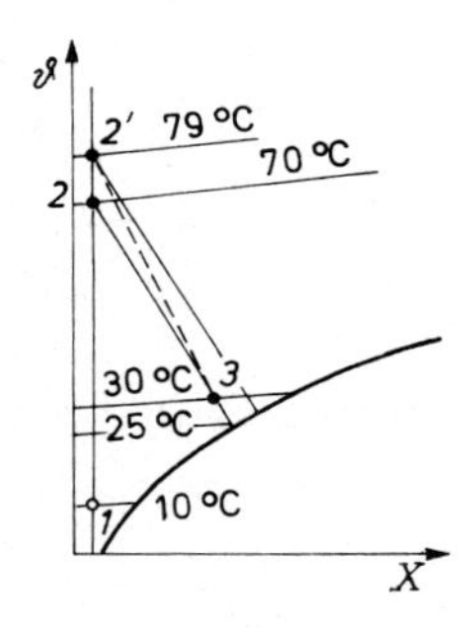

Abb. 10.4

Spezifischer Wärmebedarf der theoretischen Trocknungsanlage:

$$q = \frac{\dot{Q}}{\Delta \dot{m}_W} = \frac{h_3 - h_1}{X_3 - X_1} = \frac{75 - 15{,}5}{0{,}0175 - 0{,}0020} = 3839 \text{ kJ/kg}.$$

c) Theoretische und reale Trocknungsanlage haben denselben Luftbedarf. Der Wärmeverlust der realen Trocknungsanlage beträgt: $q_{\text{Verl}} = 0{,}15 \cdot (h_2 - h_1) = 0{,}15 \cdot (75 - 15{,}5) = 8{,}925$ kJ/kg verdampftes Wasser. Da Punkt *2* und Punkt *3* auf der gleichen h-Linie liegen, ist $h_2 = h_3$.

Dieser Wärmeverlust wird dadurch ausgeglichen, daß die Luft im Vorwärmer auf eine höhere Temperatur gebracht wird. Die Enthalpie nach dem Austritt aus dem Vorwärmer beträgt dann $h_2' = h_1 + 1{,}15 \cdot (h_2 - h_1) = 15{,}5 + 1{,}15 \cdot (75 - 15{,}5) =$ $= 83{,}925$ kJ/kg verdampftes Wasser; die zugehörige Temperatur ist $\vartheta_2' = 79$ °C.

Der spezifische Wärmeverbrauch der realen Trocknungsanlage unter Berücksichtigung der Wärmeverluste im Vorwärmer und Trockner beläuft sich auf $q_{\text{real}} = (1 + 0{,}15 + 0{,}05) \cdot q_{\text{theor}} =$ $= 1{,}20 \cdot 3839 = 4607$ kJ/kg verdampftes Wasser.

d) Der gesamte Wärmebedarf ist $\dot{Q} = q_{\text{real}} \cdot \Delta \dot{m}_W = 4607 \cdot 1000 =$ $= 4{,}607 \cdot 10^6$ kJ/h $= 1280$ kJ/s; damit ergibt sich ein Heizdampfbedarf

$$\dot{m}_D = \frac{\dot{Q}}{\Delta_V h} = \frac{4{,}607 \cdot 10^6}{2201{,}6} = 2093 \text{ kg/h}.$$

Die mittlere treibende Temperaturdifferenz erhält man aus Gl. (XVIII), Abschnitt 5.3, zu

$$\Delta \vartheta_m = \frac{(\vartheta_D - \vartheta_1) - (\vartheta_D - \vartheta_2')}{\ln \left(\dfrac{\vartheta_D - \vartheta_1}{\vartheta_D - \vartheta_2'} \right)} = \frac{110{,}23 - 41{,}23}{\ln \dfrac{110{,}23}{41{,}23}} = 70{,}2\ °\mathrm{C}.$$

(Da in der Gleichung nur Temperaturdifferenzen auftreten, konnten die thermodynamischen Temperaturen durch Celsius-Temperaturen ersetzt werden.)

Die erforderliche Größe der Wärmeaustauschfläche des Luftvorwärmers ist $A = \dfrac{\dot{Q}}{k \cdot \Delta \vartheta_m} = \dfrac{1{,}280 \cdot 10^6}{30 \cdot 70{,}2} = 607{,}8\ \mathrm{m}^2$. ——

11 Chemische Reaktionstechnik

Eine der wichtigsten Aufgaben der *chemischen Reaktionstechnik* ist die Berechnung von Reaktoren (s. unten) zur Herstellung gewünschter Produkte in einer geforderten Menge während eines bestimmten Zeitraumes durch chemische Reaktionen.

Eine wesentliche Grundlage zur Lösung dieser Aufgabe bilden die *mathematischen Modelle*, welche den Zusammenhang zwischen der *Geometrie des Reaktionsraumes* und den *Gesetzmäßigkeiten des Reaktionsablaufes (chemische Kinetik)* in Form von *Bilanzgleichungen* wiedergeben. Damit kann bei bekannter chemischer Kinetik und festgelegtem Umsatzgrad die für eine geforderte *Produktionsleistung* (hergestellte Produktmenge in der Zeiteinheit) erforderliche Reaktorgröße berechnet werden, oder umgekehrt die mit einer gegebenen Reaktorgröße erzielbare Produktionsleistung.

11.1 Grundbegriffe der chemischen Reaktionstechnik

Chemische Reaktoren sind Apparate, in welchen chemische Reaktionen zur Herstellung bestimmter Produkte durchgeführt werden. Das Stoffgemisch, in welchem die chemische Reaktion innerhalb des Reaktors abläuft, wird als *Reaktionsmasse* oder *Reaktionsgemisch* bezeichnet. Die Reaktionsmasse besteht aus den *Reaktionskomponenten*, das sind sowohl *Reaktanden* als auch *Begleitstoffe*. Die Reaktanden werden unterschieden in *Reaktionspartner (Edukte)*, die bei der Reaktion verbraucht werden, und in *Reaktionsprodukte*, die bei der Reaktion gebildet werden. Als Begleitstoffe können in der Reaktionsmasse *Inertstoffe (Lösungs- und Verdünnungsmittel, Trägergas)* sowie *Katalysatoren, Regler* und *Puffersubstanzen* enthalten sein. Die folgende Tabelle vermittelt eine Übersicht über die qualitative Zusammensetzung der Reaktionsmasse.

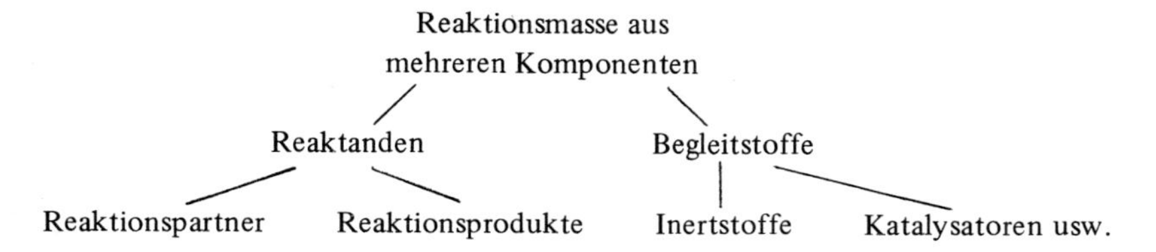

Als *homogene Reaktionssysteme* werden solche Systeme bezeichnet, in denen alle Reaktionskomponenten in einer einzigen (festen, flüssigen oder gasförmigen) Phase vorliegen. Ein homogenes System ist *isotrop*, wenn dieses in allen Teilen die gleichen Eigenschaften aufweist. Liegen die Reaktionskomponenten in zwei oder mehr Phasen vor, so spricht man von einem *heterogenen Reaktionssystem.*

Hinsichtlich der *Betriebsweise* unterscheidet man:
diskontinuierliche Betriebsweise (*Satzbetrieb*),
kontinuierliche Betriebsweise (*Fließbetrieb*) und
halbkontinuierliche Betriebsweise (*Teilfließbetrieb*).

Bei der *diskontinuierlichen* Betriebsweise werden zuerst die Reaktionspartner, Lösungsmittel, Katalysatoren usw. in den Reaktor gebracht und gemischt. Die Reaktionsmischung verbleibt während einer bestimmten Reaktionszeit (s. unten) im Reaktor; danach wird die gesamte Reaktionsmasse (Reaktionsprodukte, nicht umgesetzte Reaktionspartner und die übrigen Reaktionskomponenten) aus dem Reaktor entfernt.

Bei der *kontinuierlichen* Betriebsweise werden die Reaktionspartner zusammen mit den anderen Reaktionskomponenten (Lösungsmittel, Trägergas usw.) kontinuierlich in den Reaktor eingespeist. Ebenso kontinuierlich wird ein Endgemisch, welches die Reaktionsprodukte, nicht umgesetzte Reaktionspartner, Lösungsmittel usw. enthält, aus dem Reaktionsraum ausgetragen.

Für zahlreiche technische Reaktionen werden Reaktoren verwendet, welche einerseits Merkmale des diskontinuierlichen Betriebes aufweisen, in die aber andererseits einzelne Reaktanden während der Umsetzung eingespeist oder daraus ausgetragen werden; man spricht dann von einer *halbkontinuierlichen* Betriebsweise.

Hinsichtlich des zeitlichen Ablaufs unterscheidet man *stationäre* und *instationäre Betriebszustände*. Bei stationären Betriebszuständen sind die Betriebsvariablen und Eigenschaften (Druck, Temperatur, chemische Zusammensetzung der Reaktionsmasse usw.) an jedem beliebigen Ort innerhalb des Reaktionssystems zeitlich konstant. Derartige Betriebszustände lassen sich nur bei kontinuierlicher Betriebsweise realisieren. Instationäre Betriebszustände sind charakteristisch für die diskontinuierliche und halbkontinuierliche Betriebsweise, außerdem für das Übergangsverhalten von Reaktionssystemen bei kontinuierlicher Betriebsweise.

Unter der *Reaktionszeit* t versteht man im Satzbetrieb die Zeit, während der sich die Reaktionsmasse im Reaktor befindet. Als *Reaktorbetriebszeit* wird im Satzbetrieb die Zeit bezeichnet, welche insgesamt zur Durchführung der Reaktion erforderlich ist; die Reaktorbetriebszeit setzt sich demnach aus der Reaktionszeit t und der sogenannten *Totzeit* t_{tot} zusammen, d. h. der Zeit, welche zum Füllen, Aufheizen, Abkühlen, Entleeren usw. des Reaktors benötigt wird.

Im Fließbetrieb können verschiedene Volumenelemente unterschiedliche *Aufenthalts*- oder *Verweilzeiten* im Reaktor haben. Als *mittlere Verweilzeit* τ wird im Fließbetrieb die mittlere Zeit bezeichnet, während der sich die Reaktionsmasse im Reaktor befindet.

11.2 Reaktionsgeschwindigkeit, Geschwindigkeitsgleichung und Reaktionsordnung homogener Reaktionen

Unter der *Reaktionsgeschwindigkeit* r_i eines Reaktanden i versteht man die durch chemische Reaktion gebildete oder verbrauchte Stoffmenge dieses Reaktanden in der Zeiteinheit und pro Volumeneinheit der Reaktionsmischung. r_i ist negativ, wenn der Reaktand i ein Reaktionspartner, positiv, wenn der Reaktand i ein Reaktionsprodukt ist.

Die sog. *Äquivalent-Reaktionsgeschwindigkeit* r hat dagegen immer einen positiven Zahlenwert, welcher unabhängig vom jeweiligen Reaktanden, jedoch abhängig von der Formulierung der Reaktionsgleichung ist, also davon, ob man etwa $2\,H_2 + O_2 \rightarrow 2\,H_2O$ oder $H_2 + 1/2\,O_2 \rightarrow H_2O$ schreibt. Für eine Reaktion

$$|\nu_A|\,A + |\nu_B|\,B \rightarrow |\nu_C|\,C + |\nu_D|\,D \qquad \text{(I)}$$

ist die Äquivalent-Reaktionsgeschwindigkeit

$$r = \frac{r_A}{\nu_A} = \frac{r_B}{\nu_B} = \frac{r_C}{\nu_C} = \frac{r_D}{\nu_D}\,, \qquad \text{(II)}$$

oder allgemein

$$r = \frac{r_i}{\nu_i} \quad \text{bzw.} \quad r_i = r\,\nu_i, \qquad \text{(III)}$$

wobei $\nu_i < 0$ für Reaktionspartner und $\nu_i > 0$ für Reaktionsprodukte ist.

Die Äquivalent-Reaktionsgeschwindigkeit r kann man als Produkt aus der *Reaktionsgeschwindigkeitskonstanten* k und irgendeiner Funktion der Konzentrationen der Reaktionspartner ausdrücken:

$$r = k \cdot f(c_A, c_B, \ldots), \quad \text{z. B.} \qquad \text{(IV)}$$

$$r = k c_A^n \quad \text{oder} \quad r = k c_A^n c_B^m. \qquad \text{(V)}$$

Solche Gleichungen werden als *Zeitgesetz* oder *Geschwindigkeitsgleichung* der betreffenden Reaktion, das auf der rechten Seite stehende Produkt als *Geschwindigkeitsausdruck* bezeichnet. Die Exponenten n und m geben die *Ordnung der Reaktion* bezüglich der entsprechenden Reaktionspartner an. Unter *Gesamtordnung* versteht man die Summe aller Exponenten im Geschwindigkeitsausdruck.

Die Reaktionsgeschwindigkeitskonstante k, meist kurz als *Geschwindigkeitskonstante* bezeichnet, ist unabhängig von den Konzentrationen der Reaktanden, aber abhängig von der Temperatur, gemäß der *Beziehung von Arrhenius*:

$$k = k_0 \cdot e^{-E/RT}, \qquad \text{(VI)}$$

worin k_0 der (scheinbare) *Frequenzfaktor (Häufigkeitsfaktor)*, E die *Arrheniussche (scheinbare) Aktivierungsenergie*, R die *universelle Gaskonstante* [8,3143 J/(mol·K)] und T die *thermodynamische (Reaktions-)Temperatur* ist.

11.3 Quantitative Beschreibung der Zusammensetzung der Reaktionsmasse

Zur quantitativen Beschreibung der Zusammensetzung von Reaktionsgemischen kann für jeden einzelnen Stoff i der insgesamt N Stoffe eine der folgenden Größen verwendet werden: die *Stoffmenge* n_i, die *Masse* m_i oder das *Volumen* V_i (Volumen, welches der Stoff i allein bei der vorliegenden Temperatur, unter dem vorliegenden Druck und im vorliegenden Aggregatzustand einnehmen würde).

Die Zusammensetzung von Reaktionsgemischen wird meist beschrieben entweder durch die *Anteile* (Quotienten aus Stoffmenge, Masse oder Volumen einer Reaktionskomponente i und der Summe der gleichartigen Größen für alle N Komponenten des Gemisches) oder durch die *Konzentrationen* (Quotienten aus Stoffmenge, Masse oder Volumen einer Rekationskomponente i und dem Volumen V_R des Gemisches). Die Zusammensetzung gasförmiger Reaktionsgemische wird oft auch durch die Angabe der *Partialdrücke* der einzelnen Reaktionskomponenten beschrieben. Eine Übersicht über die wichtigsten Größen zur Beschreibung der Zusammensetzung von Reaktionsgemischen gibt die folgende Tabelle.

	-anteil	-konzentration
Stoffmengen-	$x_i = n_i/\sum_{j=1}^{N} n_j$ (VII) (x_i *Molenbruch* oder *Stoffmengenbruch*)	$c_i = n_i/V_R$ (VIII) (c_i meist kurz *Konzentration* genannt)
Massen-	$w_i = m_i/\sum_{j=1}^{N} m_j$ (IX) (w_i *Massenbruch*)	$\rho_i = m_i/V_R$ (X) (ρ_i *Partialdichte*)
Volumen-	$\varphi_i = V_i/\sum_{j=1}^{N} V_j$ (XI) (φ_i *Volumenbruch*)	$\sigma_i = V_i/V_R$ (XII)
Druck-	$p_i = x_i p$ (XIII) (p_i *Partialdruck*)	

Die Zusammensetzungen des Reaktionsgemisches zu verschiedenen Zeiten bzw. an verschiedenen Stellen eines Reaktors werden durch weitere, hochgestellte Indizes gekennzeichnet, und zwar

bei diskontinuierlichem Betrieb: „o“ zu Beginn der Reaktion ($t = 0$),
„aus“ am Ende der Reaktion ($t = t$);

bei kontinuierlichem Betrieb: „ein“ am Eintritt in den Reaktor,
„aus“ am Austritt aus dem Reaktor.

Bei kontinuierlichem Betrieb werden die konvektiven *Stoffströme* der einzelnen Komponenten bzw. der gesamten Reaktionsmasse angegeben als

Stoffmengenströme $\dot{n}_i$ bzw. $\sum_{j=1}^{N} \dot{n}_j = \dot{n}_{ges}$,

Massenströme $\dot{m}_i$ bzw. $\sum_{j=1}^{N} \dot{m}_j = \dot{m}_{ges}$ oder

Volumenstrom $\dot{v}$.

Die Stoffströme an bestimmten Stellen des Reaktors werden durch hochgestellte Indizes gekennzeichnet:
„ein“ am Eintritt in den Reaktor,
„aus“ am Austritt aus dem Reaktor.

11.4 Stöchiometrie, Umsatz, Ausbeute, Selektivität

Die Gleichung für eine einfache chemische Reaktion kann man in allgemeiner Form schreiben:

$$\sum_{j=1}^{N} \nu_j \cdot j = 0. \qquad \text{(XIV)}$$

Darin charakterisieren j (A, B, C ...) die *Art* der einzelnen Reaktanden, ν_j (j = A, B, C ...) die *stöchiometrischen Zahlen*, welche für Reaktions*partner* mit einem *negativen* Vorzeichen, für Reaktions*produkte* mit einem *positiven* Vorzeichen belegt werden.

Der *Umsatzgrad (Umsatz)* U_k ist die während einer bestimmten Zeit *umgesetzte* Stoffmenge bzw. Masse eines Reaktions*partners k*, ausgedrückt in Bruchteilen der *eingesetzten* Stoffmenge n_k^0 bzw. Masse m_k^0 dieses Reaktionspartners:

$$U_k = \frac{n_k^0 - n_k}{n_k^0} = \frac{m_k^0 - m_k}{m_k^0} . \qquad \text{(XV)}$$

Unter dem *Bildungsgrad*, auch als *Ausbeute* A_P bezeichnet, versteht man die *gebildete* Stoffmenge eines gewünschten Reaktionsprodukts P ($\nu_P > 0$), bezogen auf die *eingesetzte* Stoffmenge des die Reaktion stöchiometrisch begrenzenden Reaktions*partners k* ($\nu_k < 0$):

$$A_P = \frac{|\nu_k|}{\nu_P} \cdot \frac{n_P - n_P^0}{n_k^0} . \qquad \text{(XVI)}$$

Als *Selektivität* S_P bezeichnet man bei komplexen Reaktionen das Verhältnis von *gebildeter* Stoffmenge eines gewünschten Reaktions*produktes* P und *umgesetzter* Stoffmenge eines Reaktions*partners k* unter Berücksichtigung der stöchiometrischen Verhältnisse:

$$S_P = \frac{|\nu_k|}{\nu_P} \cdot \frac{n_P - n_P^0}{n_k^0 - n_k} . \qquad \text{(XVII)}$$

Aus den Gln. (XV) bis (XVII) geht hervor, daß

$$A_P = S_P U_k . \qquad \text{(XVIII)}$$

Die Definitionen (XV) bis (XVII) gelten für den diskontinuierlichen Betrieb. Für *kontinuierlichen Betrieb* sind anstelle der Stoffmengen n_P^0, n_P, n_k^0 und n_k die entsprechenden Stoffmengenströme $\dot{n}_P^{ein}, \dot{n}_P, \dot{n}_k^{ein}$ und $\dot{n}_k$ zu setzen.

Die verbrauchten oder gebildeten Stoffmengen der einzelnen Reaktanden sind durch die Reaktionsgleichung eindeutig miteinander verknüpft; z. B.

$$\frac{n_i^0 - n_i}{\nu_i} = \frac{n_k^0 - n_k}{\nu_k} . \qquad \text{(XIX)}$$

Ist der Reaktand k ein Reaktionspartner ($\nu_k < 0$), auf welchen der Umsatz U_k bezogen ist, so wird, da $\nu_k = -|\nu_k|$ ist, unter Berücksichtigung der Gl. (XV) für einen beliebigen Reaktanden i:

$$n_i = n_i^0 + \frac{\nu_i}{|\nu_k|} n_k^0 U_k , \text{ bzw.} \qquad \text{(XX)}$$

für kontinuierlichen Betrieb:

$$\dot{n}_i = \dot{n}_i^{ein} + \frac{\nu_i}{|\nu_k|}\, \dot{n}_k^{ein}\, U_k. \qquad \text{(XXI)}$$

Da $\dot{n}_i = c_i \dot{v}$ und $\dot{n}_k = c_k \dot{v}$ ist ($\dot{v}$ Volumenstrom), kann man diese Gleichung auch schreiben:

$$\dot{n}_i = c_i \dot{v} = c_i^{ein}\, \dot{v}^{ein} + \frac{\nu_i}{|\nu_k|}\, c_k^{ein}\, \dot{v}^{ein}\, U_k. \qquad \text{(XXII)}$$

Dividiert man die Gl. (XX) durch

$$\Sigma n_j = \Sigma n_j^0 + \frac{\Sigma \nu_j}{|\nu_k|}\, n_k^0 U_k, \qquad \text{(XXIII)}$$

so erhält man für den Molenbruch

$$x_i = \frac{n_i}{\Sigma n_j} = \frac{x_i^0 + \dfrac{\nu_i}{|\nu_k|}\, x_k^0 U_k}{1 + \dfrac{\Sigma \nu_j}{|\nu_k|}\, x_k^0 U_k}\,. \qquad \text{(XXIV)}$$

Daraus ergibt sich für den Umsatz:

$$U_k = \frac{x_i^0 - x_i}{\dfrac{x_k^0}{|\nu_k|}\,(x_i \Sigma \nu_j - \nu_i)}\,. \qquad \text{(XXV)}$$

Beispiel 11-1. Bei der kontinuierlich betriebenen Ammoniak-Hochdrucksynthese, welche stets als Kreislaufverfahren ausgeführt wird, habe das in den Reaktor (Konverter) eingespeiste Gasgemisch folgende Zusammensetzung: $x_{NH_3}^{ein} = 0{,}020$, $x_{N_2}^{ein} = 0{,}245$ und $x_{H_2}^{ein} = 0{,}735$. Am Austritt aus dem Konverter ist $x_{NH_3}^{aus} = 0{,}150$. Man berechne den Umsatz des Stickstoffs U_{N_2} und die Zusammensetzung des Gasgemisches am Austritt aus dem Konverter.
Reaktionsgleichung: $N_2 + 3\,H_2 \rightleftharpoons 2\,NH_3$, somit $\nu_{N_2} = -1$, $\nu_{H_2} = -3$ und $\nu_{NH_3} = +2$; $\Sigma \nu_j = -1 - 3 + 2 = -2$. Mit $i = NH_3$ und $k = N_2$ folgt dann aus Gl. (XXV) für den Umsatz:

$$U_{N_2} = \frac{x^{ein}_{NH_3} - x^{aus}_{NH_3}}{\frac{x^{ein}_{N_2}}{|\nu_{N_2}|} \cdot (x^{aus}_{NH_3} \cdot \Sigma \nu_j - \nu_{NH_3})} =$$

$$= \frac{0{,}020 - 0{,}150}{\frac{0{,}245}{1} \cdot (0{,}150 \cdot (-2) - 2)} = 0{,}231.$$

Dann ergibt sich aus Gl. (XXIV) für die Molenbrüche:

$$x_{NH_3} = \frac{0{,}02 + \frac{2}{1} \cdot 0{,}245 \cdot 0{,}231}{1 - \frac{2}{1} \cdot 0{,}245 \cdot 0{,}231} = \frac{0{,}1332}{0{,}8868} = 0{,}150,$$

$$x_{N_2} = \frac{0{,}245 - \frac{1}{1} \cdot 0{,}245 \cdot 0{,}231}{0{,}8868} = 0{,}212 \quad \text{und}$$

$$x_{H_2} = \frac{0{,}735 - \frac{3}{1} \cdot 0{,}245 \cdot 0{,}231}{0{,}8868} = 0{,}637. —$$

Beispiel 11-2. Ein Röstgas für die Herstellung von Schwefelsäure nach dem Kontaktverfahren hat folgende Zusammensetzung: $x^{ein}_{SO_2} = 0{,}078$, $x^{ein}_{O_2} = 0{,}108$ und $x^{ein}_{N_2} = 0{,}814$. Es soll der Gleichgewichtsumsatz U_{SO_2} des Schwefeldioxids für die Reaktion $SO_2 + 1/2\ O_2 \rightleftharpoons SO_3$ bei 500 °C unter einem Druck $p = 1{,}01325$ bar (= Standarddruck p^0) berechnet werden. Die thermodynamische Gleichgewichtskonstante bei dieser Temperatur ist $K_{th} = 85$. Die Fugazitätskoeffizienten können unter diesen Bedingungen alle gleich 1 gesetzt werden, so daß gilt: $K_{th} = K_x (p/p^0)^{\Sigma\nu_j}$ und weiter, da in unserem Fall $p = p^0$ ist, $K_{th} = K_x = \dfrac{x_{SO_3}}{x_{SO_2}\, x^{1/2}_{O_2}}$.
(Vgl. Wittenberger/Fritz, Physikalisch-chemisches Rechnen, Abschnitt 8.4.)

Die Molenbrüche in dieser Gleichung sind Gleichgewichts-Molenbrüche, welche nunmehr durch die Anfangsmolenbrüche und den

Gleichgewichtsumsatz U_{SO_2} des Schwefeldioxids auszudrücken sind. Es sind

$$x_{SO_3} = \frac{x^{ein}_{SO_3} + \frac{\nu_{SO_3}}{|\nu_{SO_2}|} \cdot x^{ein}_{SO_2} U_{SO_2}}{1 + \frac{\Sigma \nu_j}{|\nu_{SO_2}|} \cdot x^{ein}_{SO_2} U_{SO_2}} = \frac{0 + \frac{1}{1} \cdot 0{,}078 \cdot U_{SO_2}}{1 - \frac{0{,}5}{1} \cdot 0{,}078 \cdot U_{SO_2}} = \frac{0{,}078 \cdot U_{SO_2}}{1 - 0{,}039 \cdot U_{SO_2}};$$

$$x_{SO_2} = \frac{x^{ein}_{SO_2} + \frac{\nu_{SO_2}}{|\nu_{SO_2}|} \cdot x^{ein}_{SO_2} U_{SO_2}}{1 + \frac{\Sigma \nu_j}{|\nu_{SO_2}|} \cdot x^{ein}_{SO_2} U_{SO_2}} = \frac{0{,}078\,(1 - U_{SO_2})}{1 - 0{,}039 \cdot U_{SO_2}};$$

$$x_{O_2} = \frac{0{,}108 - 0{,}039 \cdot U_{SO_2}}{1 - 0{,}039 \cdot U_{SO_2}}.$$ Damit erhalten wir:

$$K_{th} = K_x = \underbrace{\frac{U_{SO_2} \cdot (1 - 0{,}039 \cdot U_{SO_2})^{1/2}}{(1 - U_{SO_2}) \cdot (0{,}108 - 0{,}039 \cdot U_{SO_2})^{1/2}}}_{(a)} = 85.$$

Zur Lösung dieser Gleichung geht man am besten so vor, daß man für verschiedene Umsätze $U_{SO_2} = 0{,}1;\ 0{,}2; \ldots$ usw. den Quotienten (*a*) berechnet und die erhaltenen Werte als Funktion von U_{SO_2} aufträgt; beim Ordinatenwert 85 für (*a*) liest man auf der Abszissenachse den zugehörigen Wert für U_{SO_2} ab. Es wurden berechnet für

U_{SO_2} =	0,6	0,8	0,9	0,95	0,9575	0,9584	0,9585	0,96
(*a*) =	5,10	14,21	32,74	70,00	83,16	85,05	85,27	88,64

Der Gleichgewichtsumsatz beträgt somit $U_{SO_2} = 0{,}9584$.

Damit berechnet man die Gleichgewichts-Molenbrüche

$$x_{SO_3} = \frac{0{,}078 \cdot 0{,}9584}{1 - 0{,}039 \cdot 0{,}9584} = 0{,}078,$$ analog $x_{SO_2} = 0{,}003$,

$x_{O_2} = 0{,}073$ und $x_{N_2} = 0{,}846$. ——

Beispiel 11-3. Bei der kontinuierlich durchgeführten Oxidation von Äthylen zu Äthylenoxid mittels Sauerstoff an Silberkatalysa-

toren finden außer der erwünschten Reaktion
$H_2C{=}CH_2 + 1/2\,O_2 \rightarrow H_2C{-}CH_2$ (mit O-Brücke) noch folgende Neben- bzw.
Folgereaktionen statt:
$H_2C{=}CH_2 + 3\,O_2 \rightarrow 2\,CO_2 + 2\,H_2O$ und
$H_2C{-}CH_2$ (mit O-Brücke) $+ 5/2\,O_2 \rightarrow 2\,CO_2 + 2\,H_2O$.

Aus $n_{\text{Ä}}^{\text{ein}} = 16{,}67$ mol in den Reaktor eingespeistem Äthylen (Ä) werden $n_{\text{Ä}}^{\text{ein}} - n_{\text{Ä}}^{\text{aus}} = 1{,}47$ mol im Reaktor umgesetzt und dabei $n_{\text{ÄO}}^{\text{aus}} = 1$ mol Äthylenoxid (ÄO) gebildet. Man berechne die Ausbeute $A_{\text{ÄO}}$ an Äthylenoxid, die Selektivität $S_{\text{ÄO}}$ für die Bildung von Äthylenoxid und den Umsatz $U_{\text{Ä}}$ des Äthylens.

$$A_{\text{ÄO}} = \frac{n_{\text{ÄO}}^{\text{aus}}}{n_{\text{Ä}}^{\text{ein}}} \cdot \frac{|\nu_{\text{Ä}}|}{\nu_{\text{ÄO}}} = \frac{1}{16{,}67} \cdot \frac{1}{1} = 0{,}0600;$$

$$S_{\text{ÄO}} = \frac{n_{\text{ÄO}}^{\text{aus}}}{n_{\text{Ä}}^{\text{ein}} - n_{\text{Ä}}^{\text{aus}}} \cdot \frac{|\nu_{\text{Ä}}|}{\nu_{\text{ÄO}}} = \frac{1}{1{,}47} \cdot \frac{1}{1} = 0{,}6803, \text{ somit}$$

$$U_{\text{Ä}} = \frac{A_{\text{ÄO}}}{S_{\text{ÄO}}} = \frac{0{,}0600}{0{,}6803} = 0{,}0882.$$ —

11.5 Stoff- und Wärmebilanzen einphasiger Reaktionssysteme

Der Ausgangspunkt jeder Reaktorberechnung sind die *Stoffbilanzen*, und zwar lassen sich für jedes Reaktionssystem so viele Stoffbilanzen aufstellen, als Komponenten in der Reaktionsmischung vorhanden sind (s. Abschnitt 1). Oft jedoch genügt es, die gesamte Umsetzung durch die Konzentrationsänderung eines repräsentativen Reaktanden zu beschreiben, um ein ausreichend genaues Bild über die Vorgänge im Reaktor zu erhalten.

Mit jeder chemischen Reaktion ist eine entsprechende Energieänderung verbunden, die zu einer Änderung der Temperaturverhältnisse im Reaktor führen kann. Die Temperaturabhängigkeit der Reaktionsgeschwindigkeit bzw. der Reaktionsgeschwindigkeitskonstante ist durch die Beziehung von Arrhenius, Gl. (VI), gegeben. Demnach ist zur vollständigen mathematischen Beschreibung aller

Vorgänge im Reaktor neben den Stoffbilanzen für alle Komponenten eine *Energiebilanz* erforderlich. Für die praktische Berechnung von Reaktoren genügt indessen häufig eine *Wärmebilanz*, nämlich dann, wenn keine Umwandlung von Wärmeenergie in andere Energiearten oder umgekehrt stattfindet (Abschnitt 1). Das *mathematische Modell* eines Reaktors umfaßt somit die Stoffbilanz(en) und die Wärmebilanz. Da die Wärmebilanz über die Temperaturabhängigkeit der Reaktionsgeschwindigkeit mit den entsprechenden Stoffbilanzen gekoppelt ist, kann die Wärmebilanz im allgemeinen nur zusammen mit den Stoffbilanzen ausgewertet werden.

11.6 Grundtypen chemischer Reaktionsapparate

Chemische Reaktionsapparate können (s. Abschnitt 11.1) diskontinuierlich, kontinuierlich, aber auch halbkontinuierlich betrieben werden. Für die beiden ersten Arten, diskontinuierliche und kontinuierliche Betriebsweise, ergeben sich aufgrund des Grades der Rückvermischung der Reaktionsmasse im Reaktor für homogene Reaktionen drei idealisierte Grenzfälle der Reaktionsführung:

1) Die *diskontinuierliche Betriebsweise* mit *vollständiger (idealer) Durchmischung* der Reaktionsmasse,

2) die *kontinuierliche Betriebsweise* ohne *Durchmischung* der Reaktionsmasse,

3) die *kontinuierliche Betriebsweise* mit *vollständiger (idealer) Durchmischung* der Reaktionsmasse.

Diesen drei Grenzfällen entsprechen drei idealisierte Modellreaktoren:

1) Der *diskontinuierlich betriebene Rührkessel* mit *vollständiger (idealer) Durchmischung* der Reaktionsmasse,

2) das *strömungsmäßig ideale Strömungsrohr* ohne *Durchmischung* der Reaktionsmasse in Strömungsrichtung,

3) der *kontinuierlich betriebene Rührkessel* mit *vollständiger (idealer) Durchmischung* der Reaktionsmasse.

Die drei idealisierten Modellreaktoren sind in Abb. 11.1 schematisch wiedergegeben und durch den zeitlichen und örtlichen Verlauf der Konzentration eines Reaktionspartners A unter isothermen Bedingungen, d. h. bei konstanter Temperatur innerhalb des gesamten Reaktionsraumes, charakterisiert.

Beim *diskontinuierlich betriebenen, ideal durchmischten Rührkessel (Satzreaktor)* werden zu Beginn der Reaktion die Reaktionspartner, das Lösungsmittel usw. in den Reaktionsraum gebracht, am Ende der Reaktion die gesamte Reaktionsmasse (Reaktionsprodukte, nicht umgesetzte Reaktionspartner usw.) dem Reak-

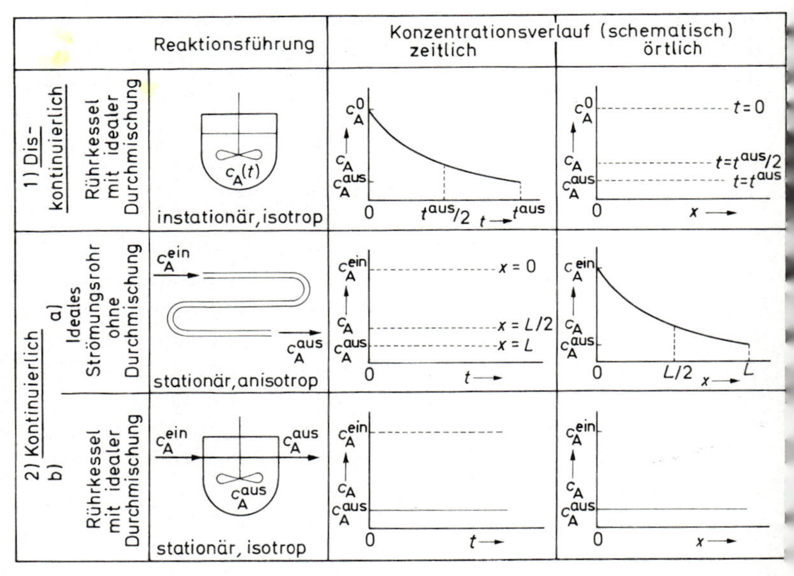

Abb. 11.1

tionsraum entnommen. Die ideale Durchmischung bewirkt, daß die Konzentrationen jeder einzelnen Reaktionskomponente, ferner auch die Temperatur und alle physikalischen Eigenschaften in einem bestimmten Augenblick an jeder Stelle des Reaktionsraumes, d. h. örtlich konstant sind; alle diese Größen ändern sich zeitlich mit fortschreitendem Umsatz (isotroper, instationärer Reaktor, Abb. 11.1, 1).

Beispiel 11-4. Aus der Gl. (IV), Abschnitt 1, soll die Stoffbilanz für einen Reaktanden i in einem diskontinuierlich betriebenen Rührkessel mit idealer Durchmischung der Reaktionsmasse abgeleitet werden.

Da bei diskontinuierlicher Betriebsweise weder Stoffzuführung noch Stoffabführung erfolgt, ist $\dot{n}_i^{ein} = 0$ und $\dot{n}_i^{aus} = 0$. Somit lautet die Stoffbilanz für einen Reaktanden *i*:

$$\frac{\mathrm{d}n_i}{\mathrm{d}t} = r\,\nu_i V_R\,. \qquad \text{(XXVI)}$$

($V = V_R$ Volumen der Reaktionsmasse). ——

Beispiel 11-5. Aus der Gl. (IX), Abschnitt 1, soll die Wärmebilanz eines diskontinuierlich betriebenen Rührkessels mit idealer Durchmischung der Reaktionsmasse abgeleitet werden.

Da bei diskontinuierlicher Betriebsweise Reaktionsmasse weder zu- noch abgeführt wird, d. h. $\dot{m}^{ein} = 0$ und $\dot{m}^{aus} = 0$ ist, ist auch $(\dot{m}c_p T)^{ein} = 0$ und $(\dot{m}c_p T)^{aus} = 0$. Somit lautet die Wärmebilanz, sofern keine Wärme durch eine Wärmeaustauschfläche von außen zugeführt oder nach außen abgeführt wird, d. h. für *adiabate Reaktionsführung*:

$$\frac{\mathrm{d}(mc_p T)}{\mathrm{d}t} = r\,(-\Delta_R H_m)\,V_R \qquad \text{(XXVII)}$$

($V = V_R$ Volumen der Reaktionsmasse).

Wird Wärme durch eine Wärmeaustauschfläche von außen zugeführt oder nach außen abgeführt, so ist der entsprechende Wärmestrom $\dot{Q} = k_W A_W (\overline{T}_W - T)$ gemäß Gl. (XV), Abschnitt 5.3, zu addieren:

$$\frac{\mathrm{d}\,(mc_p T)}{\mathrm{d}t} = r\,(-\Delta_R H_m)\,V_R + k_W A_W (\overline{T}_W - T). \qquad \text{(XXVIII)}$$

Zur Unterscheidung von der Reaktionsgeschwindigkeitskonstante ist hier der Wärmedurchgangskoeffizient mit k_W bezeichnet; A_W ist die Wärmeaustauschfläche, $\overline{T}_W$ die mittlere Temperatur des Wärmeträgers (Heiz- oder Kühlmittel), T die Temperatur der Reaktionsmasse m mit der spezifischen Wärmekapazität c_p bei konstantem Druck, r die Äquivalent-Reaktionsgeschwindigkeit und $\Delta_R H_m$ die molare Reaktionsenthalpie. ——

Bei der *kontinuierlichen Betriebsweise* werden die Reaktionspartner, Lösungsmittel usw. kontinuierlich in den Reaktionsraum eingespeist, andererseits ein Endgemisch aus den Reaktionsprodukten, nicht umgesetzten Reaktionspartnern usw. aus dem Reaktionsraum abgezogen. Bei konstanten Zulauf- und Austragsbedingungen sowie zeitlich konstanter Wärmezu- bzw. -abführung stellt sich im allgemeinen ein zeitunabhängiger, d. h. *stationärer Betriebszustand* ein.

Beim *Strömungsrohr* (s. Abb. 11.1, 2a) besteht der Reaktionsraum aus einem Rohr, dessen Länge viel größer als dessen Durchmesser ist. Das Anfangsgemisch tritt in das Rohr ein, das Endgemisch am anderen Ende des Rohres aus. Im idealisierten Grenzfall findet keine Durchmischung der Reaktionsmasse in Strömungsrichtung statt, so daß die Zusammensetzung an jeder beliebigen Stelle des Rohres über den Rohrquerschnitt konstant ist; man spricht dann von einem *idealen Strömungsrohr* mit einer sog. *Kolben- oder Pfropfenströmung*, s. Abb. 11.2.

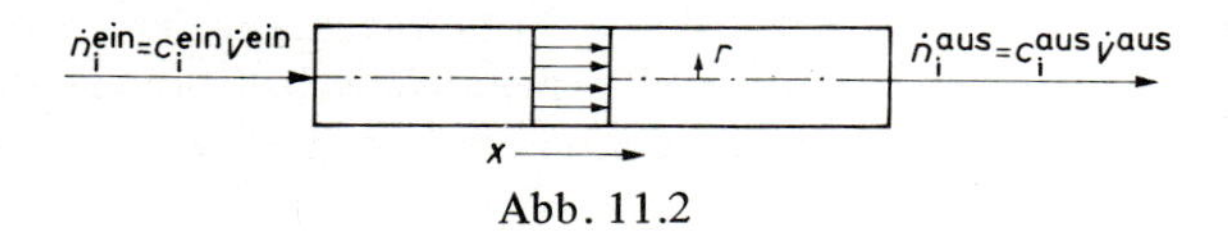

Abb. 11.2

Beispiel 11-6. Für den stationären Betriebszustand ist die Stoffbilanz eines Reaktanden *i* in einem idealen Strömungsrohr abzuleiten.

Da stationärer Betriebszustand vorausgesetzt ist, können wir von Gl. (VI), Abschnitt 1, ausgehen. Diese muß, da sich die Konzentrationen längs der Ortskoordinate x ändern, auf ein differentielles Volumenelement des Strömungsrohres $\mathrm{d}V_R = q\,\mathrm{d}x$ angewandt werden, wie dies in Abb. 11.3 dargestellt ist. In diesem Volumenelement ändert sich der Stoffmengenstrom des Reaktanden *i* um

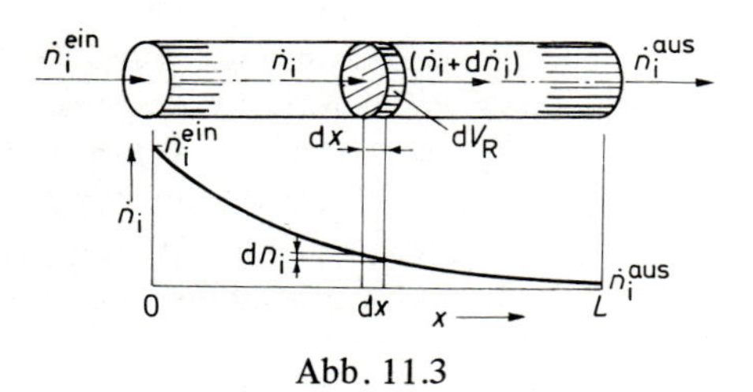

Abb. 11.3

$\mathrm{d}\dot{n}_i$, so daß $-\mathrm{d}\dot{n}_i$ anstelle von $\dot{n}_i^{ein} - \dot{n}_i^{aus}$ zu setzen ist. Das negative Vorzeichen steht deswegen, weil z. B. für einen Reaktionspartner $\mathrm{d}\dot{n}_i < 0$ und $r\nu_i < 0$ ist. Die Stoffbilanz lautet dann:

$$0 = -\mathrm{d}\dot{n}_i + r\nu_i \mathrm{d}V_R\,, \tag{XXIX}$$

oder, da aus Gl. (XXII) $\mathrm{d}\dot{n}_i = \mathrm{d}(c_i\dot{v}) = \frac{\nu_i}{|\nu_k|}\cdot c_k^{ein}\,\dot{v}^{ein}\cdot \mathrm{d}U_k$ folgt,

$$\mathrm{d}V_R = \frac{\mathrm{d}(c_i\dot{v})}{r\nu_i} = c_k^{ein}\dot{v}^{ein}\cdot\frac{\mathrm{d}U_k}{r|\nu_k|}\;. \text{ ——} \tag{XXX}$$

Beispiel 11-7. Für den stationären Betriebszustand eines idealen Strömungsrohres ist die Wärmebilanz abzuleiten.

Die Wärmebilanz läßt sich analog der Stoffbilanz aus der Gl. (IX), Abschnitt 1, ableiten, oder einfach dadurch, daß man in der Stoffbilanz, Gl. (XXIX), anstelle des Stoffmengenstroms $\dot{n}_i$ den konvektiven Wärmestrom $(\dot{m}c_pT)$ und anstelle der in der Zeiteinheit im Volumenelement $\mathrm{d}V_R$ umgesetzten Stoffmenge $r\nu_i\cdot\mathrm{d}V_R$ die in der Zeiteinheit im Volumenelement $\mathrm{d}V_R$ durch chemische Reaktion gebildete bzw. verbrauchte Wärmemenge $r(-\Delta_R H_m)\,\mathrm{d}V_R$ setzt:

$$0 = -\,\mathrm{d}(\dot{m}c_pT) + r(-\Delta_R H_m)\,\mathrm{d}V_R\,. \tag{XXXI}$$

Diese Wärmebilanz berücksichtigt nicht eine Wärmezuführung von außen bzw. eine Wärmeabführung nach außen; sie gilt also nur für *adiabate Reaktionsführung*. Erfolgt eine Wärmezuführung oder -abführung durch eine Wärmeaustauschfläche, so ist noch der durch ein differentielles Flächenelement $\mathrm{d}A_W$ einer Wärmeaustauschfläche, meist des Rohrmantels, hindurchtretende Wärmestrom zu addieren; dieser ist gemäß Gl. (XV), Abschnitt 5.3:

$$\begin{aligned}\mathrm{d}\dot{Q} = k_W(\bar{T}_W - T)\cdot\mathrm{d}A_W &= k_W(\bar{T}_W - T)\cdot\frac{\mathrm{d}A_W}{\mathrm{d}V_R}\cdot\mathrm{d}V_R = \\ &= k_W(\bar{T}_W - T)\cdot(A_W)_{V_R}\cdot\mathrm{d}V_R\,,\end{aligned} \tag{XXXII}$$

wobei $(A_W)_{V_R}$ die Wärmeaustauschfläche pro Volumeneinheit des Strömungsrohres ist. Insgesamt lautet die Wärmebilanz dann:

$$0 = -\mathrm{d}(\dot{m}c_pT) + r(-\Delta_R H_m)\,\mathrm{d}V_R + k_W(\bar{T}_W - T)\cdot(A_W)_{V_R}\cdot\mathrm{d}V_R\;; \tag{XXXIII}$$

($\bar{T}_W$ mittlere Temperatur des Heiz- bzw. Kühlmittels). ——

Beim *kontinuierlich betriebenen Rührkessel* mit idealer Durchmischung der Reaktionsmasse (Abb. 11.1, 2b) wird das Anfangsgemisch (Reaktionspartner usw.) laufend eingespeist und das Endgemisch, welches die Reaktionsprodukte sowie nicht umgesetzte Reaktionspartner enthält, kontinuierlich abgezogen. Infolge der intensiven (idealen) Durchmischung der Reaktionsmasse wird der Zulaufstrom sofort mit der im Kessel befindlichen Reaktionsmasse vermischt. Daher hat der Austragstrom dieselbe Zusammensetzung, Temperatur und dieselben physikalischen Eigenschaften wie der Kesselinhalt. Bei stationärer Betriebsweise sind Zusammensetzung, Temperatur und physikalische Eigenschaften der Reaktionsmasse sowohl örtlich, d. h. an jeder Stelle des Reaktionsraumes, als auch zeitlich konstant.

Beispiel 11-8. Für den instationären und den stationären Betriebszustand ist die Stoffbilanz eines Reaktanden *i* in einem kontinuierlich betriebenen Rührkessel mit idealer Durchmischung der Reaktionsmasse abzuleiten.

Da die Konzentrationen im ganzen Kessel örtlich konstant und gleich denjenigen am Austritt aus dem Kessel sind, s. Abb. 11.4,

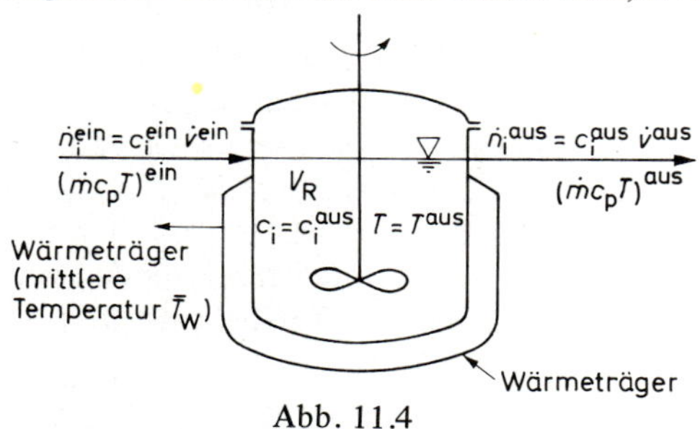

Abb. 11.4

folgt für den *instationären Betriebszustand* aus Gl. (IV), Abschnitt 1, unmittelbar:

$$\frac{\mathrm{d}n_i^{aus}}{\mathrm{d}t} = \dot{n}_i^{ein} - \dot{n}_i^{aus} + V_R\,(r\,\nu_i)^{aus}\,. \qquad \text{(XXXIV)}$$

$(r\,\nu_i)^{aus}$ bedeutet, daß im Geschwindigkeitsausdruck die Konzentrationen c_i^{aus} einzusetzen sind, da die Zustände im Kessel gleich denjenigen am Austritt aus dem Kessel sind.

Entsprechend ergibt sich für den *stationären Betriebszustand* ($\mathrm{d}n_i^{aus}/\mathrm{d}t = 0$):

$$0 = \dot{n}_i^{ein} - \dot{n}_i^{aus} + V_R\,(r\,\nu_i)^{aus}\,. \qquad \text{(XXXV)}$$

Beispiel 11-9. Für den instationären und den stationären Betriebszustand eines kontinuierlich betriebenen Rührkessels mit idealer Durchmischung sind die Wärmebilanzen abzuleiten.

Die Wärmebilanz für den instationären Betriebszustand ergibt sich unmittelbar aus der Gl. (IX), Abschnitt 1, wenn wir berücksichtigen, daß die Zustände im Kessel infolge der idealen Durchmischung gleich den Zuständen am Austritt aus dem Kessel sind, und außerdem gemäß Gl. (XV), Abschnitt 5.3, einen Term $\dot{Q} = k_W A_W (\bar{T}_W - T^{aus})$ addieren, welcher dem Wärmestrom Rechnung trägt, der durch eine Wärmeaustauschfläche von außen zugeführt bzw. nach außen abgeführt wird. Wir erhalten dann:

$$\frac{d(mc_p T)^{aus}}{dt} = (\dot{m}c_p T)^{ein} - (\dot{m}c_p T)^{aus} + r^{aus}(-\Delta_R H_m) V_R + k_W A_W (\bar{T}_W - T^{aus}). \tag{XXXVI}$$

Im stationären Betriebszustand tritt keine zeitliche Änderung ein, so daß sich aus vorstehender Gleichung ergibt:

$$0 = (\dot{m}c_p T)^{ein} - (\dot{m}c_p T)^{aus} + r^{aus}(-\Delta_R H_m) V_R + k_W A_W (\bar{T}_W - T^{aus}). \tag{XXXVII}$$

Die *Temperatur der Reaktionsmischung* beeinflußt sowohl die *Kinetik einer chemischen Reaktion*, als auch die *Lage des Gleichgewichtes* und damit den thermodynamisch maximal erreichbaren Umsatzgrad; schließlich kann die Lage des Gleichgewichtes auch vom Gesamtdruck abhängen, unter dem die Reaktion durchgeführt wird. Die Methoden zur Berechnung des Gleichgewichtsumsatzgrades sollen uns hier nicht beschäftigen; vielmehr sei in dieser Hinsicht auf Lehrbücher der chemischen Reaktionstechnik und der physikalischen Chemie verwiesen (s. Literaturverzeichnis).

Da chemische Reaktionen stets von Wärmeffekten begleitet sind, muß man natürlich wissen, in welcher Weise sich diese auf die Temperatur der Reaktionsmischung und damit auf die Reaktionsgeschwindigkeit auswirken. Durch Eingriffe von außen, d. h. durch Kühlung oder Heizung der Reaktionsmischung während der Reaktion haben wir schließlich die Möglichkeit, die Temperatur der Reaktionsmasse und damit auch die Reaktionsgeschwindigkeit zu beeinflussen und zu lenken.

Man unterscheidet drei Arten der *Temperaturlenkung*. Bei der *isothermen Temperaturführung* wird die Reaktionswärme vollständig an das Kühlsystem abgeführt (bei exothermen Reaktionen) bzw. vom Heizsystem aufgenommen (bei endothermen Reaktionen). Dadurch ist die Temperatur der Reaktionsmischung sowohl zeitlich als auch örtlich konstant, d. h.

$$\mathrm{d}T/\mathrm{d}t = 0 \quad \text{und} \quad \mathrm{d}T/\mathrm{d}x = 0. \tag{XXXVIII}$$

Diese Bedingungen können bei Reaktionen in technischen Apparaten nicht genau erfüllt werden; die Gründe dafür werden wir in den nächsten Abschnitten kennenlernen. Allerdings kann man bei hinreichend kleinen Temperaturänderungen praktisch isotherme Verhältnisse annehmen.

Bei *adiabater Temperaturführung* und exothermer Reaktion verbleibt die durch die Reaktion gebildete Wärmemenge vollständig in der Reaktionsmasse; entsprechend wird bei einer endothermen Reaktion die durch die Reaktion verbrauchte Wärmemenge vollständig aus der Reaktionsmasse aufgenommen. Es wird also keine Wärme durch Wärmeaustausch nach außen abgeführt oder von außen zugeführt. Bei adiabater Temperaturführung ändert sich die

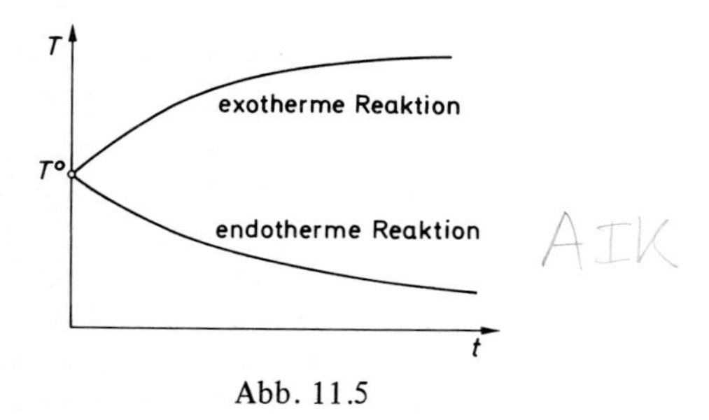

Abb. 11.5

Temperatur der Reaktionsmasse mit fortschreitendem Umsatzgrad; infolgedessen ändern sich auch die temperaturabhängigen Konstanten in den Geschwindigkeitsgleichungen. Somit wird bei exothermen Reaktionen die Temperatur im Reaktor ansteigen, bei endothermen Reaktionen sinken, wie Abb. 11.5 schematisch anhand des Temperaturverlaufs als Funktion der Zeit in einem adiabat und diskontinuierlich betriebenen Rührkessel zeigt.

Bei *polytroper Temperaturführung* wird nur ein Teil der Reaktionswärme ausgetauscht; dadurch kann auch eine Änderung der Temperatur der Reaktionsmischung eintreten. Während die isotherme und die adiabate Temperaturführung Grenzfälle darstellen, umfaßt die polytrope Temperaturführung alle Möglichkeiten der Temperaturführung zwischen diesen beiden Grenzfällen; in

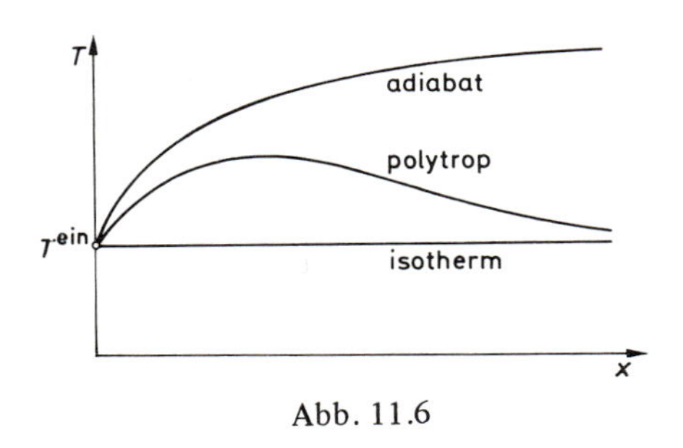

Abb. 11.6

Abb. 11.6 ist dies schematisch durch die Temperaturverläufe als Funktion der Ortskoordinate x eines Strömungsrohres bei einer exothermen einfachen Reaktion veranschaulicht.

11.7 Diskontinuierlich betriebener Rührkessel mit idealer Durchmischung der Reaktionsmasse

Die Aufgabe der Reaktorberechnung besteht darin, das für eine geforderte Produktionsleistung $\dot{n}_P$ eines Produktes P (hergestellte Produktmenge in der Zeiteinheit) erforderliche Reaktionsvolumen V_R zu ermitteln. Die Reaktor-Betriebszeit für eine Charge ist gleich der Summe aus Reaktionszeit t und Totzeit t_{tot} (Totzeit: zum Füllen, Aufheizen, Abkühlen und Entleeren des Reaktors benötigte Zeit, s. Abschnitt 11.1).

Beispiel 11-10. Es ist eine Beziehung zur Berechnung des Reaktionsvolumens V_R eines diskontinuierlich betriebenen Rührkessels aufzustellen, welches für eine geforderte Produktionsleistung $\dot{n}_P$ erforderlich ist.

Aus Gl. (XX) erhält man mit $i = \mathrm{P}$ und $n_P^0 = 0$ (d. h. zu Beginn der Reaktion liegt noch kein Produkt in der Reaktionsmasse vor):

$$\dot{n}_P = \frac{n_P}{t + t_{tot}} = \frac{\nu_P}{|\nu_k|} \cdot \frac{n_k^0 U_k}{(t + t_{tot})} = \frac{\nu_P}{|\nu_k|} \cdot \frac{c_k^0 V_R^0 U_k}{(t + t_{tot})} . \quad \text{(XXXIX)}$$

Nach dem Satz von der Erhaltung der Masse ist

$$m = konst. = \rho^0 V_R^0 = \rho V_R , \quad \text{(XL)}$$

daraus $$V_R^0 = V_R \rho/\rho^0 . \quad \text{(XLI)}$$

Damit erhält man durch Einsetzen in Gl. (XXXIX) und Auflösen nach V_R:

$$V_R = \dot{n}_P \cdot \frac{|\nu_k|}{\nu_P} \cdot \frac{\rho^0}{\rho} \cdot \frac{(t + t_{tot})}{c_k^0 U_k} . \quad \text{(XLII)}$$

In dieser Gleichung ist für ρ die kleinste während der Reaktor-Betriebszeit auftretende Dichte, für t_{tot} ein angemessener Wert der Totzeit einzusetzen (s. Beispiel 11-15); Wertepaare für t und U_k erhält man durch Integration der Stoffbilanz(en), zusammen mit der Wärmebilanz, wie die folgenden Abschnitte zeigen werden. ——

11.7.1 Diskontinuierlich isotherm betriebener Rührkessel mit idealer Durchmischung der Reaktionsmasse

Bei *isothermer Temperaturführung* ist zur Integration der Stoffbilanz(en) die Wärmebilanz nicht erforderlich; letztere wird nur für die Berechnung des zur Aufrechterhaltung der konstanten Temperatur notwendigen Kühl- bzw. Heizbedarfs benötigt, s. Beispiel 11-16. Oft ist es zweckmäßig, der Stoffbilanz, Gl. (XXVI), Abschnitt 11.6, des diskontinuierlichen, ideal durchmischten Rührkessels eine andere, für den jeweiligen Fall geeignetere Form zu geben, wie die folgenden Beispiele zeigen werden.

Beispiel 11-11. In der Stoffbilanz für den diskontinuierlich betriebenen Rührkessel mit idealer Durchmischung der Reaktionsmasse, Gl. (XXVI), Abschnitt 11.6, soll die Stoffmenge n_i durch die Konzentration c_i ausgedrückt werden.

Es gilt: $c_i = n_i/V_R$, d. h. $n_i = c_i V_R$. Die Stoffbilanz lautet dann:

$$\frac{dn_i}{dt} = \frac{d(c_i V_R)}{dt} = V_R \cdot \frac{dc_i}{dt} + c_i \cdot \frac{dV_R}{dt} = r \nu_i V_R , \quad \text{(XLIII)}$$

oder
$$\frac{dc_i}{dt} = r\,\nu_i - \frac{c_i}{V_R}\cdot\frac{dV_R}{dt}. \tag{XLIV}$$

Der zweite Term auf der rechten Seite der Gleichung berücksichtigt eine mögliche zeitliche Änderung des Reaktionsvolumens im Verlauf der Reaktion. Bei Reaktionen in flüssiger Phase sind Volumenänderungen meistens vernachlässigbar, d. h. $dV_R/dt = 0$. Bei sog. volumenbeständigen Reaktionen gilt dann für die Stoffbilanz:

$$\frac{dc_i}{dt} = r\,\nu_i. \text{ ——} \tag{XLV}$$

Beispiel 11-12. In der Stoffbilanz für den diskontinuierlichen, ideal durchmischten Rührkessel soll die Stoffmenge n_i mit Hilfe des Umsatzgrades (Umsatzes) einer Bezugskomponente k ausgedrückt werden.

Aus Gl. (XX), Abschnitt 11.4, folgt durch Differentiation:

$$dn_i = \frac{\nu_i}{|\nu_k|}\cdot n_k^0\, dU_k. \tag{XLVI}$$

Damit erhält man nach entsprechender Umformung für die Stoffbilanz:

$$dt = \frac{n_K^0}{V_R}\cdot\frac{dU_k}{r\,|\nu_k|} = \frac{c_k^0\,V_R^0}{V_R}\cdot\frac{dU_k}{r\,|\nu_k|}. \tag{XLVII}$$

Bei volumenbeständigen Reaktionen ist $V_R = V_R^0$ und damit

$$dt = c_k^0\cdot\frac{dU_k}{r\,|\nu_k|}. \text{ ——} \tag{XLVIII}$$

Bei Verwendung der Stoffbilanz in der Formulierung der Gl. (XLVIII) ist die Variable der Umsatzgrad. Daher müssen im Ausdruck für die Reaktionsgeschwindigkeit r alle Konzentrationen mit Hilfe des Umsatzgrades als Variable ausgedrückt werden.

Beispiel 11-13. Für eine volumenbeständige Reaktion, $|\nu_A|\,A + \ldots \rightarrow$ Reaktionsprodukte, welche in 1. Ordnung von der Konzentration c_A des Reaktionspartners A abhängt ($r = kc_A$), ist der Zusammenhang zwischen der Reaktionszeit t und der

Konzentration c_A bzw. dem Umsatz U_A des Reaktionspartners abzuleiten.

Für die Reaktionsgeschwindigkeit gilt: $r = kc_A$, (a), bzw. $r = kc_A^0(1 - U_A)$, (b).

Damit folgt durch Einsetzen von (a) in die Stoffbilanz,

Gl. (XLV), mit $i = A$ und $\nu_A = -|\nu_A|$: $\frac{dc_A}{dt} = \nu_A k c_A =$

$= -|\nu_A| kc_A$ und nach Trennung der Variablen

$\frac{dc_A}{c_A} = -k|\nu_A|dt$. Die Integration liefert mit $c_A = c_A^0$ zur

Zeit $t = 0$:

$$\ln \frac{c_A}{c_A^0} = -k|\nu_A|t \quad \text{oder} \quad c_A = c_A^0 \cdot e^{-k|\nu_A|t}. \tag{XLIX}$$

Entsprechend erhält man durch Einsetzen der Geschwindigkeitsgl in die Stoffbilanz, Gl. (XLVIII), und Integration ($k = A$):

$$t = c_A^0 \cdot \int_0^{U_A} \frac{dU_A}{|\nu_A| k c_A^0 (1 - U_A)} = \frac{-1}{k|\nu_A|} \cdot \ln(1 - U_A), \tag{L}$$

oder $$U_A = 1 - e^{-k|\nu_A|t}. \tag{LI}$$

Beispiel 11-14. Für eine Reaktion $|\nu_A|A + \ldots \rightarrow$ Reaktionsprodukte, deren Reaktionsgeschwindigkeit in n-ter Ordnung vom Reaktionspartner A abhängt ($r = kc_A^n$), soll die Reaktionszeit berechnet werden, nach welcher ein Umsatz U_A erzielt wurde. $r = kc_A^n = k(c_A^0)^n(1 - U_A)^n$.

$$t = \frac{c_A^0}{|\nu_A| k (c_A^0)^n} \cdot \int_0^{U_A} \frac{dU_A}{(1 - U_A)^n} = \frac{(1 - U_A)^{1-n} - 1}{|\nu_A| k (c_A^0)^{n-1}(n - 1)}. \tag{LII}$$

Für einige wichtige Zeitgesetze bei isothermer Temperaturführung und für volumenbeständige Reaktionen sind die Beziehungen zwischen Reaktionszeit und Umsatz in der nachstehenden Tabelle 11 aufgeführt. An einem konkreten Beispiel soll nun die Berechnung der

Tabelle 11.1. *Reaktionszeit in Abhängigkeit vom Umsatz für einige wichtige Zeitgesetze bei isothermer Temperaturführung und volumenbeständige Reaktionen* (Gleichgewichtskonstante $K_c = k_1/k_2$)

Reaktion	$r =$	Reaktionszeit $t =$	
$\lvert\nu_A\rvert A + \ldots \to \ldots$	kc_A	$\frac{-1}{k\lvert\nu_A\rvert}\ln(1-U_A)$	(L)
$\lvert\nu_A\rvert A + \ldots \to \ldots$	kc_A^n ($n \neq 1$)	$\frac{(1-U_A)^{1-n}-1}{k\lvert\nu_A\rvert(c_A^0)^{n-1}(n-1)}$	(LII)
$\lvert\nu_A\rvert A + \ldots \to \ldots$	k (Nullte Ordnung)	$\frac{c_A^0 U_A}{k\lvert\nu_A\rvert}$	(LIII)
$\lvert\nu_A\rvert A + \lvert\nu_B\rvert B + \ldots \to \ldots$	$kc_A c_B$ ($c_A \neq c_B$)	$\frac{1}{k(c_A^0\lvert\nu_B\rvert - c_B^0\lvert\nu_A\rvert)}\ln\frac{c_B^0\lvert\nu_A\rvert(1-U_A)}{c_B^0\lvert\nu_A\rvert - c_A^0\lvert\nu_B\rvert U_A}$	(LIV)
$A \underset{k_2}{\overset{k_1}{\rightleftharpoons}} P$	$k_1 c_A - k_2 c_P = k_1\left(c_A - \frac{c_P}{K_c}\right)$	$\frac{K_c}{k_1(1+K_c)}\ln\frac{K_c c_A^0 - c_P^0}{K_c c_A^0 - c_P^0 - (1+K_c)c_A^0 U_A}$	(LV)

Reaktionszeit und des für eine bestimmte Produktionsleistung erforderlichen Reaktionsvolumens gezeigt werden.

Beispiel 11-15. Unter Verwendung von Schwefelsäure als Katalysator soll in einem diskontinuierlich betriebenen Rührkessel mit idealer Durchmischung der Reaktionsmasse bei 100 °C Butylacetat hergestellt werden:

$$\underset{(A)}{CH_3COOH} + C_4H_9OH \rightarrow \underset{(P)}{CH_3COOC_4H_9} + H_2O$$

Bei einem Überschuß von Butanol ist die volumenbeständige Reaktion in 2. Ordnung von der Konzentration der Essigsäure abhängig:

$$r = kc_A^2, \text{ wobei } k = 2{,}90 \cdot 10^{-4} \text{ m}^3/(\text{kmol} \cdot \text{s}) \text{ ist.}$$

Die Anfangskonzentration der Essigsäure beträgt $c_A^0 = 1{,}753$ kmol/m

Es sind zu berechnen:

a) die Reaktionszeit t, um einen Umsatz der Essigsäure $U_A = 0{,}55$ zu erzielen,

b) das Reaktionsvolumen V_R für eine Produktionsleistung von 150 kg/h = 1,293 kmol/h Butylacetat; die Totzeit zum Füllen des Reaktors, Aufheizen und Abkühlen der Reaktionsmasse sowie Entleeren des Reaktors betrage 40 min.

Aus der Gl. (LII) folgt für $n = 2$:

$$t = \frac{1}{|\nu_A| k c_A^0} \cdot \frac{U_A}{1 - U_A} = \frac{1}{1 \cdot (2{,}90 \cdot 10^{-4}) \cdot 1{,}753} \cdot \frac{0{,}55}{1 - 0{,}55} = $$
$$= 2404 \text{ s} = 40{,}07 \text{ min.}$$

Das Reaktionsvolumen für eine Produktionsleistung $\dot{n}_P = 1{,}293$ kmo = 0,02155 kmol/min berechnet man nach Gl. (XLII), mit $\rho = \rho^0$

$$V_R = \dot{n}_P \cdot \frac{|\nu_A|}{\nu_P} \cdot \frac{(t + t_{tot})}{c_A^0 U_A} = 0{,}02155 \cdot \frac{1}{1} \cdot \frac{40{,}07 + 40}{1{,}753 \cdot 0{,}55} = $$
$$= 1{,}790 \text{ m}^3 . \text{——}$$

Aufgaben. 11/1. Zur Herstellung polymerer Werkstoffe auf Styrolbasis stehen mehrere prozeßtechnische Varianten zur Verfügung. Außer der thermisch initiierten Polymerisation in Lösung spielen besonders die mittels geeigneter Initiatoren gestarteten Masse- und Pfropfpolymerisationen eine technische Rolle

Bei konstanter Initiatorkonzentration wurde für die Bildung von schlagzähem Polystyrol durch Pfropfpolymerisation von Styrol mit Polybutadien als Pfropfkomponente experimentell folgende Geschwindigkeitsgleichung ermittelt (Index „St“: Styrol): $r_{St} = -kc_{St}^{3/2}$, mit $k = 3{,}33 \cdot 10^{11} \cdot e^{-E/RT}$ $(dm^3)^{0,5}/(mol^{0,5} \cdot h)$ und $E = 97\,210$ J/mol.

Zu berechnen ist die Reaktionszeit als Funktion des Umsatzes in einem diskontinuierlichen Rührkessel bei einer Temperatur von 370 K und einer Anfangskonzentration von $c_{St}^0 = 7{,}88$ mol/dm³.

Welche Menge an Polystyrol könnte in einem diskontinuierlichen Rührkessel mit einem Reaktionsvolumen $V_R = 10$ m³ bei einem Umsatz $U_{St} = 0{,}30$ in einer Charge hergestellt werden, wenn die Anfangs-Massenanteile $w_{St} = 96\%$ und $w_{PB} = 4\%$ betragen? (Index „PB“: Polybutadien). Die Dichten sind: $\rho_{St} = 850$ kg/m³, $\rho_{PB} = 1030$ kg/m³. Die Reaktion kann als volumenkonstant angenommen werden. Das Polybutadien findet sich unabhängig vom Umsatz im Produkt wieder.

11/2. Man berechne die Reaktionszeit in einem diskontinuierlich betriebenen Rührkessel für die Reaktion $2\,A \rightarrow B$ mit $r = kc_A^2$. Die Anfangskonzentrationen betragen $c_A^0 = 1$ kmol/m³, $c_B^0 = 0$ kmol/m³; $k = 5{,}5 \cdot 10^{-3}$ m³/(kmol·s). Der Endumsatz soll $U_A = 0{,}75$ betragen.

11/3. Für die Reaktion $A + B \rightarrow C$ soll die Reaktionszeit in einem diskontinuierlich betriebenen Rührkessel berechnet werden, wenn die Anfangskonzentrationen $c_A^0 = 1$ kmol/m³ und $c_B^0 = 2$ kmol/m³ betragen. Die Geschwindigkeitsgleichung lautet $r = kc_A c_B$, wobei die Geschwindigkeitskonstante $k = 2{,}50 \cdot 10^{-4}$ m³/(kmol·s) beträgt. Der Umsatz des Reaktionspartners A soll $U_A = 0{,}80$ erreichen.

Bei isothermer Temperaturführung wird, wie schon erwähnt, die Wärmebilanz nicht zur Integration der Stoffbilanz(en) benötigt, sondern nur zur Berechnung des Kühl- bzw. Heizbedarfs, wie anhand des folgenden Beispiels gezeigt werden wird.

Beispiel 11-16. Eine exotherme homogene und volumenbeständige Reaktion, $A + \ldots \rightarrow$ Reaktionsprodukte, soll in einem diskontinuierlich und isotherm bei 40 °C betriebenen Rührkessel mit idealer Durchmischung durchgeführt werden. Das Reaktionsvolumen V_R beträgt 2,0 m³. Gegeben sind folgende Daten:

a) Reaktionsgeschwindigkeitsgleichung $r = kc_A$ mit $k = 0{,}2283 \cdot \exp\,[-20\,600/(8{,}3143 \cdot T)]$ s⁻¹,
b) Anfangskonzentration $c_A^0 = 1500$ mol/m³,
c) Reaktionsenthalpie $\Delta_R H_m = -62{,}9$ kJ/mol,
d) Größe der Wärmeaustauschfläche $A_W = 5{,}5$ m²,

e) Wärmedurchgangskoeffizient $k_W = 69{,}8 \text{ W/(m}^2\cdot\text{K)}$,
f) Dichte der Reaktionsmasse $\rho = 800 \text{ kg/m}^3$,
g) spezifische Wärmekapazität der Reaktionsmasse $c_P = 2{,}51 \text{ kJ/(kg}\cdot\text{K)}$.

Die Temperatur T der Reaktionsmasse soll durch Steuerung der mittleren Temperatur $\overline{T}_W$ des Kühlmittels konstant gehalten werden. Es ist die mittlere Temperatur des Kühlmittels als Funktion des Umsatzes von $U_A = 0$ bis $U_A = 1$ und als Funktion der Reaktionszeit t zu berechnen.

Für die Reaktionstemperatur $T = 313$ K ist
$k = 0{,}2283\cdot\exp[-20\,600/(8{,}3143\cdot 313)] = 8{,}331\cdot 10^{-5}\ \text{s}^{-1}$.

Die Wärmebilanz, Gl. (XXVIII), Abschnitt 11.6, vereinfacht sich für isotherme Temperaturführung $[\mathrm{d}(mc_P T)/\mathrm{d}t = 0]$ zu: $0 = r(-\Delta_R H_m)V_R + k_W A_W(\overline{T}_W - T)$. Daraus resultiert durch Einsetzen des Geschwindigkeitsausdruckes $r = kc_A = kc_A^0(1-U_A)$:

$$\overline{T}_W = T - \frac{kc_A^0(-\Delta_R H_m)V_R}{k_W A_W}\cdot(1-U_A) =$$

$$= 313 - \frac{(8{,}331\cdot 10^{-5})\cdot 1500\cdot 62\,900\cdot 2}{69{,}8\cdot 5{,}5}\cdot(1-U_A) =$$

$$= 313 - 40{,}95\cdot(1-U_A).$$

Der Zusammenhang zwischen Reaktionszeit und Umsatz ergibt sich aus Gl. (L), Abschnitt 11.7.1, zu

$$t = \frac{-1}{k|\nu_A|}\cdot\ln(1-U_A) = \frac{-1}{8{,}331\cdot 10^{-5}\cdot 1}\cdot\ln(1-U_A).$$

Aus diesen beiden Gleichungen erhält man $\overline{T}_W$ und t als Funktion von U_A:

U_A	=	0	0,1	0,2	0,3	0,4	0,5
t	=	0	21,08	44,64	71,35	102,2	138,7
$\overline{T}_W$	=	272,1	276,1	280,2	284,3	288,4	292,5
ϑ_W	=	−1,1	+3,0	7,1	11,2	15,3	19,4

U_A	=	0,6	0,7	0,8	0,9	1,0	
t	=	183,3	240,9	322,0	460,7	∞	min
$\overline{T}_W$	=	296,6	300,7	304,8	308,9	313,0	K
ϑ_W	=	23,5	27,6	31,7	35,8	39,9	°C

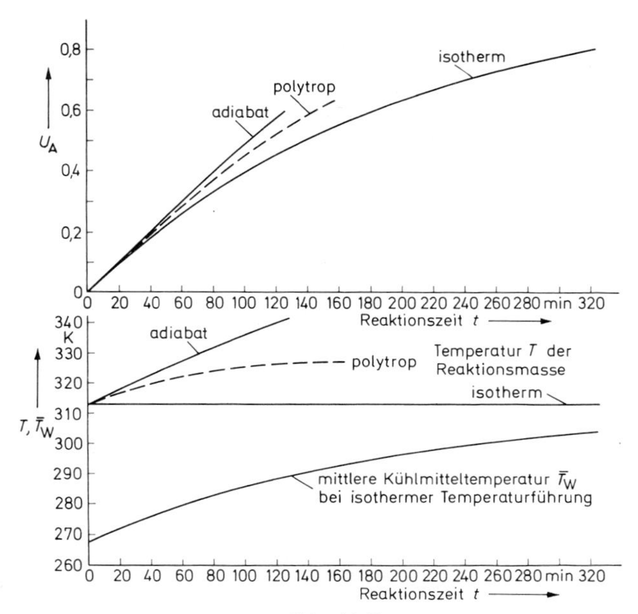

Abb. 11.7

Der Umsatz U_A und die mittlere Kühlmitteltemperatur $\bar{T}_W$ sind als Funktion der Zeit in Abb. 11.7 aufgetragen.

Aus dem Verlauf der mittleren Kühlmitteltemperatur als Funktion der Zeit ist leicht einzusehen, daß die isotherme Temperaturführung technisch sehr schwierig und nur mit großem Automatisierungsaufwand realisierbar sein wird. ——

Zusammengesetzte (komplexe) Reaktionen

Bei *zusammengesetzten (komplexen) Reaktionen* laufen zwei oder mehr einfache Reaktionen gleichzeitig ab.

Beispiel 11-17. Für die volumenbeständige reversible Reaktion $A \rightleftharpoons B$ mit $r = k_1 c_A - k_2 c_B$ $(k_1 = 3{,}472 \cdot 10^{-3}\ s^{-1},$ $k_2 = 4{,}167 \cdot 10^{-4}\ s^{-1})$ soll die Reaktionszeit berechnet werden, die in einem diskontinuierlich betriebenen Rührkessel erforderlich ist, um einen Umsatz $U_A = 0{,}80$ des Reaktionspartners A zu erzielen, wenn die Anfangskonzentrationen $c_A^0 = 1\ \text{kmol/m}^3$ und $c_B^0 = 0\ \text{kmol/m}^3$ betragen.

$$c_A = c_A^0(1-U_A); \quad c_B = c_B^0 + \frac{\nu_B}{|\nu_A|}\cdot c_A^0 U_A = 0 + \frac{1}{1}\cdot c_A^0 U_A = c_A^0 U$$

Damit resultiert ($k_1/k_2 = K_c = 8{,}332$) aus Gl. (LV), Tabelle 11.1:

$$t = c_A^0 \cdot \int_0^{U_A} \frac{dU_A}{k_1 c_A^0(1-U_A) - k_2 c_A^0 U_A} =$$

$$= \frac{K_c}{k_1(1+K_c)} \cdot \ln \frac{K_c c_A^0}{K_c c_A^0 - (1+K_c)\, c_A^0 U_A} =$$

$$= \frac{8{,}332}{(3{,}472\cdot 10^{-3})(1+8{,}332)} \cdot \ln \frac{8{,}332\cdot 1}{8{,}332\cdot 1 - (1+8{,}332)\cdot 1\cdot 0{,}80} =$$

$= 582\ \text{s} = 9{,}70\ \text{min.}$ ——

Beispiel 11-18. Für die volumenbeständige Parallelreaktion

$A \overset{1}{\to} P$, $A \overset{2}{\to} X$ mit $r_1 = k_1 c_A$ und $r_2 = k_2 c_A$ ($k_1 = 3{,}5\cdot 10^{-3}\ \text{s}^{-1}$ und $k_2 = 1{,}5\cdot 10^{-3}\ \text{s}^{-1}$) soll die Reaktionszeit in einem diskontinuierlich betriebenen Rührkessel berechnet werden, welche für einen Umsatz $U_A = 0{,}80$ benötigt wird. Wie groß ist die Ausbeute A_P an Produkt und die Selektivität S_P in bezug auf das Produkt P? Zum Zeitpunkt $t = 0$ sind $c_A^0 = 1\ \text{kmol/m}^3$ und $c_P^0 = c_X^0 = 0\ \text{kmol/m}^3$.

Stoffbilanz für Stoff A:

$\frac{dc_A}{dt} = \sum_j r_j \nu_{Aj} = -r_1 - r_2 = -(k_1 + k_2)c_A$. Daraus folgt durch Integration $\ln \frac{c_A}{c_A^0} = \ln(1-U_A) = -(k_1+k_2)t$ oder durch Umformung $c_A = c_A^0 \cdot e^{-(k_1+k_2)t}$ bzw. $t = \frac{-1}{(k_1+k_2)} \cdot \ln(1-U_A) =$

$$= \frac{-1}{(1{,}5\cdot 10^{-3} + 3{,}5\cdot 10^{-3})} \cdot \ln(1-0{,}8) = 321{,}9\ \text{s} = 5{,}365\ \text{min.}$$

Stoffbilanz für Stoff P:

$\frac{dc_P}{dt} = k_1 c_A = k_1 c_A^0 \cdot e^{-(k_1+k_2)t}$. Daraus durch Integration:

$c_P = \dfrac{k_1 c_A^0}{(k_1 + k_2)} \cdot (1 - e^{-(k_1 + k_2)t})$. Schließlich erhält man mit

Hilfe der Gln. (XVI) und (XVII), Abschnitt 11.4, für die Ausbeute

$$A_P = \frac{c_P}{c_A^0} = \frac{k_1}{k_1 + k_2} \cdot (1 - e^{-(k_1 + k_2)t}) =$$

$$= \frac{3{,}5 \cdot 10^{-3}}{(3{,}5 + 1{,}5) \cdot 10^{-3}} \cdot (1 - e^{-(3{,}5 + 1{,}5) \cdot 10^{-3} \cdot 321{,}9}) = 0{,}56,$$

und die Selektivität $S_P = \dfrac{c_P}{c_A^0 - c_A} = \dfrac{k_1}{k_1 + k_2} = \dfrac{3{,}5 \cdot 10^{-3}}{5 \cdot 10^{-3}} =$

$= 0{,}70$. ——

11.7.2 Diskontinuierlich adiabat betriebener Rührkessel mit idealer Durchmischung der Reaktionsmasse

Bei *adiabater Temperaturführung* in einem diskontinuierlich betriebenen Rührkessel mit idealer Durchmischung der Reaktionsmasse entfällt in der Wärmebilanz, Gl. (XXVIII), Abschnitt 11.6, das Glied $k_W A_W (\bar{T}_W - T)$, welches den durch eine Wärmeaustauschfläche ab- bzw. zugeführten Wärmestrom ausdrückt. Die Wärmebilanz lautet demnach:

$$\frac{d(mc_P T)}{dt} = r(-\Delta_R H_m)\, V_R\,. \qquad \text{(LVI)}$$

Die Masse m der Reaktionsmischung ist konstant; kann man die spezifische Wärmekapazität ebenfalls als konstant ansehen, oder ist hierfür ein Mittelwert über den in Frage kommenden Bereich gegeben, so ist die Wärmebilanz

$$\frac{dT}{dt} = \frac{r(-\Delta_R H_m)\, V_R}{mc_p} = \frac{r(-\Delta_R H_m)}{\rho\, c_p}\,. \qquad \text{(LVII)}$$

Hinzu kommt noch die Stoffbilanz [vgl. Gl. (XLVIII)]:

$$dt = c_k^0 \cdot \frac{dU_k}{r\,|\nu_k|}\,. \qquad \text{(LVIII)}$$

Aus diesen beiden Gleichungen erhält man durch Eliminieren von r:

$$dT = \frac{c_k^0\,(-\Delta_R H_m)}{\rho\, c_P\, |\nu_k|} \cdot dU_k\,. \qquad \text{(LIX)}$$

Vernachlässigt man die Temperaturabhängigkeit von $\Delta_R H_m$, so folgt daraus durch Integration:

$$T = T^0 + \frac{(-\Delta_R H_m)\, c_k^0}{\rho\, c_p\, |\nu_k|} \cdot U_k = T^0 + \Delta T_{ad} \cdot U_k, \qquad \text{(LX)}$$

(T^0 Temperatur der Reaktionsmasse beim Umsatz $U_k = 0$, d. h. zum Zeitpunkt $t = 0$).

$$\Delta T_{ad} = \frac{(-\Delta_R H_m)\, c_k^0}{\rho\, c_p\, |\nu_k|} \qquad \text{(LXI)}$$

ist die bei adiabater Temperaturführung und vollständigem Umsatz ($U_k = 1$) maximal mögliche Temperaturänderung.

Im Geschwindigkeitsausdruck der Stoffbilanz, Gl. (LVIII), ist nunmehr, im Gegensatz zur isothermen Temperaturführung, die Reaktionstemperatur eine Funktion des Umsatzes gemäß Gl. (LX).

Die Integration der Stoffbilanz, Gl. (LVIII),

$$t = c_k^0 \int_0^{U_k} \frac{d\,U_k}{r\,|\nu_k|} \qquad \text{(LXII)}$$

ist daher nicht mehr geschlossen möglich; man führt diese daher graphisch oder numerisch (s. Beispiel 11-19) aus, indem man T nach Gl. (LX) für verschiedene Umsätze $U_k = 0;\ 0{,}1\ \ldots$ berechnet, dann $r = f(T, U_k)$ ermittelt und den Quotienten $c_k^0/(r\,|\nu_k|)$ berechnet. Zur graphischen Lösung trägt man diesen Quotienten als Funktion von U_k auf. Die für einen geforderten Umsatz U_k benötigte Reaktionszeit t ist dann gleich der Fläche unter der Kurve zwischen $U_k = 0$ und $U_k = U_k$. Die numerische Integration kann nach der Trapezformel oder nach der Simpsonschen Formel erfolgen (s. z. B. Wittenberger/Fritz, Physikalisch-chemisches Rechnen, Abschnitt 3.3.5).

Beispiel 11-19. Für die Reaktion des Beispiels 11-16 und mit den dort angegebenen Daten soll die Reaktionszeit berechnet werden, die erforderlich ist, um bei adiabater Temperaturführung in einem diskontinuierlich betriebenen Rührkessel mit idealer Durchmischung einen Umsatz des Reaktionspartners A von

$U_A = 0{,}60$ zu erzielen, wenn die Anfangstemperatur der Reaktionsmasse $T = 313$ K ($\vartheta = 40$ °C) beträgt. Ferner ist ΔT_{ad} zu berechnen.

$$T = T^0 + \frac{(-\Delta_R H_m)\, c_A^0}{\rho\, c_p\, |\nu_A|} \cdot U_A =$$

$$= 313 + \frac{62\,900 \cdot 1500}{800 \cdot 2510 \cdot 1} \cdot U_A = 313 + 46{,}98 \cdot U_A. \quad r = k c_A =$$

$$= k c_A^0\,(1 - U_A) \text{ und damit } \frac{c_A^0}{r} = \frac{c_A^0}{k c_A^0 (1 - U_A)} =$$

$$= \frac{1}{0{,}2283 \cdot \exp\,[-20\,600/(8{,}3143 \cdot T)]\,(1 - U_A)}. \qquad \text{(a)}$$

In der untenstehenden Tabelle sind die für die Umsätze $U_A = 0{,}00 \ldots 0{,}60$ nach Gl. (LX) berechneten Werte für die Temperatur T der Reaktionsmasse und die Werte für den Quotienten der Gl. (a) aufgeführt. Mit letzteren wurde die Reaktionszeit t nach der Trapezformel berechnet (ΔU Breite der Schritte):

$$t = \Delta U \cdot \left(\frac{a_0}{2} + a_1 + a_2 + a_3 + \ldots + a_{n-1} + \frac{a_n}{2}\right), \text{ z. B.}$$

$$t = 0{,}05 \cdot \left(\frac{12\,003}{2} + 11\,926 + \ldots + \frac{15\,599}{2}\right) =$$

$$= 7623{,}75 \text{ s} = 127{,}06 \text{ min für } U_A = 0{,}60.$$

Nach der Simpsonschen Formel ist

$$t = \frac{\Delta U}{3} \cdot (a_0 + 4\,a_1 + 2\,a_2 + 4\,a_3 + 2\,a_4 + \ldots + 2\,a_{n-2} +$$

$$+ 4\,a_{n-1} + a_n), \text{ z. B. } t = \frac{0{,}05}{3} \cdot (12\,003 + 4 \cdot 11\,863 +$$

$$+ 2 \cdot 11\,876 + \ldots + 15\,599) = 7619{,}93 \text{ s} = 126{,}99 \text{ min für } U_A = 0{,}60.$$

U_A	T K	Quotient (a) s	Reaktionszeit t min
0,00	313,0	12 003	0
0,05	315,3	11 926	
0,10	317,7	11 863	19,88
0,15	320,0	11 876	
0,20	322,4	11 911	39,69

U_A	T K	Quotient (a) s	Reaktionszeit t min
0,25	324,7	12 033	
0,30	327,1	12 190	59,76
0,35	329,4	12 452	
0,40	331,8	12 775	80,53
0,45	334,1	13 238	
0,50	336,5	13 812	102,64
0,55	338,8	14 598	
0,60	341,2	15 599	127,06

Aus der ersten Gleichung dieses Beispiels ergibt sich sofort $\Delta T_{ad} = 46{,}98$ K, d. h. bei adiabater Temperaturführung steigt bei vollständigem Umsatz die Temperatur von $T^0 = 313$ K auf $T = T^0 + \Delta T_{ad} = 313 + 46{,}98 = 359{,}98$ K $= 86{,}88$ °C an.

Der Umsatz U_A und die Temperatur T der Reaktionsmasse sind als Funktion der Reaktionszeit t in Abb. 11.7 aufgetragen. Daraus ersieht man, daß bei adiabater Temperaturführung, im Vergleich zur isothermen Temperaturführung, infolge der höheren Temperatur (exotherme Reaktion!) und der dadurch bedingten höheren Reaktionsgeschwindigkeit jeweils nach denselben Reaktionszeiten höhere Umsätze erzielt werden. ——

11.7.3 Diskontinuierlich polytrop betriebener Rührkessel mit idealer Durchmischung der Reaktionsmasse

Für einen diskontinuierlich betriebenen Rührkessel mit idealer Durchmischung der Reaktionsmasse lautet bei einer volumenbeständigen Reaktion die Stoffbilanz nach Gl. (XLVIII), Abschnitt 11.7.1:

$$\frac{\mathrm{d}U_k}{\mathrm{d}t} = \frac{r\,|\nu_k|}{c_k^0}, \text{ (LXIII a)}, \text{ bzw. } r = \frac{c_k^0}{|\nu_k|} \cdot \frac{\mathrm{d}U_k}{\mathrm{d}t}. \text{ (LXIII}$$

Die Wärmebilanz entsprechend Gl. (XXVIII), Abschnitt 11.6, mit $c_p = konst.$, hat folgende Form:

$$\frac{\mathrm{d}T}{\mathrm{d}t} = \frac{r\,(-\Delta_R H_m)\,V_R}{mc_p} + \frac{k_W A_W (\bar{T}_W - T)}{mc_p}, \qquad \text{(LXIV)}$$

oder, wenn man darin r aus Gl. (LXIII b) einsetzt

$$\frac{dT}{dt} = \frac{c_k^0(-\Delta_R H_m)\, V_R}{m c_p\, |\nu_k|} \cdot \frac{dU_k}{dt} + \frac{k_W A_W (\overline{T}_W - T)}{m c_p} \,. \qquad \text{(LXV)}$$

Die Differentialgleichungen der Stoffbilanz und der Wärmebilanz müssen simultan gelöst werden. Dazu ist es erforderlich, numerische Methoden, gewöhnlich in Verbindung mit einem Iterationsverfahren, anzuwenden. Der Einfachheit halber betrachten wir eine Reaktion 1. Ordnung:

$$r\,|\nu_k| = k c_k = k c_k^0 (1 - U_k) = k_0 e^{-E/(RT)} c_k^0 (1 - U_k). \qquad \text{(LXVI)}$$

Dann lauten die Bilanzen, wenn man von der Differentialform zur Differenzenform übergeht ($m/V_R = \rho$):

$$\frac{\Delta U_k}{\Delta t} = k_0 e^{-E/(R\overline{T})} (1 - \overline{U}_k) \quad \text{und} \qquad \text{(LXVII)}$$

$$\frac{\Delta T}{\Delta t} = \frac{c_k^0(-\Delta_R H_m)}{\rho\, c_p\, |\nu_k|} \cdot \frac{\Delta U_k}{\Delta t} + \frac{k_W A_W (\overline{T}_W - \overline{T})}{m c_p} \,. \qquad \text{(LXVIII)}$$

($\overline{U}_k$ mittlerer Umsatz, $\overline{T}$ mittlere Temperatur im betreffenden Zeit- bzw. Temperaturintervall).

Das Lösungsprinzip soll anhand des folgenden Beispiels erläutert werden.

Beispiel 11-20. Für die Reaktion der Beispiele 11-16 und 11-19 und mit den dort angegebenen Daten soll die Reaktionszeit berechnet werden, die erforderlich ist, um bei *polytroper Temperaturführung* in einem diskontinuierlich betriebenen Rührkessel mit idealer Durchmischung der Reaktionsmasse einen Umsatz des Reaktionspartners A von $U_A = 0{,}60$ zu erzielen, wenn die Anfangstemperatur der Reaktionsmasse $T^0 = 313$ K ($\vartheta^0 = 40$ °C) und die mittlere Temperatur des Kühlmittels konstant $T_W = 305$ K ($\vartheta_W = 32$ °C) beträgt.

Man geht schrittweise in einzelnen Intervallen vor. Wir wählen, ausgehend von der Anfangstemperatur $T^0 = 313$ K, zunächst ein erstes Temperaturintervall $\Delta T_1 = 2$ K. Dann ist die mittlere Temperatur im ersten Intervall $\overline{T}_1 = T^0 + \Delta T_1/2 = 313 + 2/2 = 314$ K und die Temperatur am Ende des ersten Intervalles

$T_1 = T^0 + \Delta T_1 = 313 + 2 = 315$ K. Als erste Näherung nehmen wir an, daß im ersten Intervall der mittlere Umsatz $\bar{U}_{A1} = U^0_{A1} = 0$ ist. Dann ist nach Gl. (LXVII):

$$\frac{\Delta U_{A1}}{\Delta t_1} = k_0 e^{-E/(R\bar{T}_1)} (1 - \bar{U}_{A1}) = 0{,}2283 \cdot e^{-2478/314} (1 - 0) =$$

$= 8{,}534 \cdot 10^{-5}$ s^{-1}. Weiter erhält man aus Gl. (LXVIII):

$$\frac{\Delta T_1}{\Delta t_1} = \frac{c^0_A(-\Delta_R H_m)}{\rho\, c_p\, |\nu_A|} \cdot \frac{\Delta U_{A1}}{\Delta t_1} + \frac{k_W A_W}{m c_p} \cdot (\bar{T}_W - \bar{T}_1) =$$

$$= \frac{1500 \cdot 62\,900}{800 \cdot 2510 \cdot 1} \cdot \frac{\Delta U_{A1}}{\Delta t_1} + \frac{69{,}8 \cdot 5{,}5}{1600 \cdot 2510} \cdot (305 - \bar{T}_1) =$$

$$= 46{,}99 \cdot \frac{\Delta U_{A1}}{\Delta t_1} + (9{,}56 \cdot 10^{-5}) \cdot (305 - \bar{T}_1) =$$

$$= 46{,}99 \cdot 8{,}534 \cdot 10^{-5} + (9{,}56 \cdot 10^{-5})\,(305 - 314) =$$
$$= 3{,}1497 \cdot 10^{-3} \text{ K/s.}$$

Da $\Delta T_1 = 2$ K gewählt wurde, folgt daraus $\Delta t_1 = 2/(3{,}1497 \cdot 10$ $= 634{,}93$ s. Damit berechnet man aus der Stoffbilanz (erste Gleichur $\Delta U_{A1} = 8{,}534 \cdot 10^{-5} \cdot \Delta t_1 = (8{,}534 \cdot 10^{-5}) \cdot 634{,}93 = 0{,}054188$. ΔU ist ein annähernder Wert für die Änderung des Umsatzes im ersten Intervall. Dann ist der mittlere Umsatz im ersten Intervall $\bar{U}_{A1} = 0{,}054188/2 = 0{,}027094$. Diesen Wert benutzen wir nunmehr, um eine bessere Näherung für $\Delta U_{A1}/\Delta t_1$ im ersten Intervall aus der Stoffbilanz zu erhalten: $\Delta U_{A1}/\Delta t_1 = 8{,}3032 \cdot 10^{-5}$ s^{-1}. Damit folgt aus der Wärmebilanz: $\Delta T_1/\Delta t_1 = 3{,}0413 \cdot 10^{-3}$ K/s, womit man, da $\Delta T_1 = 2$ K gewählt wurde, für $\Delta t_1 = 657{,}6$ s erhält. Damit ergibt sich, da für $\Delta U_{A1}/\Delta t_1 = 8{,}3032 \cdot 10^{-5}$ s^{-1} berechnet wurde (s. oben), für $\Delta U_{A1} = 0{,}054603$ und für $\bar{U}_{A1} = \Delta U_{A1}/2 = 0{,}027301$. Dieses Verfahren wiederholt man so lange, bis zwei aufeinanderfolgende Näherungsschritte eine befriedigende Übereinstimmung zeigen. In einem weiteren Schritt erhält man $\bar{U}_{A1} = 0{,}027303$, bei einem Gesamtumsatz am Ende des ersten Intervalles von $U_{A1} = 0{,}054606$, wozu eine Reaktionszeit von $t_1 = 657{,}79$ s $= 10{,}96$ min berechnet wurde.

Man geht nun zum nächsten Temperaturintervall ΔT_2 über, wofür wir wieder einen Wert von 2 K annehmen. Auch hier werden die Schritte so lange wiederholt, bis in zwei aufeinanderfolgenden ausreichende Übereinstimmung der berechneten Werte erzielt wird. Die etwas zeitraubende Rechnung kann bequem mit einem Taschenrechner durchgeführt werden, eleganter natürlich mit einem Rechenautomaten. In sieben Temperaturintervallen wurden folgende Werte am Ende der einzelnen Intervalle erhalten:

Intervall	0	1	2	3
T, in K	313	315	317	319
U_A	0	0,0546	0,1131	0,1764
t, in min	0	10,96	22,82	35,92

Intervall	4	5	6	7
T, in K	321	323	325	327
U_A	0,2463	0,3261	0,4248	0,6275
t, in min	50,85	68,80	92,96	155,46

(Intervall 0: Beginn des ersten Temperaturintervalles).

Aus einer Auftragung des Umsatzes U_A sowie der Temperatur T der Reaktionsmasse als Funktion der Reaktionszeit kann man ablesen, daß für einen Umsatz $U_A = 0{,}60$ bei polytroper Temperaturführung unter den gegebenen Reaktionsbedingungen eine Reaktionszeit $t = 146$ min erforderlich ist, s. Abb. 11.7; zum Vergleich sind auch noch die Umsatz- und Temperatur-Kurven als Funktion der Reaktionszeit für isotherme und adiabate Temperaturführung aus den Beispielen 11-16 und 11-19 mit eingetragen. ——

In der Wärmebilanz für den diskontinuierlich betriebenen Rührkesselreaktor mit idealer Durchmischung, Gl. (XXVIII), ist natürlich auch der Sonderfall enthalten, daß keine chemische Reaktion stattfindet ($r = 0$):

$$\frac{\mathrm{d}(mc_p T)}{\mathrm{d}t} = k_W A_W (\overline{T}_W - T). \qquad \text{(LXIX)}$$

Diese Gleichung beschreibt dann den zeitlichen Verlauf der Aufheizung bzw. Abkühlung, je nachdem, ob $\overline{T}_W > T$ oder ob $\overline{T}_W < T$ ist, in einem Rührkessel durch indirekten Wärmeaustausch, d. h. durch eine Wärmeaustauschfläche (Heiz- oder Kühlfläche) hindurch.

Beispiel 11-21. In einem diskontinuierlich betriebenen Rührkessel sollen 1000 kg einer Reaktionsmischung [$c_p = 4{,}2$ kJ/(kg·K) = = 4200 J/(kg·K)] durch Sattdampf der Temperatur $\bar{\vartheta}_W = 98$ °C ($\bar{T}_W = 371$ K) von der Temperatur $\vartheta^0 = 20$ °C ($T^0 = 293$ K) auf die Temperatur $\vartheta = 80$ °C ($T = 353$ K) vorgewärmt werden. Dabei findet noch keine chemische Reaktion statt ($r = 0$). Der Wärmedurchgangskoeffizient ist $k_W = 3700$ W/(m²·K), die Wärmeaustauschfläche beträgt $A_W = 3{,}1$ m². Welche Zeit ist zur Vorwärmung erforderlich?

Aus Gl. (LXIX) folgt: $\frac{\mathrm{d}(mc_p T)}{\mathrm{d}t} = k_W A_W (\bar{T}_W - T)$. Ist mc_p zeitlich konstant, d. h. $\mathrm{d}(mc_p)/\mathrm{d}t = 0$, so ist $\frac{\mathrm{d}T}{\bar{T}_W - T} = \frac{k_W A_W}{mc_p} \cdot \mathrm{d}t$,

woraus sich durch Integration ergibt: $\ln \frac{\bar{T}_W - T}{\bar{T}_W - T^0} = -\frac{k_W A_W}{mc_p} \cdot t$

oder $t = -\frac{mc_p}{k_W A_W} \cdot \ln \frac{\bar{T}_W - T}{\bar{T}_W - T^0} = -\frac{1000 \cdot 4200}{3700 \cdot 3{,}1} \cdot \ln \frac{371 - 353}{371 - 293} =$

$= 536{,}9$ s $= 8{,}95$ min. ——

11.7.4 Optimierung von Umsatz und Reaktionszeit eines diskontinuierlich betriebenen Rührkessels hinsichtlich maximaler Produktionsleistung

In die Gl. (XLII), Abschnitt 11.7, für das Reaktionsvolumen eines diskontinuierlich betriebenen Rührkessels sind Wertepaare für den Umsatz U_k und die Reaktionszeit t einzusetzen, welche sich aus der Integration der Stoffbilanz zusammen mit der Wärmebilanz ergeben. Es fragt sich nun, ob man z. B. hohe Umsätze anstreben und damit hohe Reaktionszeiten in Kauf nehmen soll. Wollen wir eine maximale Produktionsleistung eines Produkts erzielen, d. h. auf maximale Produktionsleistung optimieren, so erhalten wir aus der Maximumsbedingung $\mathrm{d}\dot{n}_P/\mathrm{d}t = 0$ eine Auskunft über den zu wählenden Umsatz und die diesem entsprechende Reaktionszeit. Aus der Gl. (XXXIX), Abschnitt 11.7, erhalten wir durch Differentiation nach t und Nullsetzen als Bedingung für maximale Produktionsleistung:

$$\frac{\mathrm{d}U_k}{\mathrm{d}t} = \frac{U_k}{t + t_{tot}}, \qquad \text{(LXX)}$$

d. h. die Tangente an die Kurve $U_k(t)$ muß die Steigung $U_k/(t + t_{tot})$ haben.

Beispiel 11-22. Bei der Reaktion des Beispiels 11-20 (Daten s. auch Beispiel 11-16) in einem diskontinuierlich und polytrop betriebenen Rührkessel betrage bei einer Produktionsleistung von 3,6 kmol/h (= 60 mol/min) die Totzeit $t_{tot} = 50$ min. Welchen Umsatz und welche Reaktionszeit hat man zu wählen, damit die Produktionsleistung unter den angegebenen Bedingungen einen Maximalwert erreicht? Wie groß ist dann das erforderliche Reaktionsvolumen?

Man trägt die berechneten Tabellenwerte für U_A des Beispiels 11-20 als Funktion der Reaktionszeit t auf, s. Abb. 11.8, und legt vom

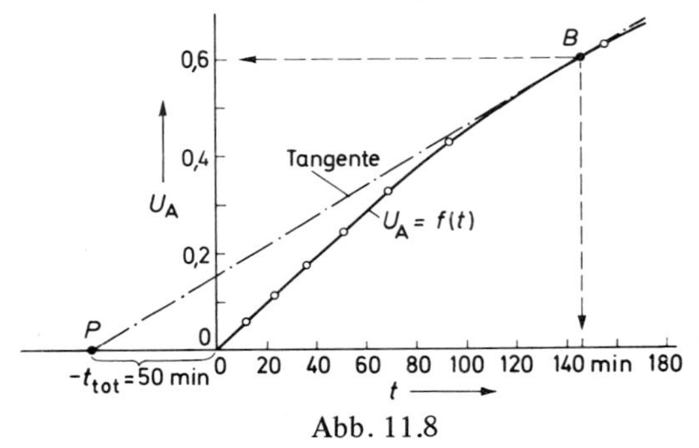

Abb. 11.8

Punkt P mit dem Abszissenwert $-t_{tot}$ eine Tangente an die Kurve. Der Ordinatenwert des Berührungspunktes B ergibt den zu wählenden Umsatz $U_A = 0{,}60$, der Abszissenwert die Reaktionszeit $t = 146$ min. Das erforderliche Reaktionsvolumen ist dann nach Gl. (XLII), Abschnitt 11.7, (mit $\rho = \rho^0$):

$$V_R = \dot{n}_P \cdot \frac{|\nu_A|}{\nu_P} \cdot \frac{(t + t_{tot})}{c_A^0 U_A} = 60 \cdot \frac{1 \cdot (146 + 50)}{1 \cdot 1500 \cdot 0{,}60} = 13{,}067 \text{ m}^3 .$$ ——

11.8 Ideales Strömungsrohr

Die Stoffbilanz des idealen Strömungsrohres lautet nach Gl. (XXX), Abschnitt 11.6:

$$\frac{d V_R}{\dot{v}^{ein}} = c_k^{ein} \cdot \frac{d U_k}{r\,|\nu_k|}, \qquad \text{(LXXI)}$$

und die Wärmebilanz nach Gl. (XXXIII), Abschnitt 11.6:

$$\frac{d(\dot{m} c_p T)}{d V_R} = r(-\Delta_R H_m) + k_W (A_W)_{V_R} (\bar{T}_W - T). \quad \text{(LXXII)}$$

Wir vergleichen nun diese beiden Bilanzgleichungen mit denjenigen, welche für den diskontinuierlich betriebenen Rührkessel mit idealer Durchmischung gelten [Gl. (XLVIII), Abschnitt 11.7.1, und Gl. (XXVIII), Abschnitt 11.6]:

$$d t = c_k^0 \cdot \frac{d U_k}{r |\nu_k|} \quad \text{(LXXIII)}$$

und
$$\frac{1}{V_R} \cdot \frac{d(m c_p T)}{d t} = r(-\Delta_R H_m) + k_W \cdot \frac{A_W}{V_R} \cdot (\bar{T}_W - T). \quad \text{(LXXIV)}$$

Dabei stellen wir fest, daß die Bilanzgleichungen dieser beiden Reaktor-Grundtypen vollkommen analog sind; nur ist beim idealen Strömungsrohr die Variable die Ortskoordinate x bzw. das dazu proportionale Reaktorvolumen $V_R = q \cdot x$ (q Rohrquerschnitt, $q = konst.$), beim diskontinuierlich betriebenen Rührkessel dagegen die Reaktionszeit t. Daher gelten z. B. die integrierten Stoffbilanzen für isotherme Temperaturführung des diskontinuierlich betriebenen Rührkessels, s. die Tabelle 11/1, genauso für das ideale Strömungsrohr wenn man an Stelle der Reaktionszeit t den Quotienten $V_R / \dot{v}^{ein}$ setzt

Diese Verhältnisse drücken sich auch in der Abb. 11.1 (1 und 2a) aus. Man sieht, daß der *zeitliche* Verlauf der Konzentration eines Reaktionspartners A im diskontinuierlich betriebenen Kessel genau dem *örtlichen* Konzentrationsverlauf im idealen Strömungsrohr entspricht, d. h. $t \mathrel{\hat{=}} V_R / \dot{v}^{ein}$ ($= L / w^{ein}$; L Rohrlänge, w^{ein} Geschwindigkeit der Reaktionsmasse am Eintritt in das Strömungsrohr).

Die Berechnungsmethoden des Strömungsrohres sind auch für adiabate und polytrope Temperaturführung genau analog denjenigen, welche für die entsprechenden Arten der Temperaturführung beim diskontinuierlich betriebenen Rührkessel beschrieben wurden. Wir können daher darauf verzichten, alle diese Methoden nochmals zu wiederholen und durch Beispiele zu erläutern.

Beispiel 11-23. Die Reaktion des Beispiels 11-15 soll nun in einem idealen Strömungsrohr unter isothermen Bedingungen bei

100 °C durchgeführt werden, wobei dieselbe Produktionsleistung $\dot{n}_P = 1{,}293$ kmol/h Butylacetat gefordert ist. Es sollen berechnet werden:

a) der hierfür erforderliche Zulaufstrom $\dot{v}^{ein}$ bei einem Umsatz der Essigsäure $U_A = 0{,}55$;

b) das benötigte Reaktorvolumen (gleich Reaktionsvolumen) des Strömungsrohres.

a) Aus Gl. (XXII), Abschnitt 11.4, folgt mit $i = P$, $k = A$ und $c_P^{ein} = 0$ (kein Reaktionsprodukt im Zulaufstrom):

$$\dot{v}^{ein} = \frac{|\nu_A|\,\dot{n}_P}{\nu_P c_A^{ein} U_A} = \frac{1 \cdot 1{,}293}{1 \cdot 1{,}753 \cdot 0{,}55} = 1{,}341 \text{ m}^3/\text{h}.$$

b) Für dieselbe Produktionsleistung wird in einem diskontinuierlich betriebenen Rührkessel eine Reaktionszeit $t = 40{,}07$ min $=$ $= 0{,}6678$ h benötigt, s. Beispiel 11-15. Da der Reaktionszeit t im Satzreaktor der Quotient $V_R/\dot{v}^{ein}$ im Strömungsrohr entspricht, gilt: $V_R/\dot{v}^{ein} \mathrel{\widehat{=}} t = 0{,}6678$ h; daraus erhält man $V_R = 0{,}6678 \cdot 1{,}341 =$ $= 0{,}8955 \text{ m}^3$. ——

Eine Volumenänderung bei Gasreaktionen steht in direktem Zusammenhang mit der Änderung der Gesamt-Stoffmenge und damit mit dem Umsatz. Bei Gasreaktionen drückt man die Zusammensetzung meist durch die Molenbrüche aus. Es gilt:

$$c_i = x_i \cdot \frac{p}{RT} \qquad \text{(LXXV)}$$

(p Gesamtdruck, R Gaskonstante, T thermodynamische Temperatur).

Mit Hilfe von Gl. (XXIV), Abschnitt 11.4, folgt daraus ($x_i^0 = x_i^{ein}$, $x_k^0 = x_k^{ein}$):

$$c_i = \frac{x_i^{ein} + \dfrac{\nu_i}{|\nu_k|} \cdot x_k^{ein} U_k}{1 + \dfrac{\Sigma \nu_j}{|\nu_k|} \cdot x_k^{ein} U_k} \cdot \frac{p}{RT}. \qquad \text{(LXXVI)}$$

Zum Beispiel ist dann für eine Reaktion in der Gasphase $|\nu_A| A + \ldots \rightarrow |\nu_P| P + \ldots$ mit der Geschwindigkeitsgleichung $r = k c_A$ bei isothermer Reaktionsführung:

$$V_R = \frac{\dot{n}_A^{ein}}{k\,|\nu_A|\,x_A^{ein}} \cdot \frac{RT^{ein}}{p} \cdot \int\limits_0^{U_A} \frac{1 + \frac{\Sigma \nu_j}{|\nu_A|} \cdot x_A^{ein} U_A}{1 - U_A} \cdot dU_A =$$

$$= \frac{\dot{n}_A^{ein}}{k\,|\nu_A|\,x_A^{ein}} \cdot \frac{RT^{ein}}{p} \cdot \left[\left(1 + \frac{\Sigma \nu_j}{|\nu_A|} \cdot x_A^{ein}\right) \cdot \ln\left(\frac{1}{1 - U_A}\right) - \right.$$

$$\left. - \frac{\Sigma \nu_j}{|\nu_A|} \cdot x_A^{ein} U_A \right] . \qquad \text{(LXXVII)}$$

Für eine volumenbeständige Reaktion ($\Sigma \nu_j = 0$) folgt daraus

$$V_R = \frac{\dot{n}_A^{ein}}{k\,|\nu_A|\,x_A^{ein}} \cdot \frac{RT^{ein}}{p} \cdot \ln\left(\frac{1}{1 - U_A}\right) = \frac{\dot{v}^{ein}}{k\,|\nu_A|} \cdot \ln\left(\frac{1}{1 - U_A}\right) \qquad \text{(LXXVIII)}$$

Beispiel 11-24. Styrol wird technisch durch Dehydrierung von Äthylbenzol in der Gasphase an Eisenoxid-Katalysatoren bei 873 K hergestellt:

$$\underset{\text{(A)}}{C_6H_5C_2H_5} \xrightarrow{\text{Katal.}} \underset{\text{(St)}}{C_6H_5{-}CH{=}CH_2} + \underset{(H_2)}{H_2}$$

Die Reaktionsgeschwindigkeit wird hier, wie häufig bei der heterogenen Gaskatalyse, auf die Masse des Katalysators bezogen (nicht wie bei homogenen Reaktionen auf das Reaktionsvolumen). Es gilt für die Kinetik:

$$|r_A| = r\,|\nu_A| = kc_A \text{ mit } k = 0{,}2\ \text{m}^3/(\text{kg}\cdot\text{h}),\ (\text{bei } 873\ \text{K}).$$

Um die unerwünschte Koksbildung auf dem Katalysator zu unterdrücken, wird dem Äthylbenzol Wasserdampf zugesetzt. Bei einem konstanten Gesamtdruck von 150 000 N/m² beträgt der Partialdruck des Äthylbenzols am Reaktoreintritt 30 000 N/m². Die Schüttdichte des Katalysators ist 1500 kg/m³. Wieviel Rohre von 5 m Länge und 0,03 m Innendurchmesser muß ein *Rohrbündelreaktor* haben, wenn die Produktionsleistung an Styrol 3750 t pro Jahr bei einem Umsatz des Äthylbenzols $U_A = 0{,}40$ betragen soll? (Betriebsstunden: 8000 h/a).

Der geforderten Produktionsleistung entspricht ein Stoffmengenstrom an Styrol $\dot{n}_{St}^{aus} = \frac{\dot{m}_{St}^{aus}}{M_{St}} = \frac{3\,750\,000}{104{,}15} = 36\,006$ kmol/a = = 4,501 kmol/h.

Bei einem Umsatz des Äthylbenzols von 0,40 muß dessen Stoffmengenstrom am Reaktoreintritt $\dot{n}_A^{ein} = \frac{\dot{n}_{St}^{aus}}{U_A} = \frac{4{,}501}{0{,}40} =$ = 11,253 kmol/h betragen.

Der Molenbruch des Äthylbenzols am Eintritt in den Reaktor beträgt $x_A^{ein} = \frac{p_A^{ein}}{p} = \frac{3 \cdot 10^4}{1{,}5 \cdot 10^5} = 0{,}2$. Die Reaktion verläuft unter Volumenvermehrung, und zwar ist $\Sigma \nu_j = -1 + 2 = 1$.
Für eine unter Volumenänderung stattfindende Gasphasenreaktion 1. Ordnung gilt Gl. (LXXVII). Darin ersetzen wir, da die Reaktionsgeschwindigkeit und damit auch die Geschwindigkeitskonstante auf die Einheit der Katalysatormasse (m_{Kat}) bezogen sind, V_R durch m_{Kat} und erhalten:

$$m_{Kat} = \frac{11\,253}{0{,}2 \cdot 1 \cdot 0{,}2} \cdot \frac{8{,}3143 \cdot 873}{1{,}5 \cdot 10^5} \left[\left(1 + \frac{1}{1} \cdot 0{,}2\right) \cdot \ln \frac{1}{1 - 0{,}40} - \right.$$

$$\left. - \frac{1}{1} \cdot 0{,}2 \cdot 0{,}40\right] = 13\,613 \cdot 0{,}533 = 7256 \text{ kg}.$$

Um diese Katalysatormasse unterzubringen, ist ein Gesamt-Reaktorvolumen $V_{Reaktor} = \frac{7256}{1500} = 4{,}837 \text{ m}^3$ erforderlich.

Das Volumen eines Rohres beträgt $V_{Rohr} = \frac{d_R^2 \cdot \pi}{4} \cdot L = \frac{(0{,}03)^2 \cdot 3{,}14}{4} \cdot 5 = 3{,}5343 \cdot 10^{-3} \text{ m}^3$. Somit werden $\frac{4{,}837}{3{,}5343 \cdot 10^{-3}} = 1369$ Rohre von 0,03 m Durchmesser und 5 m Länge benötigt. ——

Beispiel 11-25. In einem adiabat betriebenen, als ideal zu betrachtenden Strömungsrohr soll Äthylenoxid (O) mit Wasser (W) zu Äthylenglykol (G) umgesetzt werden:

$$\underset{\text{(O)}}{\underset{\diagdown O \diagup}{CH_2-CH_2}} + \underset{\text{(W)}}{H_2O} \longrightarrow \underset{\text{(G)}}{\underset{OH \quad OH}{CH_2-CH_2}}$$

Die Eintrittstemperatur in den Reaktor beträgt $\vartheta^{ein} = 150\ °C$ ($T^{ein} = 423{,}15$ K); das Verhältnis der Massenströme von Wasser und Äthylenoxid am Eintritt in den Reaktor ist $\dot{m}_W^{ein}/\dot{m}_O^{ein} = 9$. Der Umsatz des Äthylenoxids am Austritt aus dem Reaktor soll $U_O = 0{,}999$ betragen bei einer Ausbeute an Äthylenglykol $A_G = 0{,}85$. Gegeben sind folgende Daten: $|r_O| = r|\nu_O| = kc_O$; $k_0 = 5{,}012 \cdot 10^6\ s^{-1}$, $E = 72\,653$ J/mol; molare Reaktionsenthalpie $\Delta_R H_m = -92\,110$ J/mol, mittlere spezifische Wärmekapazität $\bar{c}_p = 4{,}1868$ kJ/(kg·K), Dichte der Reaktionsmasse $\rho = \rho^{ein} = 1000$ kg/m³. Es ist das Volumen des adiabat betriebenen Strömungsrohres für eine Produktionsleistung an Äthylenglykol $\dot{m}_G^{aus} = 75\,000$ kg/d zu berechnen.

Wir berechnen zuerst die Mengenströme am Eintritt in den Reaktor, ebenso die Eintrittskonzentration c_O^{ein} des Äthylenoxids. Analog der Beziehung für die Ausbeute, Gl. (XVI), Abschnitt 11.4, erhalten wir für kontinuierlichen Betrieb ($k = O$; $\dot{n}_P^{ein} = 0$; Produkt P ist das Äthylenglykol G, d. h. $\dot{n}_P = \dot{n}_G = \dot{n}_G^{aus}$):

$$\dot{n}_O^{ein} = \frac{\dot{n}_G^{aus}}{A_G} \cdot \frac{|\nu_O|}{\nu_G}, \text{ oder in Massenströmen } (\dot{m} = \dot{n}M):$$

$$\frac{\dot{m}_O^{ein}}{M_O} = \frac{\dot{m}_G^{aus}}{M_G \cdot A_G} \cdot \frac{|\nu_O|}{\nu_G}, \quad \text{daraus } \dot{m}_O^{ein} = \frac{\dot{m}_G^{aus}}{A_G} \cdot \frac{M_O}{M_G} \cdot \frac{1}{1} =$$

$$= \frac{75\,000}{0{,}85} \cdot \frac{44}{62} = 62\,619 \text{ kg/d} = 2609 \text{ kg/h} = 43{,}5 \text{ kg/min} =$$

$$= 0{,}7247 \text{ kg/s}.$$

Andererseits ist $\dot{m}_W^{ein} = 9 \cdot \dot{m}_O^{ein}$ (s. Aufgabenstellung) und $\dot{m}_{ges} = \dot{m}_{ges}^{ein} = \dot{m}_W^{ein} + \dot{m}_O^{ein} = 9 \cdot \dot{m}_O^{ein} + \dot{m}_O^{ein} = 10 \cdot \dot{m}_O^{ein} =$ $= (10 \cdot 62\,619)$ kg/d $= 626\,190$ kg/d $= 26\,090$ kg/h $=$ $= 435$ kg/min $= 7{,}247$ kg/s. Somit ist der Volumenstrom $\dot{v} = \dot{v}^{ein} = \dot{m}_{ges}^{ein}/\rho^{ein} = (26\,090/1000)\ m^3/h = 26{,}090\ m^3/h =$ $= 0{,}435\ m^3/min = 7{,}247 \cdot 10^{-3}\ m^3/s$.

Schließlich ist die Eintrittskonzentration für Äthylenoxid

$(M_O = 44 \text{ kg/kmol})$: $c_O^{ein} = \frac{\dot{n}_O^{ein}}{\dot{v}^{ein}} = \frac{\dot{m}_O^{ein}}{M_O \, \dot{v}^{ein}} = \frac{0{,}7247}{44 \cdot 7{,}247 \cdot 10^{-3}} =$

$= 2{,}273 \text{ kmol/m}^3$.

Die Bilanzgleichungen lauten für unseren Fall

a) Stoffbilanz: $\mathrm{d}V_R = \dot{n}_O^{ein} \cdot \frac{\mathrm{d}U_O}{r|\nu_O|} = \dot{n}_O^{ein} \cdot \frac{\mathrm{d}U_O}{kc_O} =$

$= \dot{n}_O^{ein} \cdot \frac{\mathrm{d}U_O}{kc_O^{ein}(1-U_O)}$ oder $r = \frac{\dot{n}_O^{ein}}{|\nu_O|} \cdot \frac{\mathrm{d}U_O}{\mathrm{d}V_R}$;

b) Wärmebilanz: $\dot{m}c_p \cdot \frac{\mathrm{d}T}{\mathrm{d}V_R} = r(-\Delta_R H_m) = \frac{\dot{n}_O^{ein}(-\Delta_R H_m)}{|\nu_O|} \cdot \frac{\mathrm{d}U_O}{\mathrm{d}V_R}$.

Aus der letzten Gleichung ergibt sich für den Zusammenhang zwischen T und U_O ($\dot{n}_O^{ein} = c_O^{ein}\dot{v}^{ein}$; $\dot{m} = \dot{m}^{ein} = \rho^{ein}\dot{v}^{ein} = \rho\dot{v}$) durch Integration:

$$T = T^{ein} + \frac{\dot{n}_O^{ein}(-\Delta_R H_m)}{\dot{m}c_p|\nu_O|} \cdot U_O = T^{ein} + \frac{c_O^{ein}(-\Delta_R H_m)}{\rho c_p |\nu_O|} \cdot U_O .$$

Die Stoffbilanz integrieren wir wieder wie bei Beispiel 11-19 numerisch, indem wir für verschiedene Umsätze zunächst T, damit $k = k_0 \cdot e^{-E/(R \cdot T)}$ und weiter den Quotienten $\dot{n}_O^{ein}/[kc_O^{ein}(1-U_O)]$ berechnen und dann mit Hilfe der Simpsonschen Formel integrieren. Den Gesamtumsatz $U_O = 0{,}999$ teilen wir zweckmäßig bei Umsätzen bis $U_O = 0{,}7992$ in Abschnitte von $U_O = (0{,}999/10) = = 0{,}0999$ ein und dann bei den höheren Umsätzen ab $U_O = 0{,}7992$ bis zum Endumsatz $U_O = 0{,}999$ in kleinere Abschnitte von $U_O = 0{,}0333$. Wir erhalten dann für die Temperatur T, die Geschwindigkeitskonstante k und den Quotienten $\dot{n}_O^{ein}/[kc_O^{ein}(1-U_O)]$ folgende Werte:

U_O	= 0	0,0999	0,1998	0,2997	
T	= 423,15	428,15	433,14	438,14	K
k	= 5,390	6,859	8,678	$10{,}924 \cdot 10^{-3}$	s^{-1}
Quotient q_n	= 1,3446	1,1739	1,0436	0,9473	m^3
U_O	= 0,3996	0,4995	0,5994	0,6993	
T	= 443,13	448,13	453,12	458,12	K
k	= 13,675	17,040	21,122	$26{,}070 \cdot 10^{-3}$	s^{-1}
Quotient q_n	= 0,8827	0,8498	0,8565	0,9245	m^3

U_O	= 0,7992	0,8325	0,8658	0,8991	
T	= 463,11	464,78	466,45	468,11	K
k	= 32,019	34,265	36,651	$39{,}168 \cdot 10^{-3}$	s^{-1}
Quotient q_n	= 1,1272	1,2627	1,4734	1,8338	m^3

U_O	= 0,9324	0,9657	0,9990	
T	= 469,78	471,44	473,11	K
k	= 41,856	44,689	$47{,}710 \cdot 10^{-3}$	s^{-1}
Quotient q_n	= 2,5613	4,7280	151,9015	m^3

Von $U_O = 0$ bis $U_O = 0{,}7992$ ist nach der Simpsonschen Formel (s. Beispiel 11-19): $V_R = \frac{\Delta U_O}{3} \cdot (q_0 + 4\,q_1 + 2\,q_2 + 4\,q_3 + 2\,q_4 + \ldots 4\,q_{n-1} + q_n) = \frac{0{,}0999}{3} \cdot (1{,}3446 + 4 \cdot 1{,}1739 + 2 \cdot 1{,}0436 + \ldots + 4 \cdot 0{,}9245 + 1{,}1272) = 0{,}7865\ m^3$. Analog ergibt sich für den Bereich von $U_O = 0{,}7992$ bis $U_O = 0{,}999$: $V_R = \frac{0{,}0333}{3} \cdot (1{,}127$ $+ 4 \cdot 1{,}2627 + 2 \cdot 1{,}4734 + \ldots + 4 \cdot 4{,}7280 + 151{,}9015) = 2{,}1356$ m
Das Gesamtvolumen, welches unter den gegebenen Reaktionsbedingungen für die geforderte Produktionsleistung benötigt wird, ist somit $V_R = 0{,}7865 + 2{,}1356 = 2{,}9221\ m^3$.

Man sieht, daß annähernd drei Viertel des Gesamtvolumens für den zweiten Bereich benötigt werden. In diesem Bereich steigt der Quotient außerordentlich steil an; dies ist auch der Grund dafür, daß im zweiten Bereich kleinere Schritte gewählt wurden, um bei der numerischen Integration zu brauchbaren Werten zu kommen. ——

Im nächsten Beispiel findet im Strömungsrohr, welches von einem Heizmantel umgeben ist, keine chemische Reaktion statt. Das Rohr wird lediglich zur kontinuierlichen Erwärmung eines strömenden Mediums, d. h. als reiner Wärmeaustauscher verwendet. Daher benötigen wir zur mathematischen Behandlung dieses Falles nur die Wärmebilanz.

Beispiel 11-26. Durch ein 5 m langes Strömungsrohr von 0,02 m Durchmesser strömt eine Flüssigkeit [spezifische Wärmekapazität $c_p = 4200$ J/(kg·K)] mit einem Massenstrom $\dot{m} = 0{,}90$ kg/s. Das Strömungsrohr ist zur Beheizung von einem Heizmantel umgeben; dessen Wärmeaustauschfläche pro Volumeneinheit des

Strömungsrohres beträgt $(A_W)_{V_R} = 200\ m^2/m^3$. Im Heizmantel strömt Sattdampf der Temperatur $\bar{\vartheta}_W = 98$ °C. Die Eintrittstemperatur der Flüssigkeit in das Strömungsrohr beträgt $\vartheta^{ein} = 18$ °C. Der Wärmedurchgangskoeffizient ist $k_W = 4000\ W/(m^2 \cdot K)$. Es findet keine chemische Reaktion statt ($r = 0$); die spezifische Wärmekapazität ist als konstant anzunehmen. Mit welcher Temperatur tritt die Flüssigkeit aus dem Strömungsrohr aus?

Mit $r = 0$ und $\dot{m} c_p$ = konst. lautet die Gl. (LXXII):

$$\frac{dT}{\bar{T}_W - T} = \frac{k_W (A_W)_{V_R}}{\dot{m} c_p} \cdot dV_R, \qquad \text{(LXXIX)}$$

woraus durch Integration zwischen $T = T^{ein}$ ($V_R = 0$) und $T = T^{aus}$ ($V_R = V_R$) folgt:

$$\ln\left(\frac{\bar{T}_W - T^{aus}}{\bar{T}_W - T^{ein}}\right) = -\frac{k_W (A_W)_{V_R}}{\dot{m} c_p} \cdot V_R. \qquad \text{(LXXX)}$$

Da im Zähler und Nenner dieser Gleichung nur Temperaturdifferenzen auftreten, kann man anstelle der thermodynamischen Temperaturen T auch die Temperaturen ϑ in °C einsetzen. Nach ϑ^{aus} aufgelöst lautet dann die Gleichung:

$$\vartheta^{aus} = \bar{\vartheta}_W - (\bar{\vartheta}_W - \vartheta^{ein}) \cdot \exp\left[-\frac{k_W (A_W)_{V_R}}{\dot{m} c_p} \cdot V_R\right] =$$

$$= 98 - (98 - 18) \cdot \exp\left[-\frac{4000 \cdot 200}{0{,}90 \cdot 4200} \cdot (1{,}571 \cdot 10^{-3})\right] = 40{,}6\ °C.$$

$$\left(V_R = \frac{d^2 \pi}{4} \cdot L = \frac{0{,}02^2 \cdot 3{,}14}{4} \cdot 5 = 1{,}571 \cdot 10^{-3}\ m^3\right). \text{——}$$

11.9 Kontinuierlich betriebener Rührkessel mit idealer Durchmischung der Reaktionsmasse

Die Stoff- und Wärmebilanzen des kontinuierlich betriebenen Rührkessels mit idealer Durchmischung der Reaktionsmasse sind für den *instationären Betriebszustand* durch die Gln. (XXXIV) und (XXXVI), Abschnitt 11.6, gegeben.

Mit Hilfe dieser Gleichungen läßt sich das zeitliche *Übergangsverhalten* eines kontinuierlich betriebenen Rührkessels mit idealer

Durchmischung der Reaktionsmasse beschreiben, z. B. während des *Anfahrvorganges*, oder wenn der Rührkessel infolge Änderung einer oder mehrerer Betriebsvariablen in einen anderen stationären Betriebszustand übergeht; dies wird im Rahmen des Beispiels 11-30, allerdings unter der Voraussetzung zeitlich konstanter Reaktionstemperatur, gezeigt werden.

Für den stationären Betriebszustand lauten die Stoff- und Wärmebilanzen, s. die Gln. (XXXV) und (XXXVII), Abschnitt 11.6:

$$\dot{n}_i^{aus} - \dot{n}_i^{ein} = V_R (r \nu_i)^{aus} \quad \text{und} \qquad \text{(LXXXI)}$$

$$(\dot{m} c_p T)^{aus} - (\dot{m} c_p T)^{ein} = V_R (-\Delta_R H_m)\, r^{aus} + k_W A_W (\overline{T}_W - T^{aus}). \qquad \text{(LXXXII)}$$

Beispiel 11-27. In der Stoffbilanz für den kontinuierlich betriebenen Rührkessel mit idealer Durchmischung der Reaktionsmasse sind die Stoffmengenströme $\dot{n}_i^{aus}$ und $\dot{n}_i^{ein}$ des Reaktanden i durch dessen Konzentrationen c_i^{aus} und c_i^{ein} sowie durch die Volumenströme $\dot{v}^{aus}$ und $\dot{v}^{ein}$ der Reaktionsmischung auszudrücken.

Es ist allgemein $\dot{n}_i = c_i \dot{v}$ und damit lautet die Stoffbilanz:

$$c_i^{aus} \dot{v}^{aus} - c_i^{ein} \dot{v}^{ein} = V_R (r \nu_i)^{aus}. \qquad \text{(LXXXIII)}$$

Beispiel 11-28. In der Stoffbilanz für den kontinuierlich betriebenen Rührkessel mit idealer Durchmischung der Reaktionsmasse sind die Stoffmengenströme $\dot{n}_i^{aus}$ und $\dot{n}_i^{ein}$ des Reaktanden i durch den Stoffmengenstrom $\dot{n}_k^{ein}$ und den Umsatzgrad U_k einer Bezugskomponente k auszudrücken.

Aus den Gln. (XXI) und (XXII), Abschnitt 11.4, folgt:

$$\dot{n}_i^{aus} - \dot{n}_i^{ein} = c_i^{aus} \dot{v}^{aus} - c_i^{ein} \dot{v}^{ein} = \frac{\nu_i}{|\nu_k|} \cdot \dot{n}_k^{ein} U_k. \qquad \text{(LXXXIV)}$$

Durch Einsetzen dieser Beziehung in die Gl. (LXXXIII) erhält man für die Stoffbilanz:

$$V_R = \dot{n}_k^{ein} \cdot \frac{U_k}{(r|\nu_k|)^{aus}} = c_k^{ein} \dot{v}^{ein} \cdot \frac{U_k}{(r|\nu_k|)^{aus}}. \qquad \text{(LXXXV)}$$

Ist eine bestimmte Zusammensetzung $c_k^{aus} = \dfrac{c_k^{ein} \dot{v}^{ein}}{\dot{v}^{aus}} \cdot (1 - U_k)$

am Austritt aus dem kontinuierlich betriebenen Rührkessel gefordert, so läßt sich mit Hilfe der Gl. (LXXXV) das erforderliche Reaktionsvolumen V_R berechnen. Für volumenbeständige Reaktionen ist natürlich $\dot{v}^{aus} = \dot{v}^{ein}$. ——

Beispiel 11-29. Bei der Herstellung von ϵ-Caprolactam bildet die Beckmannsche Umlagerung von Cyclohexanonoxim zu ϵ-Caprolactam die letzte Prozeßstufe, welche durch Zusatz von Oleum katalysiert wird.

Benzol $\xrightarrow{+H_2}$ Cyclohexan $\xrightarrow{+O_2}$ Cyclohexanol $\xrightarrow{-H_2}$ Cyclohexanon $\xrightarrow{+H_2NOH}$ Cyclohexanonoxim $\xrightarrow{H_2SO_4}$ ϵ-Caprolactam ($CH_2-(CH_2)_3-CH_2$, C=O, N–H) → Nylon-6

Die Reaktion soll in einem kontinuierlich betriebenen Rührkessel bei 105 °C durchgeführt werden. Es wird eine Produktionsleistung $\dot{n}_P^{aus} = \dot{n}_{Ca}^{aus} = 12\,000$ t/a ϵ-Caprolactam bei einem Umsatz des Cyclohexanonoxims von 0,998 verlangt (Betriebsstunden: 8000 h/a). Der Volumenanteil des Cyclohexanonoxims im Zulaufgemisch (Oxim und Oleum) beträgt $\varphi_{Cy} = 0{,}435$, die Dichte des Cyclohexanonoxims $\rho_{Cy} = 970$ kg/m³. Bekannt sind folgende kinetische Daten: $r = kc_{Cy}$, $E = 79{,}7$ kJ/mol, $k_0 = 6{,}63 \cdot 10^{14}$ h^{-1}.

a) Wie groß muß das Reaktionsvolumen sein?

b) Welche Produktionsleistung kann man in demselben Reaktionsvolumen bei einem Umsatz des Cyclohexanonoxims von 99,99% erreichen?

(Indizes: „Ca" ϵ-Caprolactam, „Cy" Cyclohexanonoxim)

$$k = k_0 \cdot e^{-E/RT} = 6{,}63 \cdot 10^{14} \cdot e^{-79\,700/(8{,}3143 \cdot 378)} = 6{,}427 \cdot 10^3 \text{ h}^{-1}.$$

a) Für die geforderte Produktionsleistung $\dot{n}_P^{aus} = \dot{n}_{Ca}^{aus}$ ist der erforderliche Stoffmengenstrom des Cyclohexanonoxims im Zulauf

$$\dot{n}_{Cy}^{ein} = \frac{\dot{m}_{Cy}^{ein}}{M_{Cy}} = \frac{|\nu_{Cy}|}{\nu_{Ca}} \cdot \frac{\dot{n}_{Ca}^{aus}}{U_{Cy}} = \frac{|\nu_{Cy}|}{\nu_{Ca}} \cdot \frac{\dot{m}_{Ca}^{aus}}{M_{Ca}\, U_{Cy}} \quad .$$

Da die molaren Massen M_{Cy} und M_{Ca} gleich sind, gilt

$$\dot{m}_{Cy}^{ein} = \frac{|\nu_{Cy}|}{\nu_{Ca}} \cdot \frac{\dot{m}_{Ca}^{aus}}{U_{Cy}} = \frac{1}{1} \cdot \frac{12\,000}{0{,}9998} = 12\,002{,}4 \text{ t/a} =$$

$= \frac{12\,002{,}4}{8000} = 1{,}5003$ t/h. Bei einer Dichte von 970 kg/m³ entspricht dieser Massenstrom einem Volumenstrom des Cyclohexanonoxims im Zulauf von $\dot{v}_{Cy}^{ein} = \frac{1500{,}3}{970} = 1{,}547 \text{ m}^3/\text{h}$. Da der Anteil des Cyclohexanonoxims am Gesamtvolumen $\varphi_{Cy} = 0{,}435$ beträgt, ist der Gesamtvolumenstrom des Zulaufs $\dot{v}_{ges}^{ein} = \frac{1{,}547}{0{,}435} =$ $= 3{,}556 \text{ m}^3/\text{h}$. Das Reaktionsvolumen ergibt sich unmittelbar aus der Stoffbilanz, Gl. (LXXXV): $V_R = \frac{\dot{v}_{ges}^{ein} \cdot U_{Cy}}{k(1-U_{Cy})} =$

$$= \frac{3{,}556 \cdot 0{,}9998}{(6{,}427 \cdot 10^3)(1-0{,}9998)} = 2{,}766 \text{ m}^3.$$

b) Bei einem Umsatz $U_{Cy} = 99{,}99\%$ könnte mit demselben Reaktionsvolumen V_R ein Gesamtvolumenstrom des Zulaufs

$$\dot{v}_{ges}^{ein} = V_R \cdot \frac{k(1-U_{Cy})}{U_{Cy}} = 2{,}766 \cdot \frac{(6{,}427 \cdot 10^3)(1-0{,}9999)}{0{,}9999} =$$

$= 1{,}778 \text{ m}^3/\text{h}$ erreicht werden, entsprechend einer Produktionsleistung $\dot{m}_{Ca}^{aus} = 12\,000 \cdot \frac{1{,}778}{3{,}556} = 6000$ t/a ϵ-Caprolactam. ——

Beispiel 11-30. In einem kontinuierlich betriebenen Reaktor mit idealer Durchmischung wird isotherm bei 150 °C Äthylenoxid (O) zu Äthylenglykol (G) verseift:

$$\underset{\text{(O)}}{CH_2{-}CH_2 \text{ (}{-}O{-}\text{)}} + \underset{\text{(W)}}{H_2O} \longrightarrow \underset{\text{(G)}}{\underset{OH\quad OH}{CH_2{-}CH_2}}$$

Die Reaktion wird durch OH^--Ionen katalysiert. Das Reaktionsvolumen beträgt 10 m³, der Umsatz des Äthylenoxids soll

$U_O = 0{,}85$ betragen, die Zulaufkonzentrationen sind $c_O^{ein} = 1{,}7\ \text{kmol/m}^3$ und $c_G^{ein} = 0\ \text{kmol/m}^3$.

Folgende kinetische Daten sind bekannt: $r = k c_O$, $k_0 = 1{,}188 \cdot 10^5\ \text{s}^{-1}$, $E = 67{,}200\ \text{kJ/mol}$.

a) Welcher Stoffmengenstrom des Äthylenoxids ist unter diesen Bedingungen erforderlich?

b) Wie groß ist die Jahresproduktion bei 8000 Betriebsstunden pro Jahr?

c) Nach welcher Zeit sinkt die Konzentration des Äthylenoxids im Austragsstrom auf die Hälfte der ursprünglichen stationären Konzentration $c_{O,st}^{aus}$ ab, wenn bei gleichem Volumenstrom der Zulauf des Äthylenoxids gestoppt wird?

$$k = k_0 \cdot e^{-E/RT} = 1{,}188 \cdot 10^5 \cdot e^{-67\,200/(8{,}3143 \cdot 423)} = 5{,}978 \cdot 10^{-4}\ \text{s}^{-1}.$$

a) Der Volumenstrom des Zulaufs ergibt sich aus der Stoffbilanz, Gl. (LXXXV): $\dot{v}^{ein} = \dfrac{V_R\,|\nu_O|\,k\,(1-U_O)}{U_O} =$

$$= \frac{10 \cdot 1 \cdot (5{,}978 \cdot 10^{-4})\,(1-0{,}85)}{0{,}85} = 1{,}0549 \cdot 10^{-3}\ \text{m}^3/\text{s} = 3{,}798\ \text{m}^3/\text{h}.$$

Stündlicher Stoffmengenstrom des Äthylenoxids im Zulauf:
$\dot{n}_O^{ein} = c_O^{ein}\,\dot{v}^{ein} = 1{,}7 \cdot 3{,}798 = 6{,}457\ \text{kmol/h}$.

b) Jährliche Produktionsleistung an Äthylenglykol:

$$\dot{n}_G^{aus} = \frac{\nu_G}{|\nu_O|}\,\dot{n}_O^{ein}\,U_O = \frac{1}{1} \cdot 6{,}457 \cdot 0{,}85 = 5{,}488\ \text{kmol/h} =$$

$= 43\,908\ \text{kmol/a}$. $\dot{m}_G^{aus} = \dot{n}_G^{aus} M_G = 43\,908 \cdot 62 = 2\,722\,296\ \text{kg/a} \approx$
$\approx 2{,}72\ \text{kt/a}$.

c) Das Übergangsverhalten des kontinuierlich betriebenen Rührkessels wird durch die Gl. (XXXIV) beschrieben ($i = \text{O}$). Diese lautet für unseren Fall, bei welchem der Zulauf des Äthylenoxids gestoppt wird, d. h. $c_O^{ein} = 0$ ist, und mit $V_R/\dot{v}^{aus} = V_R/\dot{v}^{ein} = \tau$:

$$\frac{dc_O^{aus}}{dt} = -\frac{c_O^{aus}}{\tau} - k c_O^{aus} = -\frac{(1 + k\tau)}{\tau} \cdot c_O^{aus} \quad \text{oder}$$

$\dfrac{dc_O^{aus}}{c_O^{aus}} = -\dfrac{(1 + k\tau)}{\tau} \cdot dt$. Mit der Anfangsbedingung $c_O^{aus} = c_{O,st}^{aus}$

zur Zeit $t = 0$ ergibt sich daraus durch Integration $\ln \dfrac{c_{\mathrm{O}}^{\mathrm{aus}}}{c_{\mathrm{O,st}}^{\mathrm{aus}}} = -\dfrac{(1 + k\tau)}{\tau} \cdot t$. Die Verweilzeit beträgt $\tau = V_{\mathrm{R}}/\dot{v}^{\mathrm{ein}} = 10/1{,}0549 \cdot 10^{-3} = 9{,}480 \cdot 10^{3}$ s. Die Zeit, nach welcher die Konzentration $c_{\mathrm{O}}^{\mathrm{aus}}$ auf die Hälfte der unter stationären Bedingungen vorliegenden Konzentration $c_{\mathrm{O,st}}^{\mathrm{aus}}$ abgefallen ist, also $c_{\mathrm{O}}^{\mathrm{aus}} = c_{\mathrm{O,st}}^{\mathrm{aus}}/2$ ist, ergibt sich daraus zu $t = -\dfrac{\tau}{1 + k\tau} \cdot \ln\left(\dfrac{1}{2}\right) = -\dfrac{9{,}480 \cdot 10^{3}}{1 + (5{,}978 \cdot 10^{-4}) \cdot (9{,}480 \cdot 10^{3})} \cdot \ln\left(\dfrac{1}{2}\right) = 985{,}6 \text{ s} = 16{,}42 \text{ min} = 0{,}274 \text{ h}$. ——

Die Konzentrationen und die Reaktionstemperatur in einem kontinuierlich betriebenen Rührkessel sind bei idealer Durchmischung der Reaktionsmasse gleich den entsprechenden Größen im Austragstrom aus dem Kessel. Daher ist es oft zweckmäßig, die Stoffbilanz nur mittels dieser für den Austragstrom geltenden Größen zu formulieren. Mit Hilfe der Definition des Umsatzes läßt sich schreiben:

$$c_{\mathrm{k}}^{\mathrm{ein}} \dot{v}^{\mathrm{ein}} = \frac{c_{\mathrm{k}}^{\mathrm{aus}} \dot{v}^{\mathrm{aus}}}{1 - U_{\mathrm{k}}} . \qquad \text{(LXXXVI)}$$

Damit erhält man durch Einsetzen in Gl. (LXXXV) für U_{k}:

$$U_{\mathrm{k}} = \frac{\dfrac{V_{\mathrm{R}} (r\,|\nu_{\mathrm{k}}|)^{\mathrm{aus}}}{c_{\mathrm{k}}^{\mathrm{aus}} \dot{v}^{\mathrm{aus}}}}{1 + \dfrac{V_{\mathrm{R}} (r\,|\nu_{\mathrm{k}}|)^{\mathrm{aus}}}{c_{\mathrm{k}}^{\mathrm{aus}} \dot{v}^{\mathrm{aus}}}} . \qquad \text{(LXXXVII)}$$

Der Quotient $V_{\mathrm{R}} (r\,|\nu_{\mathrm{k}}|)^{\mathrm{aus}} / (c_{\mathrm{k}}^{\mathrm{aus}} \dot{v}^{\mathrm{aus}})$ ist dimensionslos; er wird als *Damköhlersche Kennzahl 1. Art, Da_{I}*, bezeichnet und charakterisiert das Verhältnis von Geschwindigkeit der chemischen Reaktion zu Geschwindigkeit des Stofftransports durch Strömung:

$$Da_{\mathrm{I}} = \frac{V_{\mathrm{R}} (r\,|\nu_{\mathrm{k}}|)^{\mathrm{aus}}}{c_{\mathrm{k}}^{\mathrm{aus}} \dot{v}^{\mathrm{aus}}} . \qquad \text{(LXXXVIII)}$$

Damit kann man Gl. (LXXXVII) schreiben:

$$U_k = 1 - \frac{c_k^{aus}\dot{v}^{aus}}{c_k^{ein}\dot{v}^{ein}} = \frac{Da_I}{1 + Da_I} = 1 - \frac{1}{1 + Da_I}. \qquad \text{(LXXXIX)}$$

Für eine einfache Reaktion 1. Ordnung mit $r^{aus} = kc_k^{aus}$ ist

$$Da_I = \frac{V_R\ kc_k^{aus}\,|\nu_k|}{c_k^{aus}\,\dot{v}^{aus}} = k\,|\nu_k| \cdot \frac{V_R}{\dot{v}^{aus}} = k\,|\nu_k|\,\tau \qquad \text{(XC)}$$

und

$$U_k = \frac{k\,|\nu_k|\,\tau}{1 + k\,|\nu_k|\,\tau}. \qquad \text{(XCI)}$$

In den vorstehenden Gleichungen ist τ die mittlere Verweilzeit der Reaktionsmasse im Reaktor

$$\tau = V_R/\dot{v}^{aus}. \qquad \text{(XCII)}$$

Beispiel 11-31. Wie hoch ist der Umsatz $U_k = U_O$, welcher bei der volumenbeständigen Reaktion 1. Ordnung des Beispiels 11-30 mit $r = kc_O$ und $k = 1{,}188 \cdot 10^5 \cdot \exp\,[-67\,200/(RT)]\ \mathrm{s}^{-1}$ bei einer Temperatur von $\vartheta = 150\ °\mathrm{C}$, einem Reaktionsvolumen $V_R = 10\ \mathrm{m}^3$ und einem Volumenstrom des Zulaufs $\dot{v}^{ein} = \dot{v}^{aus} = 4\ \mathrm{m}^3/\mathrm{h}$ erreicht wird?

Da $\dot{v}^{aus} = \dot{v}^{ein}$ ist, ist die mittlere Verweilzeit $\tau = V_R/\dot{v}^{ein} = 10/4 = 2{,}5\ \mathrm{h} = 9000\ \mathrm{s}$. $k = 1{,}188 \cdot 10^5 \times \times \exp\,[-67\,200/(8{,}3143 \cdot 423)] = 5{,}978 \cdot 10^{-4}\ \mathrm{s}^{-1}$; demnach $k\tau = 5{,}380$ und $U_k = U_O = 5{,}380/(1 + 5{,}380) = 0{,}843$. ——

Will man für eine Reaktion beliebiger Ordnung bei gegebenem Reaktionsvolumen V_R und festgelegten Reaktionsbedingungen den Umsatz in einem kontinuierlich betriebenen Rührkessel mit idealer Durchmischung der Reaktionsmasse ermitteln, so wendet man zweckmäßig eine graphische Methode an. Dazu schreiben wir die Stoffbilanz, Gl. (LXXXV), Abschnitt 11.9, in der Form

$$(r\,|\nu_k|)^{aus} = \frac{c_k^{ein}\,\dot{v}^{ein}}{V_R} \cdot U_k. \qquad \text{(XCIII)}$$

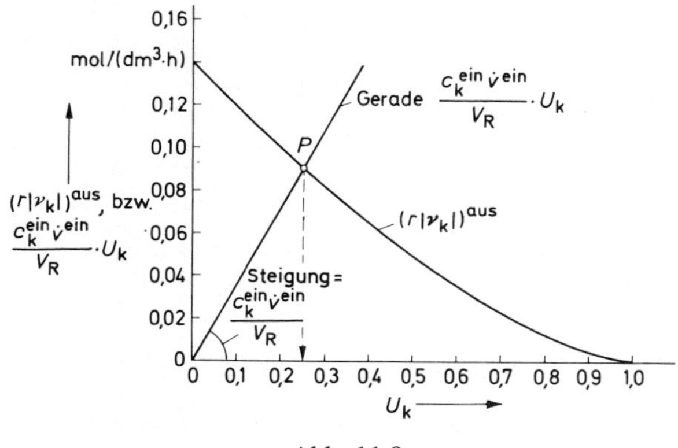

Abb. 11.9

Trägt man, s. Abb. 11.9, die linke Seite dieser Gleichung $(r\,|\nu_\text{k}|)^\text{aus}$ als Funktion von U_k auf, so resultiert je nach der Reaktionsordnung eine Gerade ($n = 0$ und $n = 1$) oder aber auch eine gekrümmte Kurve ($n \neq 0$ und $n \neq 1$). Die Auftragung der rechten Seite der Gl. (XCIII) als Funktion von U_k ergibt eine Gerade mit der Steigung $c_\text{k}^\text{ein}\dot{v}^\text{ein}/V_\text{R}$. Die Gleichung ist erfüllt am Schnittpunkt der beiden Kurven, wobei der Abszissenwert des Schnittpunktes den Umsatz U_k im kontinuierlich betriebenen Rührkessel angibt.

Beispiel 11-32. Zur kontinuierlichen Herstellung von schlagzähem Polystyrol durch Pfropfpolymerisation von Styrol mit Polybutadien als Pfropfkomponente steht ein Rührkessel mit einem Reaktionsvolumen $V_\text{R} = 2\ \text{m}^3$ zur Verfügung. Die Reaktionstemperatur beträgt 370 K, die Eintrittskonzentration des Styrols $c_\text{St}^\text{ein} = 7{,}88\ \text{mol/dm}^3$, der Volumenstrom $\dot{v}^\text{ein} = \dot{v}^\text{aus} = 0{,}0918\ \text{m}^3/$
Die Geschwindigkeitsgleichung lautet (Index „St": Styrol):
$r_\text{St} = -k\,c_\text{St}^{3/2}$, mit $k = 3{,}33\cdot 10^{11}\cdot\exp\,[-E/(RT)]\ (\text{dm}^3)^{0,5}/(\text{mol}^{0,5}$
und $E = 97\,210$ J/mol.

Für die linke Seite der Gl. (XCIII) ergibt sich: $(r\,|\nu_\text{k}|)^\text{aus} = |r_\text{St}^\text{aus}| = k\,(c_\text{St}^\text{aus})^{3/2} = k\,(c_\text{St}^\text{ein})^{3/2}(1 - U_\text{St})^{3/2} = 3{,}33\cdot 10^{11}\cdot\exp\,[-97\,210/(8{,}3143\cdot 370)]\cdot 7{,}88^{3/2}\cdot(1 - U_\text{St})^{3/2} = 0{,}1392\cdot(1 - U_\text{St})^{3/2}\ \text{mol/(dm}^3\cdot\text{h)}$. Damit erhält man für $U_\text{St} = 0;\ 0{,}1;\ \ldots\ 1{,}0$ folgende Werte für $|r_\text{St}^\text{aus}|$:

$U_k = U_{St}$	0	0,10	0,20	
$(r\,|\nu_k|)^{aus} = |r_{St}^{aus}|$	0,1392	0,1189	0,0996	mol/(dm³·h)
$U_k = U_{St}$	0,30	0,40	0,50	
$(r\,|\nu_k|)^{aus} = |r_{St}^{aus}|$	0,0815	0,0647	0,0492	mol/(dm³·h)
$U_k = U_{St}$	0,60	0,70	0,80	
$(r\,|\nu_k|)^{aus} = |r_{St}^{aus}|$	0,0352	0,0229	0,0125	mol/(dm³·h)
$U_k = U_{St}$	0,90	1,00		
$(r\,|\nu_k|)^{aus} = |r_{St}^{aus}|$	0,0044	0,0	mol/(dm³·h)	

$(r\,|\nu_k|)^{aus}$ ist in Abb. 11.9 als Funktion von U_k aufgetragen.

Für die rechte Seite der Gl. (XCIII) erhält man $\frac{c_k^{ein}\,\dot{v}^{ein}}{V_R} \cdot U_k =$ $= \frac{7{,}88 \cdot 91{,}8}{2000} \cdot U_k = 0{,}3617 \cdot U_k$. Dies ist die Gleichung einer Geraden mit der Steigung 0,3617, welche die Kurve für $(r\,|\nu_k|)^{aus} = f(U_k)$ im Punkt P mit dem Abszissenwert $U_k = 0{,}25$ schneidet. Unter den angegebenen Bedingungen läßt sich also ein Umsatz des Styrols von 0,25 erzielen. Das nicht umgesetzte Styrol wird in einem oder mehreren nachgeschalteten Reaktoren praktisch vollständig umgesetzt, da eine Abtrennung des nicht umgesetzten Styrols technisch recht schwierig wäre. ——

Die *Temperaturführung* in einem kontinuierlich betriebenen Rührkessel mit idealer Durchmischung der Reaktionsmasse kann, ebenso wie bei den bisher besprochenen Reaktortypen, *adiabat, polytrop* oder *isotherm* sein.

Bei der *adiabaten Temperaturführung* erfolgt eine Kühlung oder Beheizung der Reaktionsmasse weder durch indirekten noch durch direkten Wärmeaustausch. Demzufolge verbleibt bei einer exothermen Reaktion die gesamte durch die Reaktion gebildete Wärmemenge in der Reaktionsmasse, so daß diese im Kessel und damit auch im Austragstrom eine höhere Temperatur (T^{aus}) hat als der Zulaufstrom (T^{ein}). Bei einer endothermen Reaktion wird die gesamte für die Reaktion verbrauchte Wärmemenge aus der Reaktionsmasse aufgenommen, so daß deren Temperatur im Kessel und damit im Austragstrom (T^{aus}) entsprechend tiefer liegt als diejenige des Zulaufstromes (T^{ein}).

Muß die Reaktionstemperatur (T^{aus}) aus technischen Gründen innerhalb eines ganz bestimmten, vorgegebenen Temperaturbereiches liegen, so kann man dies dadurch erreichen, daß man einen Austausch der durch die Reaktion gebildeten bzw. verbrauchten Wärmemenge vorsieht. Bei dieser *polytropen Temperaturführung* stellt sich im allgemeinen eine Reaktionstemperatur ein, welche zwischen der Temperatur des Zulaufstromes und der Endtemperatur bei adiabater Temperaturführung liegt.

Schließlich kann die Kühlung bzw. Beheizung gerade so ausgelegt werden, daß die Temperaturen von Zulaufstrom und Austragstrom genau gleich sind; es liegt dann *isotherme Temperaturführung* vor.

Beispiel 11-33. Eine volumenbeständige, exotherme Reaktion 1. Ordnung, A + ... → Reaktionsprodukte, wird in einem kontinuierlich betriebenen Rührkessel mit dem Reaktionsvolumen $V_R = 2\ m^3$ durchgeführt. Der Volumenstrom beträgt $\dot{v}^{ein} = \dot{v}^{aus} = 2{,}4\ m^3/h$, die Eintrittstemperatur $T^{ein} = 298$ K, die Konzentration des Reaktionspartners A im Zulauf $c_A^{ein} = 4{,}74\ kmol/m^3$; schließlich gilt $r = kc_A$. Welche Reaktionstemperatur wird im Rührkessel vorliegen, wenn dieser *adiabat* betrieben wird, und wie hoch ist der entsprechende Umsatz U_A?

Gegeben sind folgende Daten: Dichte der Reaktionsmasse $\rho = 980\ kg/m^3$; mittlere spezifische Wärmekapazität $\bar{c}_p = 3{,}986\ kJ/(kg \cdot K)$; Reaktionsenthalpie $\Delta_R H_m = -77\,850\ kJ/kmol$; Geschwindigkeitskonstante $k = 4{,}5 \cdot 10^5 \cdot \exp[-60\,000/(8{,}3143 \cdot T)]$.

Die Wärmebilanz lautet gemäß Gl. (LXXXII) unter stationären Bedingungen bei adiabater Temperaturführung (keine Wärmezuführung bzw. -abführung) und mit $\dot{m}c_p = konst.$:

$$\dot{m}\bar{c}_p(T^{aus} - T^{ein}) = V_R(-\Delta_R H_m)\, r^{aus}, \qquad \text{(XCIV)}$$

und die Stoffbilanz nach Gl. (LXXXV) mit $k = A$:

$$V_R = c_A^{ein}\,\dot{v}^{ein} \cdot \frac{U_A}{r^{aus}\,|\nu_A|}\,. \qquad \text{(XCV)}$$

Löst man die Gl. (XCV) nach r^{aus} auf und setzt den erhaltenen Ausdruck in die Gl. (XCIV) ein, so erhält man nach leichter Umstellung:

$$\frac{\dot{m}\bar{c}_{\mathrm{p}}\,|\nu_{\mathrm{A}}|(T^{\mathrm{aus}}-T^{\mathrm{ein}})}{c_{\mathrm{A}}^{\mathrm{ein}}\,\dot{v}^{\mathrm{ein}}\,(-\Delta_{\mathrm{R}}H_{\mathrm{m}})} = U_{\mathrm{A}} = \frac{k\,|\nu_{\mathrm{A}}|\,\tau}{1+k\,|\nu_{\mathrm{A}}|\,\tau} =$$

$$= \frac{\tau\,k_0\mathrm{e}^{-E/(RT^{\mathrm{aus}})}\,|\nu_{\mathrm{A}}|}{1+\tau\,k_0\mathrm{e}^{-E/(RT^{\mathrm{aus}})}\,|\nu_{\mathrm{A}}|}. \qquad \text{(XCVI)}$$

Die beiden Ausdrücke für U_{A} resultieren aus Gl. (XCI) für eine Reaktion 1. Ordnung und aus der Arrhenius-Beziehung. Gesucht ist die Reaktionstemperatur T^{aus}. Wir stellen nun zur Lösung die linke und die rechte Seite dieser Gleichung als Kurven in Abhängigkeit von der Variablen T^{aus} dar, wobei die linke Seite eine Gerade, die rechte Seite eine S-förmige Kurve ergibt, s. Abb. 11.10.

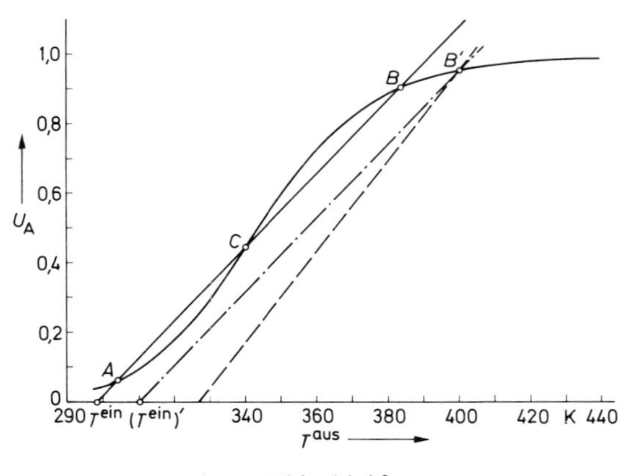

Abb. 11.10

Für die linke Seite erhalten wir durch Einsetzen der Zahlenwerte ($\dot{m} = \dot{v}\,\rho = 2{,}4 \cdot 980 = 2\,352$ kg/h):

$$U_{\mathrm{A}} = \frac{2\,352 \cdot 3{,}986}{4{,}74 \cdot 2{,}4 \cdot 77\,850} \cdot (T^{\mathrm{aus}} - 298) = 0{,}010586 \cdot T^{\mathrm{aus}} - 3{,}154588;$$

ausgezogene Gerade in Abb. 11.10.

Für die rechte Seite der Gl. (XCVI) berechnet man folgende Werte:

T^{aus}	298	300	310	320	330	K
U_{A}	0,03943	0,04602	0,09487	0,17827	0,30053	

T^{aus}	340	350	360	370	380	K
U_A	0,44978	0,59985	0,72663	0,82044	0,88418	
T^{aus}	390	400	420	440	K	
U_A	0,92550	0,95176	0,97898	0,99027		

Die Gl. (XCVI) ist erfüllt im Schnittpunkt (den Schnittpunkten) der ausgezogenen Geraden und der S-förmigen Kurve. Im vorliegenden Fall schneiden sich die beiden Kurven in 3 Punkten, s. Abb. 11.10:

Punkt A mit $T^{aus} = 303{,}8$ K und $U_A = 0{,}061$,
Punkt C mit $T^{aus} = 338{,}9$ K und $U_A = 0{,}433$,
Punkt B mit $T^{aus} = 382{,}8$ K und $U_A = 0{,}898$.

Der Punkt A ist ein *stabiler Betriebspunkt* bei tiefer Temperatur und niedrigem Umsatz, der Punkt B ein *stabiler Betriebspunkt* bei hoher Temperatur und hohem Umsatz. Die Gerade entspricht der *Wärmeabführung durch Strömung* $[\dot{Q}_{Str} = \dot{m} c_p (T^{aus} - T^{ein})]$, die S-förmige Kurve der *Wärmebildung durch die exotherme Reaktion* $[\dot{Q}_R = c_A^{ein} \dot{v}^{ein} U_A (-\Delta_R H_m / |\nu_A|)]$. In den *stabilen Betriebspunkten* verläuft die Wärmeabführungsgerade steiler als die Wärmebildungskurve, d. h. erhöht sich die Temperatur infolge betrieblicher Schwankungen etwas über diejenige hinaus, welche den Punkten A und B entspricht, so wird in der Zeiteinheit mehr Wärme mit dem Stoffstrom abgeführt, als durch die Reaktion gebildet wird. Als Folge davon sinkt die Reaktionstemperatur so lange, bis wieder die stabilen Betriebstemperaturen entsprechend den Punkten A und B erreicht sind. Das umgekehrte ist bei einer Temperaturerniedrigung infolge betrieblicher Schwankungen der Fall; hier wird dann mehr Wärme in der Zeiteinheit gebildet, als durch die Strömung abgeführt wird, so daß sich die Temperatur so lange erhöht, bis wieder die stabilen Betriebspunkte erreicht sind. Im *instabilen Betriebspunkt C* ist die Steigung der Wärmebildungskurve größer als diejenige der Wärmeabführungsgeraden; daher wird bei einer geringen Temperaturerhöhung der Reaktionsmasse noch mehr Wärme gebildet, als durch Strömung abgeführt wird, so daß die Reaktionstemperatur weiter steigt, bis der obere stabile Betriebspunkt B erreicht ist. Entsprechendes gilt, wenn die Reaktionstemperatur sinkt; dann fällt diese noch weiter, bis der untere stabile Betriebspunkt A erreicht ist. ——

Beispiel 11-34. Dieselbe Reaktion wie in Beispiel 11-33 soll bei gleichem Durchsatz (Volumenstrom) in einem kontinuierlich betriebenen Rührkessel derart durchgeführt werden, daß eine höhere Reaktionstemperatur und damit ein höherer Umsatz erzielt wird. Dazu kann man die Reaktion nicht mehr adiabat vor sich gehen lassen, da unter den gegebenen Bedingungen die Wärmebildung durch die Reaktion nicht dazu ausreicht, eine höhere Reaktionstemperatur zu erreichen. Man wendet daher eine *polytrope Temperaturführung* an, indem man den Rührkessel mit einem Heizmantel (s. Abb. 11.4) umgibt; die Wärmeaustauschfläche dieses Heizmantels beträgt $A_W = 7{,}3\ \mathrm{m}^2$. Die mittlere Temperatur des Heizmittels (Wärmeträgers) in diesem Heizmantel ist $\overline{T}_W = 451$ K, der Wärmedurchgangskoeffizient $k_W = 300$ kJ/($\mathrm{m}^2 \cdot \mathrm{h} \cdot \mathrm{K}$). Zu berechnen sind Temperatur und Umsatz, entsprechend dem oberen stabilen Betriebspunkt. Es schließt sich die Frage an, ob dieser Betriebspunkt auch noch auf andere Weise erreicht werden kann.

Die Wärmebilanz lautet nun gemäß Gl. (LXXXII), wenn $\dot{m} c_p = konst.$ ist:

$$\dot{m}\overline{c}_p (T^{\text{aus}} - T^{\text{ein}}) = V_R(-\Delta_R H_m)\, r^{\text{aus}} + k_W A_W (\overline{T}_W - T^{\text{aus}}). \tag{XCVII}$$

Setzt man darin r^{aus} wieder, wie in Beispiel 11-33, aus der Stoffbilanz ein, so folgt nach Umformung:

$$\frac{|\nu_A|}{c_A^{\text{ein}} \dot{v}^{\text{ein}} (-\Delta_R H_m)} \cdot [\dot{m}\overline{c}_p (T^{\text{aus}} - T^{\text{ein}}) - k_W A_W (\overline{T}_W - T^{\text{aus}})] =$$

$$= U_A = \frac{k\,|\nu_A|\,\tau}{1 + k\,|\nu_A|\,\tau}\,. \tag{XCVIII}$$

Einsetzen der Zahlenwerte ergibt für die linke Seite der Gl. (XCVIII):

$$\frac{1}{4{,}74 \cdot 2{,}4 \cdot 77\,850} \cdot [2{,}4 \cdot 980 \cdot 3{,}986\,(T^{\text{aus}} - 298) - 300 \cdot 7{,}3\,(451 - T^{\text{aus}})] =$$

$$= U_A = 0{,}010586 \cdot T^{\text{aus}} - 3{,}154588 - 1{,}115251 + 0{,}002473 \cdot T^{\text{aus}} =$$
$$= 0{,}013059 \cdot T^{\text{aus}} - 4{,}269839.$$

Die dieser Gleichung entsprechende Gerade ist in Abb. 11.10 gestrichelt eingezeichnet. Deren oberer Schnittpunkt B' (Betriebspunkt) mit der S-förmigen Kurve hat die Koordinaten $U_A = 0{,}954$ und $T^{aus} = 400$ K.

Ohne Beheizung von außen und unter Beibehaltung aller sonstigen Betriebsbedingungen kann man diesen Betriebspunkt dadurch erreichen, daß man die Zulauftemperatur T^{ein} erhöht. Man verschiebt die ausgezogene Gerade in Abb. 11.10 (Beispiel 11-33) so weit parallel nach rechts, bis sie durch den bereits oben festgelegten Betriebspunkt B' geht (strichpunktierte Gerade in Abb. 11.10). Aus dem Schnittpunkt dieser Geraden mit der Abszissenachse liest man die erforderliche Zulauftemperatur $T = (T^{ein})' = 310{,}0$ K ab. –

Aufgaben. 11/4. Eine volumenbeständige, endotherme Reaktion, A + . . . → Reaktionsprodukte, welche in 1. Ordnung vom Reaktionspartner A abhängt ($r = kc_A$), soll bei einer Reaktionstemperatur $T = T^{aus} = 353$ K in einem kontinuierlich betriebenen Rührkessel mit idealer Durchmischung der Reaktionsmasse isotherm durchgeführt werden. Folgende Angaben stehen zur Verfügung: $k = 4{,}5 \cdot 10^5 \cdot \exp[-60\,000/(8{,}3143 \cdot T)]\ \mathrm{s}^{-1}$; $\Delta_R H_m = +\,19\,460$ kJ/kmol; $c_A^{ein} = 4{,}74$ kmol/m³; $V_R = 2$ m³; $\dot{v}^{ein} = \dot{v}^{aus} = 2{,}4$ m³/h $= 6{,}667 \cdot 10^{-4}$ m³/s; Wärmeaustauschfläche $A_W = 7{,}3$ m²; Wärmedurchgangskoeffizient $k_W = 300$ kJ/(m²·h·K).

Wie hoch ist der Umsatz U_A und welche mittlere Temperatur $\overline{T}_W$ muß der Wärmeträger haben?

11/5. Eine Reaktion A + . . . → Reaktionsprodukte, welche in 1. Ordnung von einem Reaktionspartner A abhängt, soll in einem kontinuierlich und adiabat betriebenen Rührkessel mit idealer Durchmischung der Reaktionsmasse durchgeführt werden. Es sind folgende Daten gegeben:
$k = 9{,}22 \cdot 10^{14} \cdot \exp[-126\,000/(8{,}3143 \cdot T)]\ \mathrm{s}^{-1}$; $\Delta_R H_m = -420\,000$ J/mol; $V_R = 3$ m³; $\dot{v}^{ein} = \dot{v}^{aus} = 1$ dm³/s $= 10^{-3}$ m³/s; $\rho = 800$ kg/m³; $\overline{c}_p = 4200$ J/(kg·K).

a) Bei welcher Temperatur im Kessel wird ein Umsatz $U_A = 0{,}85$ erreicht?

b) Wie hoch darf die Konzentration c_A^{ein} im Zulaufstrom höchstens sein, wenn sich der Rührkessel bei jeder Temperatur T^{aus} in einem stabilen Betriebszustand befinden soll?

11/6. Für die Reaktion der Aufgabe 11/5 soll ermittelt werden, wie hoch die Konzentration c_A^{ein} im Zulaufstrom höchstens sein darf, damit der Rührkessel nur einen oberen Betriebspunkt bei einem Umsatz $U_A = 0{,}85$ aufweist. Wie hoch muß dann die Temperatur T^{ein} des Zulaufstromes sein?

11/7. Für die Reaktion der Aufgabe 11/5 soll die Produktionsleistung $\dot{n}_P = (\nu_P/|\nu_A|)\, c_A^{ein}\, \dot{v}^{ein}\, U_A$ dadurch gesteigert werden, daß die in Aufgabe 11/ ermittelte Konzentration c_A^{ein} verdoppelt wird. Der Rührkessel soll sich aber nach wie vor bei jeder Temperatur in einem stabilen Betriebszustand befinden.

a) Wie groß muß die Kühlfläche dann mindestens sein, wenn der Wärmeübergangskoeffizient $k_W = 480 \text{ W}/(\text{m}^2 \cdot \text{K})$ beträgt?

b) Wie hoch muß bei einer mittleren Temperatur des Kühlwassers $\bar{T}_W = 291$ K die Temperatur T^{ein} des Zulaufstromes sein?

11.10 Hintereinanderschaltung von kontinuierlich betriebenen Rührkesseln mit idealer Durchmischung zu einer Kaskade

Häufig wird eine Reaktion nicht in einem einzigen kontinuierlich betriebenen Rührkessel, sondern in mehreren hintereinander geschalteten, kontinuierlich betriebenen Rührkesseln, einer sog. *Rührkesselkaskade* durchgeführt. In diesem Fall ist der Austragstrom des einen Kessels der Zulaufstrom des nächsten Kessels, s. Abb. 11.11.

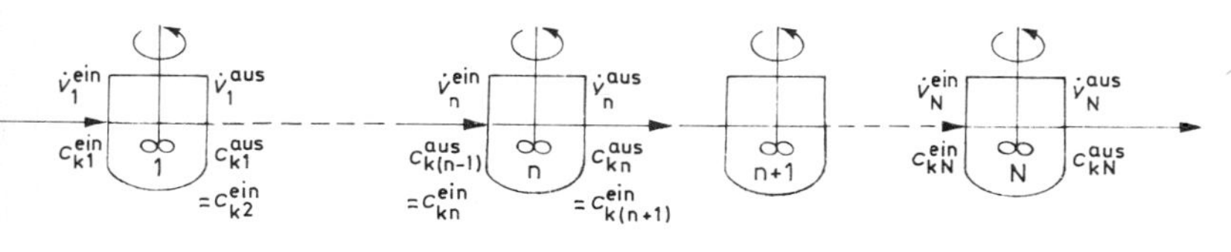

Abb. 11.11

Wir setzen im folgenden wieder ideale Durchmischung der Reaktionsmasse in den einzelnen Kesseln der Kaskade voraus. Für jeden einzelnen Kessel gilt die Gl. (LXXXIII) bzw. (LXXXIV). Das in Abschnitt 11.9, Abb. 11.9 beschriebene Verfahren kann man daher analog auf Kaskaden ausdehnen. Wir bezeichnen die einzelnen Kessel mit den Zahlen $1 \ldots n \ldots N$ und die darin vorliegenden Eigenschaften mit den entsprechenden tiefgestellten Indizes $1 \ldots n \ldots N$.

Für eine volumenbeständige Reaktion ist $\dot{v}^{ein} = \dot{v}^{aus} = konst.$, somit $V_{Rn}/\dot{v}^{ein} = V_{Rn}/\dot{v}^{aus} = \tau_n$ (τ_n mittlere Verweilzeit der Reaktionsmasse im n-ten Kessel). Für den n-ten Kessel der Kaskade folgt dann aus Gl. (LXXXIII) die Stoffbilanz eines Reaktionspartners k $(\nu_i = \nu_k = -|\nu_k|)$:

$$(r\,|\nu_k|)_n^{aus} = \frac{c_{kn}^{ein} - c_{kn}^{aus}}{\tau_n} = \frac{c_{k(n-1)}^{aus} - c_{kn}^{aus}}{\tau_n}\,. \qquad \text{(XCIX)}$$

Stellt man die linke Seite dieser Gleichung als Funktion von $c_{\mathrm{kn}}^{\mathrm{aus}}$ dar, so ergibt sich, je nach der Reaktionsordnung, eine Gerade oder eine gekrümmte Kurve (s. Abb. 11.12), während die rechte

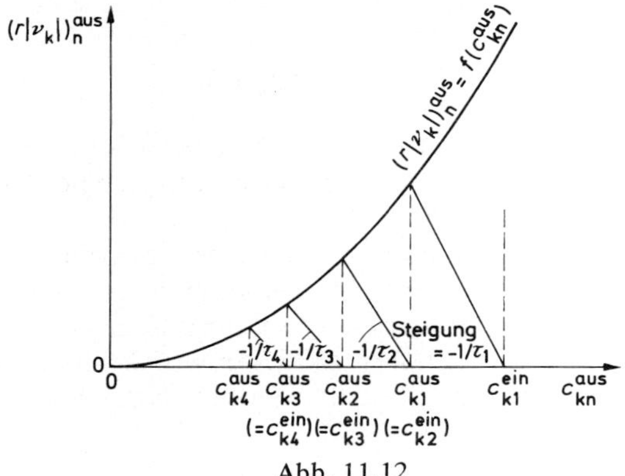

Abb. 11.12

Seite der Gleichung, als Funktion von $c_{\mathrm{kn}}^{\mathrm{aus}}$ aufgetragen, eine Gerade mit der Steigung $-1/\tau_{\mathrm{n}}$ darstellt. Bei volumenbeständigen Reaktionen unterscheiden sich die Steigungen $-1/\tau_{\mathrm{n}}$ der Geraden für die einzelnen Kessel nur dann, wenn die Kessel verschiedene Volumi[na] haben.

Für einige einfache Fälle lassen sich zur Berechnung von Kaskade[n] geschlossene Formeln angeben, z. B. für eine Reaktion 1. Ordnung ($r_{\mathrm{n}} = k_{\mathrm{n}} c_{\mathrm{kn}}^{\mathrm{aus}}$), sofern die Reaktionstemperaturen und die Verweilzeiten in allen Kesseln einer Kaskade gleich sind. d. h. $k_1 = k_2 = = k_{\mathrm{n}} = k_{\mathrm{N}} = k$ und $\tau_1 = \tau_2 = \tau_{\mathrm{n}} = \tau_{\mathrm{N}} = \tau$ ist:

$$\frac{c_{\mathrm{kN}}^{\mathrm{aus}}}{c_{\mathrm{k1}}^{\mathrm{ein}}} = 1 - U_{\mathrm{kN}} = (1 + |\nu_{\mathrm{k}}|\, k\tau)^{-N}. \qquad \text{(C}$$

Diese Gleichung geht für $N = 1$ in diejenige für den kontinuierlic[h] betriebenen Rührkessel mit idealer Durchmischung über:

$$\frac{c_{\mathrm{k}}^{\mathrm{aus}}}{c_{\mathrm{k}}^{\mathrm{ein}}} = \frac{1}{1 + |\nu_{\mathrm{k}}| k\tau}, \qquad \text{(CI}$$

während für $N = \infty$ die Gleichung des idealen Strömungsrohres resultiert:

$$\frac{c_{\mathrm{k}}^{\mathrm{aus}}}{c_{\mathrm{k}}^{\mathrm{ein}}} = \mathrm{e}^{-k|\nu_{\mathrm{k}}|\tau}. \qquad \text{(CII}$$

Beispiel 11-35. Die Hydrolyse von Essigsäureanhydrid nach der Reaktionsgleichung

$$\underset{(A)}{CH_3CO{-}O{-}COCH_3} + \underset{(W)}{H_2O} \longrightarrow \underset{(S)}{2\,CH_3COOH}$$

soll in einer Rührkesselkaskade durchgeführt werden, welche aus 4 Kesseln des gleichen Volumens besteht. Die einzelnen Kessel werden bei verschiedenen Reaktionstemperaturen T_n^{aus} betrieben, welche nachstehend, zusammen mit den entsprechenden Geschwindigkeitskonstanten k_n, aufgeführt sind:

Kessel, $n =$	1	2	3	4	
T_n	283	288	298	313	K
k_n	$9{,}600 \cdot 10^{-4}$	$1{,}3433 \cdot 10^{-3}$	$2{,}6333 \cdot 10^{-3}$	$6{,}3333 \cdot 10^{-3}$	s^{-1}

Die Geschwindigkeitsgleichung lautet $|r_A| = kc_A$. Die Konzentration der Essigsäure im Zulaufstrom zum ersten Kessel beträgt 0,9 kmol/m³, der Volumenstrom des Zulaufes $\dot{v}^{ein} = 1{,}667 \cdot 10^{-3}$ m³/s.

a) Zu berechnen ist das Volumen der 4 Rührkessel, wenn der Umsatz des Essigsäureanhydrids $U_A = 0{,}91$ betragen soll.

b) Wieviel Kessel dieses Volumens sind erforderlich, wenn alle bei einer Temperatur von 288 K betrieben werden?

Beide Aufgaben sollen sowohl numerisch als auch graphisch gelöst werden.

I. Numerische Lösung

a) Da alle Kessel dasselbe Reaktionsvolumen und denselben Volumenstrom $\dot{v}$ haben, ist auch die mittlere Verweilzeit in allen Kesseln gleich: $\tau = V_R/\dot{v}$. Für jeden der 4 Kessel muß eine Stoffbilanzgleichung nach Gl. (XCIX) aufgestellt werden. Bei gegebener Konzentration des Anhydrids im Zulaufstrom zum 1. Kessel (c_{A1}^{ein}) und im Austragstrom aus dem 4. Kessel (c_{A4}^{aus}) erhält man 4 algebraische Gleichungen mit den 4 Unbekannten τ, c_{A1}^{aus}, c_{A2}^{aus} und c_{A3}^{aus}. Mit $k = A$, $\tau_n = \tau$ und $(r\,|\nu_A|)_n^{aus} = k_n c_{An}^{aus}$ erhält man aus Gl. (XCIX): $c_{A(n-1)}^{aus} = (r\,|\nu_A|)_n^{aus} \cdot \tau + c_{An}^{aus} = c_{An}^{aus}(1 + k_n\tau)$. Somit lautet die Stoffbilanz für den 1. Kessel ($n = 1$, $c_{A(n-1)}^{aus} = c_{An}^{ein} = c_{A1}^{ein}$):

$$c_{A1}^{ein} = c_{A1}^{aus}(1 + k_1\tau)$$

und für die weiteren Kessel

$$c_{A1}^{aus} = c_{A2}^{aus}\,(1 + k_2 \tau)$$

$$c_{A2}^{aus} = c_{A3}^{aus}\,(1 + k_3 \tau)$$

$$c_{A3}^{aus} = c_{A4}^{aus}\,(1 + k_4 \tau).$$

In diesen Gleichungen sind c_{A1}^{aus}, c_{A2}^{aus}, c_{A3}^{aus} und τ unbekannt, während c_{A1}^{ein} in der Aufgabenstellung unmittelbar gegeben ist, und c_{A4}^{aus} aus dem geforderten Endumsatz zu berechnen ist:
$c_{A4}^{aus} = c_{A1}^{ein}\,(1 - U_{A4}) = 0{,}9\,(1 - 0{,}91) = 0{,}081\ \mathrm{kmol/m^3}$.
Ersetzt man die Konzentrationen c_{A1}^{aus} bis c_{A3}^{aus} nacheinander, so erhält man eine Gleichung 4. Grades in bezug auf die mittlere Verweilzeit τ: $k_1 k_2 k_3 k_4 \cdot \tau^4 + (k_1 k_2 k_3 + k_1 k_2 k_4 + k_1 k_3 k_4 + k_2 k_3 k_4) \cdot \tau^3 + (k_1 k_2 + k_1 k_3 + k_1 k_4 + k_2 k_3 + k_2 k_4 + k_3 k_4) \cdot \tau^2 + (k_1 + k_2 + k_3 + k_4) \cdot \tau + 1 - \frac{c_{A1}^{ein}}{c_{A4}^{aus}} = 0$. Durch Einsetzen der Konstanten $k_1 \ldots k_4$ ergibt sich: $(2{,}1503 \cdot 10^{-11}) \cdot \tau^4 + (4{,}9976 \cdot 10^{-8}) \cdot \tau^3 + (3{,}8620 \cdot 10^{-5}) \cdot \tau^2 + (1{,}1270 \cdot 10^{-2}) \cdot \tau + 1 - 11{,}11 = 0$ und weiter $\tau^4 + (2{,}3241 \cdot 10^3) \cdot \tau^3 + (1{,}7960 \cdot 10^6) \cdot \tau^2 + (5{,}2411 \cdot 10^8) \cdot \tau - 4{,}7017 \cdot 10^{11} = 0$.
Aus den Nullstellen dieser Gleichung erhält man als Lösung:
$\tau = 332{,}38$ s (= 5,54 min). Damit ist das erforderliche Reaktionsvolumen eines Kessels: $V_R = \dot{v}\tau = (1{,}667 \cdot 10^{-3}) \cdot 332{,}38 = 0{,}554\ \mathrm{m^3}$

b) Bei gleicher Reaktionstemperatur in allen Kesseln hat auch die Geschwindigkeitskonstante für alle Kessel denselben Wert, nämlich $k = 1{,}3433 \cdot 10^{-3}\ \mathrm{s^{-1}}$. Die Anzahl der erforderlichen Kessel kann man mit Hilfe der Gl. (C) berechnen ($k = $ A, $|\nu_k| = |\nu_A| = 1$):

$$N = \frac{\lg(1 - U_{AN})}{\lg\left(\frac{1}{1 + k\tau}\right)} = \frac{\lg(1 - 0{,}91)}{\lg\left(\frac{1}{1 + (1{,}3433 \cdot 10^{-3}) \cdot 332{,}38}\right)} =$$

= 6,52 Kessel. Würde man nur 6 Kessel wählen, so wäre bei sonst gleichen Bedingungen nach Gl. (C) der erreichbare Umsatz
$U_{A6} = 1 - [1 + (1{,}3433 \cdot 10^{-3}) \cdot 332{,}38]^{-6} = 0{,}891$. Hält man aber am geforderten Umsatz $U_{AN} = 0{,}91$ bei $N = 6$ Kesseln fest, so müßte man gemäß Gl. (C) eine mittlere Verweilzeit

$$\tau = \frac{1}{k} \cdot \left[\left(\frac{1}{1 - U_{AN}} \right)^{1/N} - 1 \right] = \frac{1}{1{,}3433 \cdot 10^{-3}} \cdot \left[\left(\frac{1}{1 - 0{,}91} \right)^{1/6} - 1 \right] =$$

$= 367{,}6$ s $= 6{,}13$ min wählen. Beim festgesetzten Volumenstrom $\dot{v} = 1{,}667 \cdot 10^{-3}$ m³/s ist somit ein Reaktionsvolumen $V_R = 367{,}6 \cdot (1{,}667 \cdot 10^{-3}) = 0{,}613$ m³ erforderlich. Durch eine Erhöhung des Füllungsgrades der Kessel um etwa 10 Prozent würde man also mit 6 Kesseln den geforderten Umsatz $U_{AN} = U_{A6} = 0{,}91$ erreichen können.

II. Graphische Lösung

a) Ermittlung des Reaktionsvolumens eines Kessels. Die Stoffbilanz des Reaktionspartners A lautet gemäß Gl. (XCIX) mit $\tau_n = \tau$: $(r|\nu_A|)_n^{aus} = k_n c_{An}^{aus} = \dfrac{c_{A(n-1)}^{aus} - c_{An}^{aus}}{\tau}$.

Diese Gleichung beschreibt den Betriebspunkt eines Rührkessels der Kaskade.

Trägt man $k_n c_{An}^{aus}$ als Funktion von c_{An}^{aus} auf, so erhält man für jeden Kessel eine Gerade mit der Steigung k_n (s. Abb. 11.13).

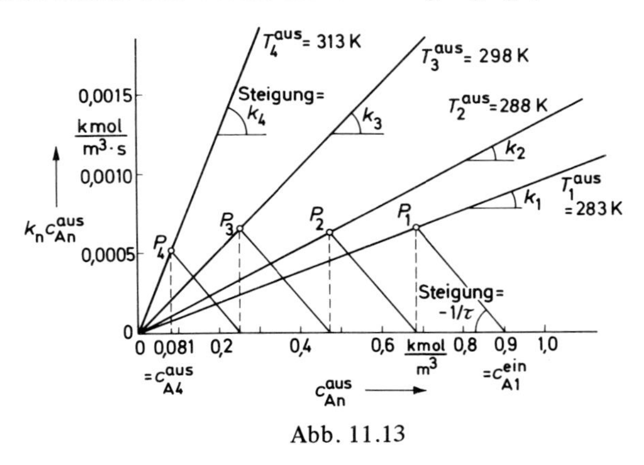

Abb. 11.13

Ausgehend von der Zulaufkonzentration $c_{A1}^{ein} = 0{,}9$ kmol/m³ zum 1. Kessel zeichnet man durch Wahl (Probieren) der Steigung $(-1/\tau)$ die Betriebsgeraden der Kessel so ein, daß im Betriebspunkt des 4. Kessels die geforderte Konzentration $c_{A4}^{aus} = 0{,}081$ kmol/m³ im Austragstrom der Kaskade erreicht wird (s. Abb. 11.13).

Die Betriebspunkte $P_1 \ldots P_4$ eines jeden Kessels mit c_{An}^{aus} und T_n^{aus} ergeben sich aus den Schnittpunkten der Betriebsgeraden (Steigung $-1/\tau$) mit den Kurven (Geraden) der Funktion $(r\,|\nu_A|)_n^{aus} = f(c_{An}^{aus}) = k_n c_{An}^{aus}$. Da τ für alle Kessel den gleichen Wert hat, sind auch die Steigungen der Betriebsgeraden für alle Kessel gleich.

Als graphische Lösung erhält man $\tan\alpha = -1/\tau = -3{,}0\cdot 10^{-3}\ \mathrm{s}^{-1}$ daraus $\tau = 1/(3{,}0\cdot 10^{-3}) = 333{,}3$ s. Damit wird $V_{Rn} = \tau\,\dot{v} = 333{,}3\cdot(1{,}667\cdot 10^{-3}) = 0{,}556\ \mathrm{m}^3$.

b) Ermittlung der Kesselzahl bei gleicher Reaktionstemperatur in allen Kesseln.

Ist die Reaktionstemperatur in allen Kesseln gleich, so gibt es nur eine Gerade $(r\,|\nu_A|)_n^{aus} = k_n \cdot c_{An}^{aus}$, da die Steigung für alle Kessel $k_n = 1{,}3433\cdot 10^{-3}\ \mathrm{s}^{-1}$ ist (s. Abb. 11.14).

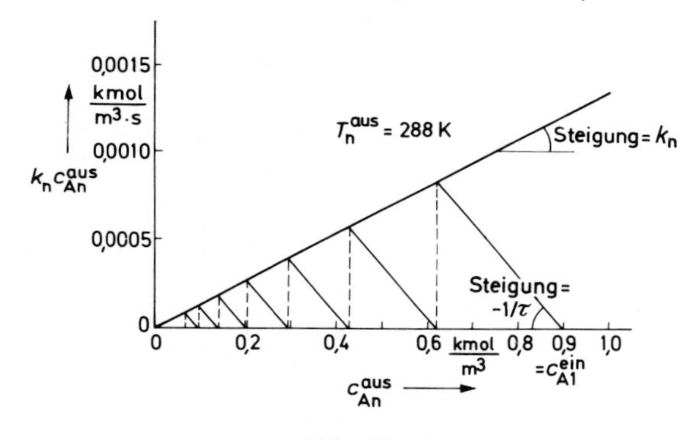

Abb. 11.14

Ausgehend von der Zulaufkonzentration c_{A1}^{ein} zum 1. Kessel werden nun mit der unter a) ermittelten Steigung $\tan\alpha = (-1/\tau) = -3{,}0\cdot 10^{-3}\ \mathrm{s}^{-1}$ die Betriebsgeraden der einzelnen Kessel eingezeichnet; deren Schnittpunkte mit der Geraden $(r\,|\nu_A|)_n^{aus} = k_n c_{An}^{aus}$ geben die Betriebspunkte und damit die Konzentrationen c_{An}^{aus} in den einzelnen Kesseln wieder. Dieser Vorgang wird so lange wiederholt, bis die geforderte Konzentration $c_{An}^{aus} = 0{,}081\ \mathrm{kmol/m}^3$ (bzw. eine geringere Konzentration) im letzten (N-ten) Kessel erreicht wird (s. Abb. 11.14). Die Anzahl der eingezeichneten Stufen ist gleich der erforderlichen Anzahl von Kesseln. Man sieht aus der Abb. 11.14, daß die geforderte Endkonzentration $c_{AN}^{aus} = 0{,}081$ kmol/

mit 6 Kesseln nur knapp erreicht wird. So muß man entweder 7 Kessel vorsehen und erreicht damit allerdings eine noch etwas niedrigere Konzentration im letzten (7.) Kessel, oder man nimmt 6 Kessel, erhöht entsprechend den Füllungsgrad (das Reaktionsvolumen) der einzelnen Kessel und erhält die geforderte Konzentration im 6. Kessel. ——

Beispiel 11-36. Für die Durchführung der Beckmannschen Umlagerung von Cyclohexanonoxim (Cy) zu ϵ-Caprolactam in flüssiger Phase mit Oleum als Katalysator (s. Beispiel 11-29) stehen 4 gleich große Rührkessel mit einem Reaktionsvolumen von je 5 m^3 zur Verfügung. Folgende kinetische Daten sind gegeben: $r = kc_{Cy}$, $E = 79\,700$ J/mol, $k_0 = 6{,}63 \cdot 10^{14}$ h^{-1}.

Die Reaktionstemperatur soll in allen 4 Kesseln 373 K betragen. Es ist ein Umsatz des Cyclohexanonoxims $U_{Cy} = 0{,}9999$ gefordert. Für die angegebenen Bedingungen ist der durchzusetzende Volumenstrom an Cyclohexanonoxim zu berechnen, wenn

a) alle 4 Kessel parallel

b) alle 4 Kessel hintereinander

c) jeweils 2 Kessel hintereinander

geschaltet werden. Das Verhältnis der Volumenströme von Cyclohexanonoxim und Oleum beträgt $\dot{v}_{Cy}/\dot{v}_{Ol} = 0{,}77$. Die Reaktion ist volumenbeständig.

$$k = k_0 \cdot e^{-E/RT} = 6{,}63 \cdot 10^{14} \cdot e^{-79\,700/(8{,}3143 \cdot 373)} = 4{,}575 \cdot 10^3 \ h^{-1}.$$

Der Gesamtvolumenstrom ist $\dot{v}_{ges} = \dot{v}_{Cy} + \dot{v}_{Ol} = v_{Cy}\left(1 + \frac{1}{0{,}77}\right) =$
$= 2{,}299 \cdot \dot{v}_{Cy}$ oder $\dot{v}_{Cy} = \frac{\dot{v}_{ges}}{2{,}299} = 0{,}435 \cdot \dot{v}_{ges}$.

a) Für einen einzigen Kessel ist nach Gl. (XCI):

$$U_{Cy} = \frac{k\,|\nu_{Cy}|\,\tau}{1 + k\,|\nu_{Cy}|\,\tau}\ ; \quad \text{daraus} \quad \tau = \frac{V_R}{\dot{v}} = \frac{U_{Cy}}{k\,|\nu_{Cy}|(1-U_{Cy})} =$$

$$= \frac{0{,}9999}{(4{,}575 \cdot 10^3) \cdot 1 \cdot (1-0{,}9999)} = 2{,}186 \text{ h}, \quad \text{somit} \quad \dot{v} = \frac{V_R}{\tau} =$$

$$= \frac{5}{2{,}186} = 2{,}287 \ m^3/h.$$ Mittels 4 parallel geschalteter Kessel kann somit ein Gesamt-Volumenstrom $4 \cdot \dot{v} = 4 \cdot 2{,}287 = 9{,}148$ m^3/h

durchgesetzt werden, entsprechend $0{,}435 \cdot 9{,}148 = 3{,}979\ m^3/h$ Cyclohexanonoxim.

b) Für 4 hintereinander geschaltete, gleich große Kessel ist nach Gl. (C) die Verweilzeit in einem Kessel:

$$\tau = \frac{(1-U_{Cy,4})^{-1/4} - 1}{k\,|\nu_{Cy}|} = \frac{(1-0{,}9999)^{-1/4} - 1}{(4{,}575 \cdot 10^3) \cdot 1} = 1{,}967 \cdot 10^{-3}\ h.$$

Somit ist der Gesamt-Volumendurchsatz $\frac{V_{Rn}}{\tau} = \frac{5}{1{,}967 \cdot 10^{-3}} =$

$= 2542\ m^3/h$, entsprechend $0{,}435 \cdot 2542 = 1106\ m^3/h$ Cyclohexanoxim

c) Für 2 hintereinander geschaltete gleich große Kessel ist nach Gl. (C) die Verweilzeit in einem Kessel: $\tau = \frac{(1-U_{Cy,2})^{-1/2} - 1}{k\,|\nu_{Cy}|} =$

$= \frac{(1-0{,}9999)^{-1/2} - 1}{(4{,}575 \cdot 10^3) \cdot 1} = 2{,}164 \cdot 10^{-2}\ h$; somit beträgt der

Volumendurchsatz $\frac{V_{Rn}}{\tau} = \frac{5}{2{,}164 \cdot 10^{-2}} = 231{,}1\ m^3/h$.

Da zwei solche Kaskaden parallel geschaltet sind, ist der Gesamt-Volumendurchsatz $2 \cdot 231{,}1 = 462{,}2\ m^3/h$, entsprechend $0{,}435 \cdot 462{,}2 = 201{,}1\ m^3/h$ Cyclohexanonoxim. ——

11.11 Reaktionen in heterogenen Systemen

Bei sehr vielen Reaktionen der chemischen Industrie und der Prozeßindustrie liegen die Reaktionskomponenten (s. Abschnitt 11.1) in zwei oder mehr Phasen vor. Die Reaktionsmasse bildet daher ein *heterogenes System*. Technische Anwendung findet eine große Anzahl von Phasenkombinationen, so die Kombination Gas-Feststoff, z. B. bei der Verbrennung von Feststoffen (Koks) oder beim Abrösten sulfidischer Erze, bei der Herstellung von Kalkstickstoff und bei der Vielzahl heterogen katalysierter Reaktionen (NH_3-Synthese, Oxidation von SO_2 zu SO_3 zur Herstellung von H_2SO_4, NH_3-Verbrennung zur Herstellung von HNO_3, Methanolsynthese, katalytisches Kracken von Kohlenwasserstoffen usw.). Die Kombination Gas-Flüssigkeit spielt z. B. eine Rolle bei der Chlorierung von

Kohlenwasserstoffen, die Kombination Flüssigkeit-Feststoff beim Auflösen von Feststoffen in Säuren und beim Bauxitaufschluß mit NaOH, die Kombination Flüssigkeit-Flüssigkeit beim Nitrieren organischer Flüssigkeiten mittels HNO_3/H_2SO_4-Gemischen.

Oft können die für homogene Systeme entwickelten Vorstellungen auch auf heterogene Systeme angewandt werden, nämlich dann, wenn der Einfluß der Stoff- und Wärmetransportvorgänge vernachlässigbar ist. Die daraus resultierenden quasi-homogenen *Reaktormodelle* unterscheiden sich nicht von denjenigen homogener Systeme (s. Beispiel 11-24).

In der Regel jedoch beeinflussen die genannten Stoff- und Wärmetransportvorgänge mehr oder weniger die Geschwindigkeit einer Umsetzung. Dies ist im folgenden am Beispiel des Stofftransportes bei Fluid-Feststoff-Reaktionen gezeigt. Bei solchen Reaktionen, z. B. an der Phasengrenze zwischen einem fluiden und festen Reaktionspartner oder an der Phasengrenze zwischen einem fluiden Reaktionspartner und einem festen Katalysator können folgende Teilvorgänge ablaufen, s. Abb. 11.15:

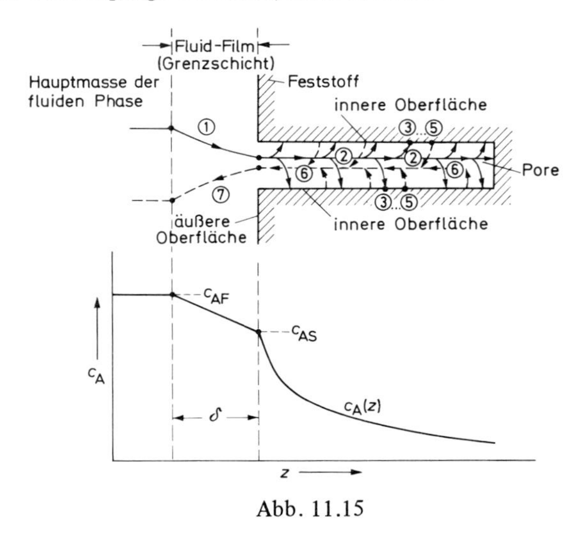

Abb. 11.15

1) Stofftransport der Reaktionspartner durch einen Diffusionsvorgang aus der Hauptmasse der fluiden Phase an die äußere Oberfläche des Feststoffes,

2) Diffusion der Reaktionspartner von der äußeren Oberfläche des Feststoffes durch dessen Poren in das Innere,

3) Adsorption bzw. Chemisorption der Reaktionspartner auf der inneren (und äußeren) Oberfläche des Feststoffes,

4) Reaktion auf der inneren (und äußeren) Feststoffoberfläche,

5) Desorption der Reaktionsprodukte von der inneren (und äußeren) Oberfläche des Feststoffes,

6) Diffusion der Reaktionsprodukte vom Inneren des Feststoffes durch die Poren an die äußere Oberfläche,

7) Stofftransport der Reaktionsprodukte durch einen Diffusionsvorgang von der äußeren Oberfläche des Feststoffes in die Hauptmasse der fluiden Phase.

Ist der Feststoff (Katalysator) nicht porös, so entfallen die Teilvorgänge 2 und 6 und die Vorgänge 3 bis 5 finden nur an der äußeren Oberfläche statt. Wir wollen uns jetzt zunächst aber nur den Teilvorgängen 1 bzw. 7 zuwenden.

Die *Diffusionsgeschwindigkeit* (der Stoffstrom) eines Stoffes A ist nach dem *1. Fickschen Gesetz*

$$\dot{n}_A = -DS\frac{dc_A}{dx} \tag{CIII}$$

proportional dem Diffusionsquerschnitt (bzw. der Oberfläche) S und dem Konzentrationsgradienten dc_A/dx. Der Proportionalitätsfaktor D wird als *Diffusionskoeffizient* bezeichnet.

Selbst wenn durch Maßnahmen zur intensiven Durchmischung des fluiden Mediums die Konzentrationen in der Hauptmasse der fluiden Phase konstant sind, bleibt unmittelbar an der Phasengrenze eine Grenzschicht, in welcher der Stofftransport durch Diffusion erfolgt (s. Abb. 11.15). In dieser Grenzschicht der Dicke δ kann man den Konzentrationsverlauf in erster Näherung als linear annehmen. Dann folgt aus Gl. (CIII) für den *Stoffübergang* von der fluiden Phase auf die Phasengrenzfläche:

$$\dot{n}_A = DS\cdot\frac{c_{AF}-c_{AS}}{\delta} = \beta S(c_{AF}-c_{AS}). \tag{CIV}$$

c_{AF} und c_{AS} sind die Konzentrationen des betrachteten Stoffes A in der Hauptmasse der fluiden Phase bzw. an der Phasengrenze. Der Quotient aus Diffusionskoeffizient D und Grenzschichtdicke δ wird als *Stoffübergangskoeffizient* β bezeichnet:

$$\beta = \frac{D}{\delta}\,; \tag{CV}$$

dieser läßt sich für den Stoffübergang aus einem Fluid auf einen Feststoff mit dem (äquivalenten) Durchmesser d mit Hilfe folgender Korrelation berechnen:

$$\beta \cdot \frac{d}{D} = Sh = A \cdot Re^{1/2} \cdot Sc^{1/3}\,. \tag{CVI}$$

$Sh = \beta d/D$ ist die dimensionslose *Sherwoodsche Kennzahl*, A eine ebenfalls dimensionslose Konstante (für Festbetten mit kugelförmigem Feststoff ist $A = 1{,}9$).

$$Re = \frac{wd}{\nu} \tag{CVII}$$

ist die *Reynoldssche Kennzahl*, wobei w die Leerraumgeschwindigkeit des Fluids, d. h. die Geschwindigkeit ist, die man bei demselben Volumenstrom ohne Feststoffüllung messen würde; ν ist die kinematische Zähigkeit des Fluids. Die *Schmidtsche Kennzahl Sc* ist ebenfalls dimensionslos:

$$Sc = \frac{\nu}{D} = \frac{\eta}{\rho D}\;. \tag{CVIII}$$

(η dynamische Zähigkeit).

Beispiel 11-37. Durch ein Festbett von kugelförmigen Teilchen des Durchmessers 5 mm strömt ein binäres Gemisch aus zwei Flüssigkeiten mit einer Leerraumgeschwindigkeit von 0,1 m/s. Die Dichte des Gemisches beträgt 1000 kg/m^3, die dynamische Zähigkeit 10^{-3} Ns/m^2 und der Diffusionskoeffizient $8 \cdot 10^{-10}$ m^2/s. Zu berechnen ist die Sherwoodsche Kennzahl Sh sowie der Stoffübergangskoeffizient β zwischen Flüssigkeitsstrom und Feststoff.

Es ist $Sc = \dfrac{\eta}{\rho D} = \dfrac{10^{-3}}{1000 \cdot (8 \cdot 10^{-10})} = 1250$, ferner

$Re = \dfrac{wd\rho}{\eta} = \dfrac{0{,}1 \cdot (5 \cdot 10^{-3}) \cdot 1000}{10^{-3}} = 500$. Dann ist

$Sh = 1{,}9 \cdot 500^{1/2} \cdot 1250^{1/3} = 458$. Daraus ergibt sich der Stoffübergangskoeffizient zu $\beta = Sh \cdot \dfrac{D}{d} = 458 \cdot \dfrac{8 \cdot 10^{-10}}{5 \cdot 10^{-3}} = 7{,}33 \cdot 10^{-5}$ m/s. ——

Ist die Reaktion an der Phasengrenze (Teilschritte 3 und 4) genügend schnell, so wird der gesamte herandiffundierende Stoff sofort verbraucht, d. h. in Gl. (CIV) ist die Konzentration an der Phasengrenzfläche $c_{AS} = 0$. Damit wird die Gesamtreaktionsgeschwindigkeit proportional c_{AF}, d. h. es liegt scheinbar eine Reaktion 1. Ordnung vor.

Beispiel 11-38. Das Festbett des Beispiels 11-37 habe ein Volumen von 3 m³, der relative Leerraumanteil (Leerraumvolumen, bezogen auf das Gesamtvolumen) beträgt 0,4. Wie groß ist maximal die in der Zeiteinheit umgesetzte Stoffmenge eines Reaktionspartners, wenn dessen Konzentration in der flüssigen Phase $c_{AF} = 1$ kmol/m³ beträgt?

Der Feststoffvolumenanteil beträgt $V_s = (1 - 0{,}4) \cdot 3 = 1{,}8$ m³, wobei V_s gleich der Zahl Z der Teilchen mal dem Volumen eines einzelnen Teilchens ist: $V_s = Z \cdot \dfrac{4}{3} \cdot r^3 \pi$; daraus $Z = \dfrac{3\,V_s}{4\,\pi r^3}$.

Dann ist die Oberfläche aller Teilchen $S = Z \cdot 4\,\pi r^2 = \dfrac{3\,V_s}{r} = \dfrac{3 \cdot 1{,}8}{2{,}5 \cdot 10^{-3}} = 2160$ m². Selbst wenn die Reaktion äußerst schnell ist, kann die umgesetzte Stoffmenge eines Reaktionspartners nie größer sein, als die durch Diffusion herangeführte, d. h. $\dot{n}_A = \beta S\, c_{AF} = (7{,}33 \cdot 10^{-5})\, 2160 \cdot 1 = 0{,}158$ kmol/s. ——

Aufgaben. 11/8. Durch ein Festbett aus kugelförmigen Teilchen vom Durchmesser 5 mm strömt eine binäre Gasmischung mit einer Leerraumgeschwindigkeit von 0,1 m/s. Die Dichte der Gasmischung beträgt 1 kg/m³, deren dynamische Zähigkeit $3 \cdot 10^{-5}$ Ns/m² und der Diffusionskoeffizient $4 \cdot 10^{-5}$ m²/s. Zu berechnen ist die Sherwoodsche Kennzahl *Sh* sowie der Stoffübergangskoeffizient zwischen Gasstrom und Feststoff.

11/9. Das Festbett der Aufgabe 11/8 habe ein Volumen von 3 m³, der relative Leerraumanteil beträgt $\epsilon = 0{,}4$. Welche Stoffmenge eines Reaktionspartners kann in der Zeiteinheit maximal umgesetzt werden, wenn dessen Konzentration in der Gasphase $c_{AF} = 10$ mol/m³ beträgt?

Bisher haben wir nur solche Fälle betrachtet, bei welchen die Geschwindigkeit der chemischen Reaktion wesentlich größer ist als diejenige des Stoffüberganges. Je näher die Geschwindigkeiten von Stofftransport (Stoffübergang) und chemischer Reaktion in ihrer Größenordnung beieinander liegen, umso mehr werden beide Vorgänge zusammen die Geschwindigkeit beeinflussen, mit der die Umsetzung tatsächlich erfolgt. Bei Reaktionen, welche an der Grenzfläche zwischen einer festen und einer fluiden Phase stattfinden, hängt die durch chemische Reaktion umgesetzte Stoffmenge natürlich von der Größe der Phasengrenzfläche ab. Sinnvollerweise bezieht man daher die chemische Reaktionsgeschwindigkeit auf die Einheit der Phasengrenzfläche und nicht, wie bei homogenen Reaktionen, auf das Reaktionsvolumen.

Wir setzen zunächst voraus, daß der Feststoff nicht porös ist (damit entfallen die Teilschritte 2 und 6, s. S. 204), und nehmen der Einfachheit halber an, daß die Teilschritte 3 bis 5 (s. S. 204) durch eine Geschwindigkeitsgleichung 1. Ordnung zu beschreiben sind:

$$|r_{AS}| = k_S c_{AS}; \tag{CIX}$$

die Indizes „S" deuten an, daß es sich um die auf die Oberfläche bezogenen Größen handelt, c_{AS} ist die Konzentration des Reaktionspartners A an der äußeren Oberfläche des Feststoffes.

Im stationären Zustand muß dann $|r_{AS}|$ gleich sein der auf die Flächeneinheit in der Zeiteinheit übergehenden Stoffmenge (= Stoffmengenstromdichte) des Reaktionspartners A; diese ist durch die Gl. (CIV) gegeben:

$$\frac{\dot{n}_A}{S} = \beta(c_{AF} - c_{AS}). \tag{CX}$$

Durch Gleichsetzen der Gln. (CIX) und (CX) sowie Auflösen nach c_{AS} erhält man für die Konzentration von A an der Oberfläche des Feststoffes:

$$c_{AS} = \frac{\beta}{k_S + \beta} \cdot c_{AF}. \tag{CXI}$$

Setzt man diese Beziehung für c_{AS} in die Gl. (CIX) ein, so ergibt sich für die *effektive Reaktionsgeschwindigkeit*:

$$|r_{AS,\mathrm{eff}}| = \frac{k_S \beta}{k_S + \beta} \cdot c_{AF} = k_{S,\mathrm{eff}} \cdot c_{AF}, \tag{CXII}$$

wobei $k_{S,\mathrm{eff}}$ *die effektive Geschwindigkeitskonstante* ist,

$$k_{S,\mathrm{eff}} = \frac{k_S \beta}{k_S + \beta}, \tag{CXIII}$$

in welcher sowohl die Geschwindigkeitskonstante der chemischen Reaktion, als auch der Stoffübergangskoeffizient enthalten ist.

Beispiel 11-39. Bei einer Reaktion, welche an der Grenzfläche zwischen einem Gas und einem nicht porösen festen Katalysator stattfindet, wird die Reaktionsgeschwindigkeit durch die Geschwindigkeitsgleichung $|r_{AS}| = k_S c_{AS}$ beschrieben, mit $k_S = 7700 \cdot \exp(-60\,000/RT_S)$ m/s. Der Stoffübergangskoeffizient beträgt $\beta = 5{,}65 \cdot 10^{-2}$ m/s und ist praktisch *unabhängig von der Temperatur*. Man berechne die effektive Geschwindigkeitskonstante $k_{S,\mathrm{eff}}$ für Temperaturen von $\vartheta = 100, 200, 250, 300, 350, 400, 500$ und $600\ °C$.

Zunächst wird k_S für die verschiedenen Temperaturen und damit nach Gl. (CXIII) $k_{S,\mathrm{eff}}$ berechnet. Die Ergebnisse sind in der folgenden Tabelle zusammengestellt und in der Abb. 11.16 als Funktion der Oberflächentemperatur T_S aufgetragen.

T_S	=	373,15	473,15	523,15	573,15	K
k_S	=	$3{,}073 \cdot 10^{-5}$	$1{,}831 \cdot 10^{-3}$	$7{,}865 \cdot 10^{-3}$	$2{,}620 \cdot 10^{-2}$	m/s
$k_{S,\mathrm{eff}}$	=	$3{,}071 \cdot 10^{-5}$	$1{,}774 \cdot 10^{-3}$	$6{,}904 \cdot 10^{-3}$	$1{,}790 \cdot 10^{-2}$	m/s
T_S	=	623,15	673,15	773,15	873,15	K
k_S	=	0,0720	0,1700	0,6805	1,9820	m/s
$k_{S,\mathrm{eff}}$	=	$3{,}166 \cdot 10^{-2}$	$4{,}241 \cdot 10^{-2}$	$5{,}217 \cdot 10^{-2}$	$5{,}493 \cdot 10^{-2}$	m/s

Sowohl aus der Tabelle, als auch aus der Auftragung sieht man, daß sich bei hohen Temperaturen der Wert von $k_{S,\mathrm{eff}}$ $(= 5{,}493 \cdot 10^{-2}$ dem Wert von $\beta (= 5{,}65 \cdot 10^{-2}$ m/s) nähert (s. Abb. 11.16). Bei niedrigen Temperaturen dagegen nähert sich der Wert von $k_{S,\mathrm{eff}}$ $(= 3{,}071 \cdot 10^{-5})$ dem Wert für k_S $(= 3{,}073 \cdot 10^{-5}$ bei 373,15 K). Daraus folgt, daß bei hoher Temperatur, d. h. hoher chemischer Reaktionsgeschwindigkeit der Stoffübergang die Geschwindigkeit der Umsetzung bestimmt; bei niedrigen Temperaturen, d. h. geringer chemischer Reaktionsgeschwindigkeit dagegen bestimmt diese die Geschwindigkeit der Umsetzung. Stets ist der am langsamsten ablaufende Vorgang maßgebend für die Geschwindigkeit, mit welcher die Umsetzung abläuft. ——

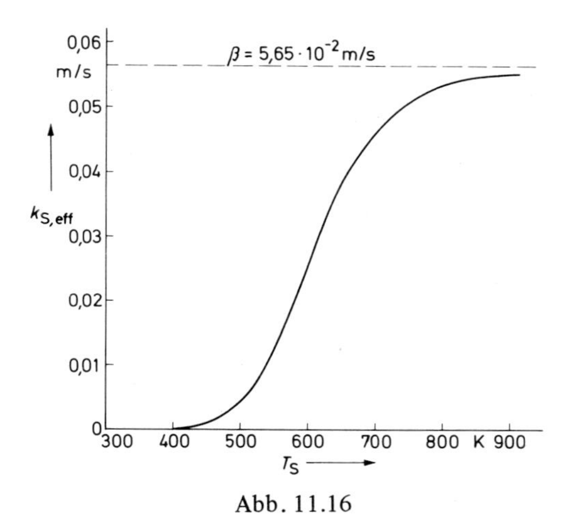

Abb. 11.16

Wir betrachten nunmehr eine Reaktion, welche zwischen einem fluiden Medium und einem porösen Feststoff (Katalysator) an dessen innerer Oberfläche abläuft. Wir fassen also nur die Teilschritte 2 bis 6 (s. S. 204) ins Auge, und nehmen an, daß die Teilschritte 3 bis 5 durch eine Reaktionsgeschwindigkeitsgleichung der Form

$$|r_{AS}| = kc_{AS}^{n} \qquad \text{(CXIV)}$$

beschrieben werden. Während des Hineindiffundierens der Reaktionspartner in eine Pore findet gleichzeitig, d. h. parallel zum Diffusionsvorgang eine chemische Reaktion an den Wänden der Pore statt (s. Abb. 11.15). Stets wird die Konzentration am Eintritt in die Pore am größten sein und dann nach innen abnehmen. Daher wird auch die chemische Reaktionsgeschwindigkeit, konstante Temperatur vorausgesetzt, stets im Inneren des porösen Feststoffes kleiner sein als an der äußeren Oberfläche.

Der Konzentrationsverlauf eines Reaktionspartners A im Inneren z. B. einer *porösen Katalysatorplatte* der Dicke $2L$ mit parallelen Oberflächen wird, wenn die chemische Reaktion von 1. Ordnung ($|r_A| = k_S c_A$) und volumenbeständig ist, bei $T = konst.$ beschrieben durch die Funktion

$$c_A = c_{AS} \cdot \frac{\cosh\left[\sqrt{Da_{II}}\,(1 - z/L)\right]}{\cosh\sqrt{Da_{II}}} \,. \qquad \text{(CXV)}$$

z ist die Ortskoordinate und Da_{II} die sog. *Damköhlersche Kennzahl 2. Art*, welche ein Maß ist für das Verhältnis zwischen der durch chemische Reaktion umgesetzten und der durch Diffusion in der Zeiteinheit antransportierten Menge:

$$Da_{II} = \frac{k_S (S_{in})_{V_s} L^2 c_{AS}^{n-1}}{D_{eff}} ; \qquad \text{(CXVI)}$$

$(S_{in})_{V_s}$ ist die innere Oberfläche pro Volumeneinheit des Feststoffes, c_{AS} die Konzentration an der äußeren Oberfläche, n die Reaktionsordnung, hier $n = 1$, und D_{eff} der effektive Diffusionskoeffizient.

Der Hyperbelkosinus ist durch folgende Formel definiert: $\cosh x = (e^x + e^{-x})/2$; s. auch mathematische Lehr- und Formelbücher.

Beispiel 11-40. Man berechne für eine volumenbeständige Reaktion 1. Ordnung, welche im Inneren einer porösen Katalysatorplatte stattfindet, den Konzentrationsverlauf c_A/c_{AS} als Funktion von z/L für $\sqrt{Da_{II}} = 0{,}2$, 1, 3 und 10 und stelle das Ergebnis graphisch dar.

Die berechneten Werte für c_A/c_{AS} sind in der folgenden Tabelle zusammengestellt und in der Abb. 11.17 als Funktion von z/L aufgetragen.

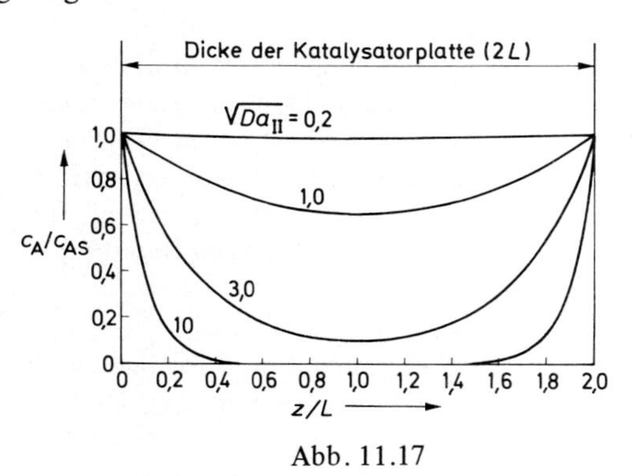

Abb. 11.17

$\sqrt{Da_{II}} = 0{,}2$

z/L	0	0,4	0,8	1,0	1,2	1,6	2,0
c_A/c_{AS}	1,0	0,987	0,981	0,980	0,981	0,987	1,0

$\sqrt{Da_{II}} = 1$

z/L	0	0,2	0,4	0,6	0,8	1,0
c_A/c_{AS}	1,0	0,867	0,768	0,701	0,661	0,648
z/L	1,2	1,4	1,6	1,8	2,0	
c_A/c_{AS}	0,661	0,701	0,768	0,867	1,0	

$\sqrt{Da_{II}} = 3$

z/L	0	0,05	0,10	0,15	0,20	0,3	
c_A/c_{AS}	1,0	0,861	0,742	0,640	0,552	0,412	
z/L	0,4	0,6	0,8	1,0	1,2	1,4	
c_A/c_{AS}	0,309	0,180	0,118	0,099	0,118	0,180	
z/L	1,6	1,7	1,8	1,85	1,90	1,95	2,00
c_A/c_{AS}	0,309	0,412	0,552	0,640	0,742	0,861	1,0

$\sqrt{Da_{II}} = 10$

z/L	0	0,02	0,04	0,06	0,08
c_A/c_{AS}	1,0	0,819	0,670	0,549	0,449
z/L	0,10	0,15	0,20	0,30	0,40
c_A/c_{AS}	0,368	0,223	0,135	0,050	0,018
z/L	0,50	0,75	1,0	1,25	1,50
c_A/c_{AS}	0,007	$6,0 \cdot 10^{-4}$	$9,0 \cdot 10^{-5}$	$6,0 \cdot 10^{-4}$	0,007
z/L	1,60	1,70	1,80	1,85	1,90
c_A/c_{AS}	0,018	0,050	0,135	0,223	0,368
z/L	1,92	1,94	1,96	1,98	2,00
c_A/c_{AS}	0,449	0,549	0,670	0,819	1,0

Aus der Abb. 11.17 des Beispiels 11-40 geht hervor, daß bei einem Wert von $\sqrt{Da_{II}} = 3,0$ die Konzentration c_A in der Mitte der Platte ($z/L = 1$) nur noch 1/10 von derjenigen an der äußeren Oberfläche beträgt, d. h. $c_A/c_{AS} \approx 0,1$. Bei einem Wert von $\sqrt{Da_{II}} = 5,0$ beträgt die Konzentration in der Mitte der Platte nur noch etwa 14/1000 von derjenigen an der äußeren Oberfläche. Entsprechend verringert sich auch die Geschwindigkeit der Umsetzung. Der Konzentrationsabfall in Richtung auf die Plattenmitte zu ist also umso steiler, je größer $\sqrt{Da_{II}}$ ist. Mit zunehmenden

Werten von $\sqrt{Da_{II}}$ wird demnach die Umsetzung mehr und mehr in die äußeren Randschichten abgedrängt, und das Innere der Platte trägt immer weniger zur Umsetzung bei, ist also wirkungslos, s. besonders den Verlauf von c_A/c_{AS} für $\sqrt{Da_{II}} = 10$ in Abb. 11.17. Zur quantitativen Charakterisierung der Ausnutzung des Katalysatorvolumens definiert man daher einen Katalysatorwirkungsgrad bzw. Porennutzungsgrad η durch das Verhältnis von mittlerer Umsetzungsgeschwindigkeit im Inneren der Platte zur Umsetzungsgeschwindigkeit an der äußeren Oberfläche (höchste Umsetzungsgeschwindigkeit, da größte Konzentration). Für die Katalysatorplatte ist

$$\eta = \frac{\tanh \sqrt{Da_{II}}}{\sqrt{Da_{II}}} . \qquad \text{(CXVII)}$$

Der Hyperbeltangens ist durch folgende Formel definiert:

$\tanh x = \dfrac{e^x - e^{-x}}{e^x + e^{-x}}$; s. auch mathematische Lehr- und Formelbüche

Beispiel 11-41. Man berechne den Katalysatorwirkungsgrad in einer Katalysatorplatte für $\sqrt{Da_{II}} = 0{,}1,\ 0{,}2,\ 0{,}5,\ 1{,}0,\ 2{,}0,\ 3{,}0,\ 5{,}0,\ 7{,}5$ und $10{,}0$.

$\sqrt{Da_{II}}$ =	0,1	0,2	0,5	1,0	2,0
η =	0,9967	0,9869	0,9242	0,7616	0,4820

$\sqrt{Da_{II}}$ =	3,0	5,0	7,5	10,0
η =	0,3317	0,2000	0,1333	0,1000

Man sieht, daß bei Werten für $\sqrt{Da_{II}} \leqslant 0{,}2$ der Katalysatornutzungsgrad nahezu gleich 1 ist, dann aber beträchtlich und steil abfällt.

12 Lösungen zu den Aufgaben

2/1. $w_{\text{krit}} = 4{,}64 \cdot 10^{-2}$ m/s.

2/2. $h = \dfrac{p}{\rho g} = \dfrac{2\,000\,000}{1000 \cdot 9{,}81} = 20{,}39$ m; $w = \sqrt{2gh} = \sqrt{2 \cdot 9{,}81 \cdot 20{,}39} =$
$= 20$ m/s.

2/3. Aus Gl. (XVIII) folgt: $\dfrac{t'}{t} = 1 - \sqrt{\dfrac{h'}{h}} = 1 - \sqrt{\dfrac{1}{2}} = 0{,}293$; daher $t' = 0{,}293 \cdot t = 2{,}93$ min.

2/4. $w = \sqrt{\dfrac{2 \cdot 1{,}402}{1{,}402 - 1} \cdot \dfrac{8{,}3143 \cdot 288{,}15}{0{,}02896} \cdot \left[1 - \left(\dfrac{98\,659}{151\,987}\right)^{\frac{1{,}402-1}{1{,}402}}\right]} =$
$= 259{,}32$ m/s.

2/5. $\dfrac{w_2}{w_1} = \sqrt{\dfrac{\rho_1}{\rho_2}} = \sqrt{\dfrac{1{,}2505}{0{,}7714}} = 1{,}273.$

2/6. $q = 3{,}14 \cdot 10^{-4}$ m^2; $\dot{v} = \dfrac{2{,}8}{60} = 4{,}667 \cdot 10^{-2}$ l/s $= 4{,}667 \cdot 10^{-5}$ m^3/s.
$w = \dfrac{\dot{v}}{q} = 0{,}149$ m/s.

a) $Re = \dfrac{0{,}149 \cdot 0{,}02}{300 \cdot 10^{-6}} = 9{,}93$; $\lambda = \dfrac{64}{9{,}93} = 6{,}45$; $\Delta p_V = \dfrac{6{,}45 \cdot 5}{0{,}02} \cdot \dfrac{900 \cdot 0{,}149^2}{2} =$

$= 16\,110$ N/m^2. **b)** $Re = \dfrac{0{,}149 \cdot 0{,}02}{62 \cdot 10^{-6}} = 48{,}1$; $\lambda = \dfrac{64}{48{,}1} = 1{,}33$;

$\Delta p_V = \dfrac{1{,}33 \cdot 5}{0{,}02} \cdot \dfrac{900 \cdot 0{,}149^2}{2} = 3322$ N/m^2.

2/7. Volumenstrom $\dot{v} = wq = w \cdot \dfrac{d^2 \pi}{4}$; daraus $w^2 = \dfrac{16\,\dot{v}^2}{d^4 \pi^2}$.

$\Delta p_V = \dfrac{\lambda L}{d} \cdot \dfrac{\rho w^2}{2} = \dfrac{16\,\lambda L \dot{v}^2 \rho}{d^5 \pi^2}$. Durch Auflösen nach d ergibt sich:

$$d = \left(\frac{16\,\lambda L \dot{v}^2 \rho}{\pi^2 \Delta p_V}\right)^{1/5} = \left(\frac{16 \cdot 0{,}03 \cdot 1000 \cdot 0{,}1632 \cdot 0{,}0825}{9{,}8696 \cdot 1079}\right)^{1/5} = 0{,}227 \text{ m.}$$

2/8. Druck der Flüssigkeitssäule: $\rho g h = 1246 \cdot 9{,}81 \cdot 1{,}50 = 18\,335\ \mathrm{N/m^2}$; Gesamtdruck: $151\,000 - 101\,000 + 18\,355 = 68\,335\ \mathrm{N/m^2}$. Wir nehmen aufgrund des kleinen Rohrdurchmessers und der hohen Zähigkeit an, daß die Strömung laminar ist. Dann ist der Rohrreibungsbeiwert

$\lambda = \dfrac{64}{Re} = \dfrac{64\,\nu}{wd} = \dfrac{64\,\eta}{wd\rho}$. Durch Einsetzen dieser Beziehung in die Gleichung für den Druckverlust erhalten wir: $\Delta p_V = \dfrac{\lambda L}{d} \cdot \dfrac{\rho w^2}{2} = \dfrac{32\,\eta L w}{d^2}$ und daraus

$$w = \frac{\Delta p_V\, d^2}{32\,\eta L} = \frac{68\,335 \cdot 0{,}02^2}{32 \cdot 0{,}41 \cdot 7} = 0{,}298\ \mathrm{m/s}.$$

2/9. $q = \dfrac{d^2\pi}{4} = \dfrac{0{,}10^2 \cdot 3{,}14}{4} = 7{,}85 \cdot 10^{-3}\ \mathrm{m^2}$; $w = \dfrac{\dot{v}}{q} = \dfrac{0{,}01}{7{,}85 \cdot 10^{-3}} =$

$= 1{,}27\ \mathrm{m/s}$. Damit ist $Re = \dfrac{1{,}27 \cdot 0{,}1}{1{,}0064 \cdot 10^{-6}} = 126\,192.$

$\lambda = 0{,}0032 + \dfrac{0{,}221}{126\,192^{0{,}237}} = 0{,}017.$ $L_{\ddot{a}} = nd = 40 \cdot 0{,}1 = 4\ \mathrm{m}.$

$$\Delta p_V = \frac{\lambda (L + L_{\ddot{a}})}{d} \cdot \frac{\rho w^2}{2} = \frac{0{,}017\,(20+4)}{0{,}1} \cdot \frac{998{,}23 \cdot 1{,}27^2}{2} = 3284\ \mathrm{N/m^2};$$

kinetische Energie pro Volumeneinheit: $\dfrac{\rho w^2}{2} = \dfrac{998{,}23 \cdot 1{,}27^2}{2} = 805\ \mathrm{N/m^2}.$

$p = 3284 + 805 = 4089\ \mathrm{N/m^2}$. Daraus $H_A = \dfrac{p}{\rho g} = \dfrac{4089}{998{,}23 \cdot 9{,}81} = 0{,}418\ \mathrm{m}.$

2/10. $m = 0{,}160$; $\alpha = 1{,}001$; $q_2 = 2{,}827 \cdot 10^{-3}\ \mathrm{m^2}$. $p_1 = 100\,000\ \mathrm{Pa}$; $p_1 - p_2 = 314\ \mathrm{Pa}$, somit $p_2 = 99\,686\ \mathrm{Pa}$. $T_2 = T_1 = 298{,}15\ \mathrm{K}$.

$\rho_2 = \dfrac{p_2 M}{R T_2} = \dfrac{99\,686 \cdot 3{,}005 \cdot 10^{-2}}{8{,}3143 \cdot 298{,}15} = 1{,}208\ \mathrm{kg/m^3}$. $\dot{m} = \dot{v}_2 \rho_2 = w_2 q_2 \rho_2 =$

$= \alpha q_2 \sqrt{2\rho_2 (p_1 - p_2)} = 1{,}001 \cdot 2{,}827 \cdot 10^{-3} \cdot \sqrt{2 \cdot 1{,}208 \cdot 314} = 7{,}794 \cdot 10^{-2}\ \mathrm{kg/s}$
$= 280{,}59\ \mathrm{kg/h}.$

2/11. $m = 0{,}1444$; $\alpha = 0{,}993$; $q_2 = 4{,}536 \cdot 10^{-3}\ \mathrm{m^2}$. $w_2 = 0{,}993\sqrt{\dfrac{2 \cdot 1360}{900}}$
$= 5{,}459\ \mathrm{m/s}$. $\dot{m} = w_2 q_2 \rho_2 = 5{,}459 \cdot 4{,}536 \cdot 10^{-3} \cdot 900 = 22{,}286\ \mathrm{kg/s} = 80\,229\ \mathrm{kg}$

3/1. Für die Widerstandszahl gilt: $\zeta = 18{,}5 \cdot Re^{-0{,}6}$. Dann ist (vgl. Beispiel 3-2

$$w = \left(7{,}207 \cdot 10^{-2} \cdot \frac{(2650 - 1000) \cdot 9{,}81 \cdot (10^{-4})^{1{,}6}}{1000^{0{,}4} \cdot (10^{-3})^{0{,}6}}\right)^{0{,}7143} = 1{,}12 \cdot 10^{-2}\ \mathrm{m/s}.$$

$$A = \frac{\dot{v}}{w} = \frac{100}{3600 \cdot 1{,}12 \cdot 10^{-2}} = 2{,}48\ \mathrm{m^2}.$$

4/1. a)

V	=	$5\cdot10^{-3}$	$10\cdot10^{-3}$	$15\cdot10^{-3}$	$20\cdot10^{-3}$	m^3
$\frac{t\cdot\Delta p}{V}$	=	$9{,}650\cdot10^{8}$	$1{,}290\cdot10^{9}$	$1{,}615\cdot10^{9}$	$1{,}940\cdot10^{9}$	$Pa\cdot s/m^3$

Die Auftragung von $t\cdot\Delta p/V$ gegen V ergibt eine Gerade mit dem Ordinatenabschnitt $o=6{,}4\cdot10^8$ Pa·s/m³ und der Steigung $m=6{,}5\cdot10^{10}$ Pa·s/m⁶.

Daraus folgt $\beta=\frac{Ao}{\eta}=\frac{0{,}4\cdot6{,}4\cdot10^8}{1{,}14\cdot10^{-3}}=2{,}25\cdot10^{11}\,m^{-1}$ und

$$\alpha=\frac{2A^2m}{y\eta}=\frac{2\cdot(0{,}4)^2\cdot6{,}5\cdot10^{10}}{50\cdot1{,}14\cdot10^{-3}}=3{,}65\cdot10^{11}\ m/kg.$$

b) $A=\frac{2{,}25\cdot10^{11}\cdot1{,}14\cdot10^{-3}\cdot20}{2\cdot50\,000\cdot3600}\cdot\left(1+\sqrt{\frac{2\cdot3{,}65\cdot10^{11}\cdot50\,000\cdot3600\cdot50}{(2{,}25\cdot10^{11})^2\cdot1{,}14\cdot10^{-3}}+1}\right)=$

$=167{,}0\,m^2$.

4/2. $\frac{t_1\cdot\Delta p}{V_1}-\frac{\alpha y\eta}{2A^2}\cdot V_1=\frac{t_2\cdot\Delta p}{V_2}-\frac{\alpha y\eta}{2A^2}\cdot V_2$; daraus

$$\frac{\alpha y\eta}{2A^2\cdot\Delta p}=\frac{(t_1/V_1-t_2/V_2)}{V_1-V_2}=\frac{(261/1{,}5\cdot10^{-3}-1470/4{,}0\cdot10^{-3})}{1{,}5\cdot10^{-3}-4{,}0\cdot10^{-3}}=7{,}74\cdot10^7\ s.$$

$\frac{t}{V}-\frac{t_2}{V_2}=\frac{\alpha y\eta}{2A^2\cdot\Delta p}\cdot(V-V_2)$ und $t=V\left[\frac{\alpha y\eta}{2A^2\cdot\Delta p}\cdot(V-V_2)+\frac{t_2}{V_2}\right]=$

$$=10^{-2}\left[7{,}74\cdot10^7\cdot(10^{-2}-4\cdot10^{-3})+\frac{1470}{4\cdot10^{-3}}\right]=8319\ s=2{,}31\ h.$$

5/1. $\frac{\dot Q}{F}=\frac{28-(-5)}{\frac{1}{23}+\frac{0{,}5}{0{,}87}+\frac{0{,}16}{0{,}12}+\frac{0{,}05}{1{,}28}+\frac{1}{8}}=15{,}60\ W/m^2=$

$=15{,}60\ J/(m^2\cdot s)=56{,}160\ kJ/(m^2\cdot h)$.

5/2. a) $\frac{\dot Q}{L}=\frac{2\cdot3{,}14\cdot130}{\frac{1}{0{,}047\cdot12\,000}+\frac{1}{0{,}051\cdot23}+\frac{1}{52}\cdot\ln\frac{0{,}051}{0{,}047}}=$

$=954{,}4\ W/m=954{,}4\ J/(s\cdot m)=3435{,}84\ kJ/(h\cdot m)$.

b) Wärmeaustauschfläche $A=D_a\pi L$, daraus $\frac{L}{A}=\frac{1}{D_a\pi}=\frac{1}{0{,}102\cdot3{,}14}=$

$=3{,}12\ m^{-1}$; dann ist $\frac{\dot Q}{A}=\frac{\dot Q}{L}\cdot\frac{L}{A}=3435{,}84\cdot3{,}12=10\,723{,}26\ kJ/(m^2\cdot h)$.

Für die innere Rohrwand gilt: $\dot{Q} = \alpha_i D_i \pi L (T_D - T_{Wi})$ mit T_D = Temperatur des Dampfes, T_{Wi} = Temperatur der Rohrwand innen. Somit ist

$$T_{Wi} = T_D - \frac{\dot{Q}}{L} \cdot \frac{1}{\alpha_i D_i \pi} = 150 - 954{,}4 \cdot \frac{1}{12\,000 \cdot 0{,}094 \cdot 3{,}14} = 149{,}73\ °C.$$

Temperatur der Rohrwand außen: $T_{Wa} = T_{Luft} + \frac{\dot{Q}}{L} \cdot \frac{1}{\alpha_a D_a \pi} =$

$$= 20 + \frac{954{,}4}{23 \cdot 0{,}102 \cdot 3{,}14} = 149{,}49\ °C.$$

5/3. a) $k = \dfrac{1}{\dfrac{1}{34{,}9} + \dfrac{0{,}5}{1{,}16} + \dfrac{0{,}25}{0{,}58} + \dfrac{1}{16{,}3}} = 1{,}05\ W/(m^2 \cdot K)$;

$\dfrac{\dot{Q}}{A} = k(\vartheta_1 - \vartheta_5) = 1{,}05 \cdot (1300 - 25) = 1339\ W/(m^2 \cdot K)$. b) $\dfrac{\dot{Q}}{A} = \alpha_1(\vartheta_1 - \vartheta_2) =$
$= \dfrac{\lambda_1}{d_1} \cdot (\vartheta_2 - \vartheta_3)$, daraus $\vartheta_2 = \vartheta_1 - \dfrac{\dot{Q}}{A\,\alpha_1} = 1300 - \dfrac{1339}{34{,}9} = 1262\ °C$;

$$\vartheta_3 = \vartheta_2 - \frac{\dot{Q}}{A} \cdot \frac{d_1}{\lambda_1} = 1262 - 1339 \cdot \frac{0{,}50}{1{,}16} = 685\ °C.$$

5/4. Mittlere Temperatur des Benzols $\vartheta_m = (20 + 60)/2 = 40\ °C$; bei dieser Temperatur betragen: $\eta = 0{,}49 \cdot 10^{-3}$ Pa·s und $\rho = 858\ kg/m^3$. Damit ist $Re = \dfrac{0{,}1 \cdot 0{,}053 \cdot 858}{0{,}49 \cdot 10^{-3}} = 9280$. Für Benzol ist bei einer mittleren Temperatur von 40 °C die Prandtl-Zahl $Pr_m = 7{,}4$; bei der Temperatur der Wand von 70 °C ist $Pr_W = 6{,}6$, somit $Pr_m/Pr_W = 1{,}12$. Damit ergibt sich

$$Nu = 0{,}012 \cdot (9280^{0{,}87} - 280) \cdot 7{,}4^{0{,}4} \cdot \left[1 + \left(\frac{0{,}053}{3}\right)^{2/3}\right] \cdot 1{,}12^{0{,}11} = 73{,}7.$$

Daraus folgt mit $\lambda = 0{,}141\ W/(m \cdot K)$: $\alpha = \dfrac{Nu \cdot \lambda}{D} = \dfrac{73{,}7 \cdot 0{,}141}{0{,}053} = 196\ W/(m^2 \cdot$

5/5. Mittlere Temperatur des Wassers $\vartheta_m = (15 + 80)/2 = 47{,}5\ °C$.

$Re = \dfrac{1 \cdot 0{,}035 \cdot 1000}{0{,}57 \cdot 10^{-3}} = 61\,400$. Für $\vartheta_m = 47{,}5\ °C$ ist $Pr_m = 3{,}74$, für $\vartheta_W = 95\ °C$ ist $Pr_W = 1{,}85$, somit $Pr_m/Pr_W = 2{,}02$. Dann ist

$$Nu = 0{,}012 \cdot (61\,400^{0{,}87} - 280) \cdot 3{,}74^{0{,}4} \cdot \left[1 + \left(\frac{0{,}035}{2}\right)^{2/3}\right] \cdot 2{,}02^{0{,}11} = 337{,}0.$$

Daraus folgt: $\alpha = \dfrac{Nu \cdot \lambda}{D} = \dfrac{337{,}0 \cdot 0{,}644}{0{,}035} = 6200\ W/(m^2 \cdot K)$.

5/6. a) $\Delta\vartheta_{gr} = 300 - 25 = 275\ °C$; $\Delta\vartheta_{kl} = 200 - 180 = 20\ °C$.

$$\Delta\vartheta_m = \frac{275-20}{\ln\frac{275}{20}} = 97{,}3\ °C.$$ **b)** $\Delta\vartheta_{gr} = 300 - 180 = 120\ °C$;

$\Delta\vartheta_{kl} = 200 - 25 = 175\ °C$. $$\Delta\vartheta_m = \frac{175-120}{\ln\frac{175}{120}} = 145{,}8\ °C.$$

5/7. $\epsilon_1 = \epsilon_2 = 0{,}94$; $\epsilon_{12} = \dfrac{1}{1/0{,}94 + 1/0{,}94 - 1} = 0{,}8868$;

$C_{12} = \epsilon_{12} \cdot C_S = 0{,}8868 \cdot 5{,}6697 = 5{,}0279\ W/(m^2 \cdot K^4)$. Wärmestromdichte durch Strahlung: $$\frac{\dot{Q}_{12}}{A} = 5{,}0279 \cdot \left[\left(\frac{363{,}15}{100}\right)^4 - \left(\frac{303{,}15}{100}\right)^4\right] = 449{,}8\ W/m^2;$$

Wärmestromdichte durch Konvektion: $\dfrac{\dot{Q}}{A} = 4{,}65 \cdot (90 - 30) = 279{,}0\ W/m^2$;

$$\dot{Q}_{ges} = \left(\frac{\dot{Q}}{A} + \frac{\dot{Q}_{12}}{A}\right) \cdot A = (279{,}0 + 449{,}8) \cdot 4 \cdot 3{,}5 = 10\,203\ W.$$

6/1. Vom Kühlwasser (Masse m_W) aufgenommene Wärmemenge $Q_W = m_W \cdot 4{,}1868 \cdot (40 - 10)$. Die spez. Enthalpie des Dampfes, bezogen auf 0 °C, beträgt $h'' = 2682{,}6$ kJ/kg; davon verbleibt im Kondensat, welches mit 40 °C abfließt, eine spez. Enthalpie $h = 4{,}1868 \cdot 40$ kJ/kg. Die Enthalpieänderung des Dampfes beträgt somit $\Delta H = 500 \cdot (2682{,}6 - 4{,}1868 \cdot 40)$. Es muß $\Delta H = Q_W$ sein, d. h. $m_W \cdot 4{,}1868 \cdot 30 = 500 \cdot (2682{,}6 - 4{,}1868 \cdot 40)$; daraus $m_W = 10\,012$ kg.

6/2. a) $v'' = 0{,}1535\ m^3/kg$, $v' = 1{,}1428\ dm^3/kg$; **b)** $X = \dfrac{v - v'}{v'' - v'} =$

$$= \frac{0{,}002 - 1{,}1428 \cdot 10^{-3}}{0{,}1535 - 1{,}1428 \cdot 10^{-3}} = 0{,}00563;$$ somit ist die Masse des Dampfes

$m_D = m_{ges} X = 1000 \cdot 0{,}00563 = 5{,}63$ kg, und $m_W = 1000 - m_D =$ $= 994{,}37$ kg; **c)** Dampf: $H'' = 15\,679$ kJ, Wasser: $H' = 806\,882$ kJ; **d)** $h = h' + X \cdot \Delta_V h = 811{,}45 + 0{,}00563 \cdot 1973{,}4 = 822{,}56$ kJ/kg.

6/3. a) Kondensationsenthalpie des Heizdampfes von 3 bar ($\vartheta_S = 133{,}54\ °C$): 2163,2 kJ/kg, Verdampfungsenthalpie des Wassers unter 1 bar (100 °C): 2256,9 kJ/kg; 1 kg Heizdampf von 3 bar kann daher 2163,2/2256,9 = 0,958 kg Wasser bei 100 °C verdampfen; **b)** Eine Sättigungstemperatur von 70 °C entspricht einem Druck von 0,3116 bar, wobei $\Delta_V h = 2334{,}0$ kJ/kg beträgt. 1 kg Heizdampf von 3 bar kann daher 2163,2/2334,0 = 0,927 kg Wasser bei 70 °C verdampfen, wenn das Kondenswasser mit 133,54 °C abgeht. Bei Abkühlung des Kondensats von 133,54 °C auf 75 °C werden 245,1 kJ/kg frei;

aus 1 kg Heizdampf erhält man daher 2163,2 + 245,1 = 2408,3 kJ/kg. Durch 1 kg Heizdampf können somit 2408,3/2334,0 = 1,032 kg Wasser verdampft werden.

6/4. Pro Kilogramm gelöster Substanz enthält eine Lösung mit einem Massenanteil $w = 10\%$ 9 kg Wasser, eine Lösung mit einem Massenanteil $w = 50\%$ dagegen 1 kg Wasser. Pro Kilogramm gelöster Substanz sind daher 8 kg Wasser zu verdampfen. Die spez. Verdampfungsenthalpien betragen bei 3 bar (133,54 °C) $\Delta_V h = 2163{,}2$ kJ/kg, bei 52 °C (0,13613 bar) $\Delta_V h = 2378{,}1$ kJ/kg.

Ein Durchsatz von 5000 kg/h Lösung führt 500 kg/h gelöster Substanz mit sich; daher müssen $8 \cdot 500 = 4000$ kg/h Wasser abgedampft werden. Für die Verdampfung von 4000 kg/h Wasser bei 52 °C benötigt man einen Wärmestrom $\dot{Q} = 4000 \cdot 2378{,}1 = 9\,512\,400$ kJ/h $= 2{,}642 \cdot 10^6$ J/s. Der Heizdampf gibt bei der Kondensation 2163,2 kJ/kg und bei der Abkühlung $4{,}1868 \cdot (133{,}54 - 80) = 224{,}2$ kJ/kg ab, zusammen also 2387,4 kJ/kg.

Es sind demnach $\dot{m}_D = 9\,512\,400/2387{,}4 = 3984{,}4$ kg/h Heizdampf erforderlich.

Berechnung der Wärmeaustauschfläche ($\Delta\vartheta = 132{,}8 - 52 = 80{,}8$ °C):

$$A = \frac{\dot{Q}}{k \cdot \Delta\vartheta} = \frac{2{,}642 \cdot 10^6}{1750 \cdot 80{,}8} = 18{,}68 \text{ m}^2 .$$

7/1. Mit Hilfe der Gl. (VIIa) berechnet man x_{1F}, z. B. für $\vartheta = 90$ °C:

$$x_{1F} = \frac{p - p_2^0}{p_1^0 - p_2^0} = \frac{100\,000 - 53\,596}{135\,989 - 53\,596} = 0{,}563.$$ In gleicher Weise berechnet man x_{1F} für die anderen Temperaturen und erhält folgende Werte

ϑ	80	85	90	95	100	105	110	°C
x_{1F}	0,992	0,711	0,563	0,400	0,249	0,112	0,0001	

Man trägt ϑ als Funktion von x_{1F} auf. Einem Massenanteil des Benzols von $w_F = 0{,}6$ entspricht ein Molenbruch von $x_{1F} = 0{,}639$. Bei diesem Abszissenwert liest man als Siedetemperatur $\vartheta = 87{,}2$ °C ab.

7/2. Aus den in Aufgabe 7/1 berechneten Werten für x_{1F} berechnet man mit Hilfe der Gl. (VIIIa) x_{1D}, z. B. für $\vartheta = 95$ °C:

$$x_{1D} = x_{1F} \cdot \frac{p_1^0}{p} = 0{,}400 \cdot \frac{155\,987}{100\,000} = 0{,}624.$$ Die Werte für p_1^0 sind der Tabelle in Aufgabe 7/1 zu entnehmen. In gleicher Weise berechnet man x_{1D} für die anderen Temperaturen und erhält folgende Werte

ϑ	80	85	90	95	100	105	110	°C
x_{1D}	0,997	0,918	0,766	0,624	0,448	0,231	0,0002	

Man trägt ϑ als Funktion von x_{1D} auf. Einem Massenanteil des Benzols in der Dampfphase von $w_D = 0{,}6$ entspricht ein Molenbruch $x_{1D} = 0{,}639$. Für diesen Abszissenwert liest man als Kondensationstemperatur $\vartheta = 94{,}4\ °C$ ab.

7/3. Man berechnet mit den in Aufgabe 7/1 für $\vartheta = 100\ °C$ angegebenen Werten $p_1^0 = 179\,985$ Pa und $p_2^0 = 73\,461$ Pa für einen Gesamtdruck

$p = 101\,500$ Pa nach Gl. (VIIa): $x_{1F} = \dfrac{p - p_2^0}{p_1^0 - p_2^0} = \dfrac{101\,500 - 73\,461}{179\,985 - 73\,461} = 0{,}263,$

und nach Gl. (VIIIa): $x_{1D} = x_{1F} \cdot \dfrac{p_1^0}{p} = 0{,}263 \cdot \dfrac{179\,985}{101\,500} = 0{,}466;\ x_{2F} = 0{,}737,$ $x_{2D} = 0{,}534$.

7/4. a) $\dot{n}_Z = 25{,}00$ kmol/h; $\dot{n}_E = 12{,}18$ kmol/h, davon 12,06 kmol/h CH_2Cl_2 und 0,122 kmol/h CCl_4; $\dot{n}_A = 12{,}82$ kmol/h, davon 0,192 kmol/h CH_2Cl_2 und 12,63 kmol/h CCl_4. **b)** $v_{min} = 0{,}748$. **c)** Bei $v = 1{,}3 \cdot v_{min} = 0{,}965$ ist $n_{th} = 18$.

7/5. Die erforderliche Anzahl n_{th} theoretischer Böden als Funktion von v/v_{min} ist in der folgenden Tabelle dargestellt:

v/v_{min}	1,0	1,1	1,2	1,3	1,6	2,0	3,0	∞
n_{th}	∞	21	19	18	15	13	11	8

8/1. Umrechnung der Massenanteile in Massenverhältnisse: $\zeta_{ER} = \dfrac{w}{1-w}$;

$\zeta_{ER}^{ein} = \dfrac{0{,}17}{1-0{,}17} = 0{,}2048$; $\zeta_{ER}^{aus} = \dfrac{0{,}01}{1-0{,}01} = 0{,}0101$. **a)** $\zeta_{ES,max}^{aus}$ entnimmt man aus der Gleichgewichtskurve beim Abszissenwert $\zeta_{ER}^{ein} = 0{,}2048$ zu

$\zeta_{ES,max}^{aus} = 0{,}2776$; damit ist $\left(\dfrac{\dot{m}_S}{\dot{m}_R}\right)_{min} = \dfrac{0{,}2048 - 0{,}0101}{0{,}2776 - 0} = 0{,}7014.$

b) Das tatsächliche Lösungsmittelverhältnis ist $\dot{m}_S/\dot{m}_R = 1{,}1 \cdot 0{,}7014 = 0{,}7715$. Daraus ergibt sich die Steigung der Bilanzgeraden $\dot{m}_R/\dot{m}_S = 1/0{,}7715 = 1{,}2962$. Damit und mit dem geforderten $\zeta_{ER}^{aus} = 0{,}0101$ ist die Bilanzgerade festgelegt. Der Schnittpunkt der Parallelen zur Ordinatenachse im Abstand $\zeta_{ER}^{ein} = 0{,}2048$ mit der Bilanzgeraden liefert $\zeta_{ES}^{aus} = 0{,}2526$. Die Stufenzugkonstruktion ergibt eine theoretische Trennstufenzahl $n_{th} = 5$.
c) $\dot{m}_R^{ein} + \dot{m}_E^{ein} = \dot{m}_Z$ ($\dot{m}_E$ Massenstrom des Extraktionsstoffes) und

$\zeta_{ER}^{ein} = \dfrac{\dot{m}_E^{ein}}{\dot{m}_R^{ein}}$; daraus folgt $\dot{m}_R^{ein} = \dot{m}_R = \dfrac{\dot{m}_Z}{1 + \zeta_{ER}^{ein}} = \dfrac{5000}{1 + 0{,}2048} =$

$= 4150$ kg/h; da $\dot{m}_S/\dot{m}_R = 0{,}7715$ ist, ergibt sich für

$\dot{m}_S = 0{,}7715 \cdot 4150 = 3201$ kg/h. **d)** $\zeta_{ES}^{aus} = \dfrac{\dot{m}_E^{aus}}{\dot{m}_S} = 0{,}2526$;

daraus $\dot{m}_E^{aus} = 0{,}2526 \cdot 3201 = 809$ kg/h.

8/2. a) $\zeta_{ES} = 28 \cdot 0{,}012 = 0{,}336$ kg/kg. **b)** Tatsächliches Massenverhältnis von Phenol zu Trikresylphosphat in der Aufnehmerphase $\zeta_{ES}^{aus} = 0{,}8 \cdot 0{,}336 = 0{,}2688$ kg/kg; daraus folgt aus Gl. (IV) für das Verhältnis $\dot{m}_R/\dot{m}_S$: $\dfrac{\dot{m}_R}{\dot{m}_S} = \dfrac{\zeta_{ES}^{aus} - \zeta_{ES}^{ein}}{\zeta_{ER}^{ein} - \zeta_{ER}^{aus}} = \dfrac{0{,}2688 - 0}{0{,}012 - 0{,}0002} = 22{,}78$

(Steigung der Arbeitsgeraden). **c)** Das Stufenzugverfahren zwischen der Gleichgewichtslinie ($\zeta_{ES} = 28 \cdot \zeta_{ER}$) und der Arbeitsgeraden durch die in der Trennaufgabe festgelegten Punkte ($\zeta_{ER}^{ein} = 0{,}012$, $\zeta_{ES}^{aus} = 0{,}2688$ sowie $\zeta_{ER}^{aus} = 0{,}0002$ und $\zeta_{ES}^{ein} = 0$) ergibt eine Anzahl theoretischer Stufen $n_{th} = 14$.

8/3. a) 1197 kg/h; **b)** $n_{th} = 5$.

8/4. Wasser(R)-Essigsäure(E)-Diäthyläther(S); Zusammensetzung der wässerigen Phase: $w_{RR} = 0{,}622$ kg/kg, $w_{ER} = 0{,}248$ kg/kg, $w_{SR} = 0{,}130$ kg/kg Zusammensetzung der organischen Phase: $w_{RS} = 0{,}189$ kg/kg, $w_{ES} =$ $= 0{,}251$ kg/kg, $w_{SS} = 0{,}560$ kg/kg; Masse der wässerigen Phase $m_{R,ges} = 716$ kg; Masse der organischen Phase: $m_{S,ges} = 288$ kg; Summe 1004 kg, anstatt 1000 kg. Die Differenz ist durch die begrenzte Genauigkeit der Ablesung im Dreieckskoordinatensystem bedingt.

8/5. a) $\dot{m}_S = 1333$ kg/h; **b)** $n_{th} = 4$.

9/1. Umrechnung der Partialdrücke in Stoffmengenverhältnisse:

$r_{AG} = \dfrac{n_{AG}}{n_{Luft}} = \dfrac{p_A}{p_{Luft}} = \dfrac{p_A}{101\,325 - p_A}$; Umrechnung der Massenverhältnisse in Stoffmengenverhältnisse (S Solvent, d. h. Wasser):

$r_{AS} = \dfrac{n_{AS}}{n_S} = \dfrac{m_{AS}}{m_S} \cdot \dfrac{M_S}{M_A} = \zeta_{AS} \cdot \dfrac{M_S}{M_A}$. Damit ergeben sich folgende Stoffmengenverhältnisse im Gleichgewicht:

r_{AG}	0,0120	0,0247	0,0367	0,0536	0,0720	mol NH_3/mol Luft
r_{AS}	0,01000	0,0200	0,0290	0,0410	0,0530	mol NH_3/mol H_2O.

Mit Hilfe der McCabe-Thiele-Konstruktion erhält man für die Anzahl der theoretischen Trennstufen $n_{th} = 8$; die tatsächlich benötigte Anzahl ist somit $8/0{,}55 = 14{,}5$, d. h. 15 Trennstufen.

11/1. Für $T = 370$ K ist $k = 3{,}33 \cdot 10^{11} \cdot e^{-97\,210/(8{,}3143 \cdot 370)} =$ $= 6{,}293 \cdot 10^{-3}\ (\mathrm{dm}^3)^{0{,}5}/(\mathrm{mol}^{0{,}5} \cdot \mathrm{h})$. Die Beziehung zwischen Umsatz U_{St} und Reaktionszeit t lautet nach Tab. 11/1, Gl. (LII), für die volumenkonstante Reaktion der Ordnung $n = 1{,}5$ (A = St):

$$t = \frac{(1 - U_{\mathrm{St}})^{(1-1{,}5)} - 1}{(6{,}293 \cdot 10^{-3}) \cdot (7{,}88)^{(1{,}5-1)} \cdot (1{,}5-1)} =$$

$$= 113{,}22 \cdot \left[\frac{1}{(1 - U_{\mathrm{St}})^{0{,}5}} - 1 \right].$$

Damit erhält man folgende Wertepaare:

U_{St}	0,1	0,2	0,3	0,4	0,5
t	6,12	13,36	22,10	32,95	46,90 h

Das Gesamtvolumen V_{R} der Reaktionsmasse setzt sich folgendermaßen zusammen: $V_{\mathrm{R}} = V_{\mathrm{St}}^0 + V_{\mathrm{PB}}^0 = \dfrac{m_{\mathrm{St}}^0}{\rho_{\mathrm{St}}} + \dfrac{m_{\mathrm{PB}}^0}{\rho_{\mathrm{PB}}}$; andererseits ist das Massenverhältnis $\dfrac{m_{\mathrm{PB}}^0}{m_{\mathrm{St}}^0} = \dfrac{w_{\mathrm{PB}}}{w_{\mathrm{St}}}$. Aus diesen beiden Gleichungen ergibt sich die Anfangsmasse des Styrols: $m_{\mathrm{St}}^0 = \dfrac{V_{\mathrm{R}} \cdot \rho_{\mathrm{St}}}{1 + \dfrac{w_{\mathrm{PB}}}{w_{\mathrm{St}}} \cdot \dfrac{\rho_{\mathrm{St}}}{\rho_{\mathrm{PB}}}} =$

$$= \frac{10 \cdot 850}{1 + \dfrac{4}{96} \cdot \dfrac{850}{1030}} = 8217{,}4 \text{ kg.}$$ Entsprechend ist die Anfangsmasse des Polybutadiens: $m_{\mathrm{PB}}^0 = \dfrac{w_{\mathrm{PB}}}{w_{\mathrm{St}}} \cdot m_{\mathrm{St}}^0 = \dfrac{4}{96} \cdot 8217{,}4 = 342{,}4$ kg. Zu Beginn

der Reaktion wird der Reaktor also mit 8217,4 kg Styrol und 342,4 kg Polybutadien gefüllt. Letzteres geht (s. Aufgabenstellung) vollständig in das Produkt über, während vom eingesetzten Styrol 30% zu Polystyrol umgesetzt werden. Die Masse an Polymerisationsprodukt beträgt also: $m_{\mathrm{Poly}} = m_{\mathrm{PB}}^0 + 0{,}3 \cdot m_{\mathrm{St}}^0 = 342{,}4 + 0{,}3 \cdot 8217{,}4 = 2807{,}6$ kg. Da das nicht umgesetzte Styrol aus der Reaktionsmasse nur sehr schwierig abgetrennt werden kann, setzt man das Styrol in einem oder mehreren nachgeschalteten Reaktoren nahezu vollständig um.

11/2. Aus Tab. 11/1, Gl. (LII) folgt für $|\nu_{\mathrm{A}}| = 2$ und $n = 2$ die Reaktionszeit $t = \dfrac{(1 - U_{\mathrm{A}})^{(1-2)} - 1}{k\,|\nu_{\mathrm{A}}|\,(c_{\mathrm{A}}^0)^{(1-2)}\,(2-1)} = \dfrac{1}{k\,|\nu_{\mathrm{A}}|\,c_{\mathrm{A}}^0} \cdot \left(\dfrac{U_{\mathrm{A}}}{1 - U_{\mathrm{A}}} \right) =$

$$= \frac{1}{(5{,}5 \cdot 10^{-3}) \cdot 2 \cdot 1} \cdot \left(\frac{0{,}75}{1 - 0{,}75} \right) = 272{,}7 \text{ s} = 4{,}55 \text{ min.}$$

11/3. Aus Tab. 11/1, Gl. (LIV) folgt für $|\nu_A| = |\nu_B| = 1$ die Reaktionszeit

$$t = \frac{1}{k(c_A^0 - c_B^0)} \cdot \ln \frac{c_B^0(1-U_A)}{c_B^0 - c_A^0 U_A} = \frac{1}{(2{,}50 \cdot 10^{-4})(1-2)} \cdot \ln \frac{2(1-0{,}80)}{2-1 \cdot 0{,}80} =$$

$= 4394\ \text{s} = 73{,}24\ \text{min}.$

11/4. $k = 4{,}5 \cdot 10^5 \cdot \exp[-60\,000/(8{,}3143 \cdot 353)] = 5{,}954 \cdot 10^{-4}\ \text{s}^{-1}$; $\tau = V_R/\dot{v}^{\text{aus}} = 2/(6{,}667 \cdot 10^{-4}) = 3000\ \text{s}$. Damit resultiert aus Gl. (XCI):

$$U_A = \frac{(5{,}954 \cdot 10^{-4}) \cdot 1 \cdot 3000}{1 + (5{,}954 \cdot 10^{-4}) \cdot 1 \cdot 3000} = 0{,}641.$$

Da $T^{\text{aus}} = T^{\text{ein}}$ ist, entfällt in der Wärmebilanz, Gl. (XCVIII) der erste Term in der eckigen Klammer und es verbleibt, aufgelöst nach $\bar{T}_W$:

$$\bar{T}_W = T^{\text{aus}} - \frac{c_A^{\text{ein}}\, \dot{v}^{\text{ein}}(-\Delta_R H_m)\, U_A}{|\nu_A|\, k_W A_W} = 353 - \frac{4{,}74 \cdot 2{,}4 \cdot (-19\,460) \cdot 0{,}641}{1 \cdot 300 \cdot 7{,}3} =$$

$= 353 - (-64{,}80) = 417{,}80\ \text{K} = 144{,}65\ °\text{C}.$

11/5. Man berechnet zuerst $U_A = k\tau/(1 + k\tau)$ entsprechend Gl. (XCVI), rechte Seite, für Temperaturen T^{aus} zwischen etwa 320 und 410 K und trägt U_A als Funktion von T^{aus} auf.

a) Bei $U_A = 0{,}85$ liest man ab: $T^{\text{aus}} = 372$ K (Betriebspunkt).

b) Soll sich der Rührkessel bei jeder Temperatur T^{aus} in einem stabilen Betriebszustand befinden, so muß die Steigung der Wärmeabführungsgeraden mindestens gleich der größten Steigung der Wärmebildungskurve (S-förmige Kurve) sein. Diese größte Steigung ist gegeben durch die Steigung der Wendetangente; für deren Steigung liest man aus dem Diagramm den Wert $0{,}0297\ \text{K}^{-1}$ ab. Es muß also die Steigung der Wärmeabführungsgeraden nach Gl. (XCVI), linke Seite, sein

$$\frac{|\nu_A|\, \dot{m} c_p}{c_A^{\text{ein}}\, \dot{v}^{\text{ein}}(-\Delta_R H_m)} = \frac{|\nu_A|\, \dot{v}^{\text{ein}}\, \rho c_p}{c_A^{\text{ein}}\, \dot{v}^{\text{ein}}(-\Delta_R H_m)} =$$

$= 0{,}0297\ \text{K}^{-1}$; daraus $c_A^{\text{ein}} = \dfrac{|\nu_A|\, \rho c_p}{0{,}0297\,(-\Delta_R H_m)} = \dfrac{1 \cdot 800 \cdot 4200}{0{,}0297 \cdot 420\,000} =$

$= 269{,}4\ \text{mol/m}^3.$

11/6. Von dem Betriebspunkt $U_A = 0{,}85$, $T^{\text{aus}} = 372$ K legt man eine Tangente an die rechte Seite der S-förmigen Wärmebildungskurve. Die Tangente schneidet die Abszissenachse bei $T^{\text{aus}} = T^{\text{ein}} = 338$ K. Die Steigung dieser Tangente beträgt $0{,}025\ \text{K}^{-1}$, d. h. $\dfrac{|\nu_A|\, \rho c_p}{c_A^{\text{ein}}(-\Delta_R H_m)} = 0{,}025\ \text{K}^{-1}$;

daraus $c_A^{\text{ein}} = \dfrac{1 \cdot 800 \cdot 4200}{0{,}025 \cdot 420\,000} = 320\ \text{mol/m}^3.$

11/7. Gemäß Aufgabenstellung soll $c_A^{ein} = 2 \cdot 269{,}4 = 538{,}8\ \text{mol/m}^3$ sein. Aufgrund der Aufgabenstellung muß hier die Steigung der Wärmeabführungsgeraden dieselbe Bedingung erfüllen wie in Aufgabe 11/5b, damit sich der Rührkessel bei jeder Temperatur T^{aus} in einem stabilen Betriebszustand befindet, d. h. die Steigung muß gleich $0{,}0297\ \text{K}^{-1}$ betragen. Die Steigung der Wärmeabführungsgeraden ergibt sich für polytrope Temperaturführung aus der Gl. (XCVIII) zu

$$\frac{|\nu_A|}{c_A^{ein}\,\dot{v}^{ein}\,(-\Delta_R H_m)} \cdot (\dot{m}c_p + k_W A_W) = 0{,}0297\ \text{K}^{-1};\ \text{daraus}$$

a) $$A_W = \frac{1}{k_W} \cdot \left(\frac{0{,}0297 \cdot c_A^{ein}\,\dot{v}^{ein}\,(-\Delta_R H_m)}{|\nu_A|} - \dot{m}c_p \right) =$$

$$= \frac{1}{480} \cdot \left(\frac{0{,}0297 \cdot 538{,}8 \cdot 10^{-3} \cdot 420\,000}{1} - (800 \cdot 10^{-3}) \cdot 4200 \right) = 7{,}002\ \text{m}^2.$$

b) Aus Gl. (XCVIII), linke Seite, folgt, nach T^{ein} aufgelöst:

$$T^{ein} = T^{aus} - \frac{1}{\dot{m}c_p} \cdot [U_A\, c_A^{ein}\,\dot{v}^{ein}\,(-\Delta_R H_m) + k_W A_W\,(\bar{T}_W - T^{aus})] =$$

$$= 372 - \frac{1}{0{,}8 \cdot 4200} \cdot [0{,}85 \cdot 538{,}8 \cdot 10^{-3} \cdot 420\,000 + 480 \cdot 7{,}002 \cdot (291 - 372)] =$$

$$= 372 + 23{,}8 = 395{,}8\ \text{K}.$$

11/8. Es ist $Sc = \dfrac{\eta}{\rho D} = \dfrac{3 \cdot 10^{-5}}{1 \cdot (4 \cdot 10^{-5})} = 0{,}750$, ferner

$Re = \dfrac{w d \rho}{\eta} = \dfrac{0{,}1 \cdot (5 \cdot 10^{-3}) \cdot 1}{3 \cdot 10^{-5}} = 16{,}67$. Dann ist $Sh = 1{,}9 \cdot 16{,}67^{1/2} \cdot 0{,}750^{1/3} =$

$= 7{,}05$. Daraus ergibt sich der Stoffübergangskoeffizient zu:

$$\beta = Sh \cdot \frac{D}{d} = 7{,}05 \cdot \frac{4 \cdot 10^{-5}}{5 \cdot 10^{-3}} = 5{,}64 \cdot 10^{-2}\ \text{m/s}.$$

11/9. $V_s = 1{,}8\ \text{m}^3$; $S = \dfrac{3 \cdot 1{,}8}{2{,}5 \cdot 10^{-3}} = 2160\ \text{m}^2$;

$\dot{n} = (5{,}64 \cdot 10^{-2}) \cdot 2160 \cdot 1 = 1218\ \text{mol/s} = 1{,}218\ \text{kmol/s}.$

13 Tabellen

Tabelle 1. *Wasserdampftafel (Sättigungszustand)*

ϑ Temperatur in °C
p Sättigungsdruck in bar
v' spezifisches Volumen der Flüssigkeit in dm^3/kg
v'' spezifisches Volumen des trocken gesättigten Dampfes in m^3/kg
ρ'' Dichte des gesättigten Dampfes in kg/m^3
h' spezifische Enthalpie der Flüssigkeit in kJ/kg
h'' spezifische Enthalpie des trocken gesättigten Dampfes in kJ/kg
$\Delta_V h = h'' - h'$ spezifische Verdampfungsenthalpie in kJ/kg

ϑ °C	p bar	v' dm^3/kg	v'' m^3/kg	ρ'' kg/m^3	h' kJ/kg	h'' kJ/kg	$\Delta_V h$ kJ/kg
0	0,006108	1,0002	206,3	0,004847	−0,04	2501,6	2501,6
2	0,007055	1,0001	179,9	0,005558	8,39	2505,2	2496,8
4	0,008129	1,0000	157,3	0,006358	16,80	2508,9	2492,1
6	0,009345	1,0000	137,8	0,007258	25,21	2512,6	2487,4
8	0,010720	1,0001	121,0	0,008267	33,60	2516,2	2482,6
10	0,012270	1,0003	106,4	0,009396	41,99	2519,9	2477,9
12	0,014014	1,0004	93,84	0,01066	50,38	2523,6	2473,2
14	0,015973	1,0007	82,90	0,01206	58,75	2527,2	2468,5
16	0,018168	1,0010	73,38	0,01363	67,13	2530,9	2463,8
18	0,02062	1,0013	65,09	0,01536	75,50	2534,5	2459,0
20	0,02337	1,0017	57,84	0,01729	83,86	2538,2	2454,3
22	0,02642	1,0022	51,49	0,01942	92,23	2541,8	2449,6
24	0,02982	1,0026	45,93	0,02177	100,59	2545,5	2444,9
26	0,03360	1,0032	41,03	0,02437	108,95	2549,1	2440,2
28	0,03778	1,0037	36,73	0,02723	117,31	2552,7	2435,4
30	0,04241	1,0043	32,93	0,03037	125,66	2556,4	2430,7
32	0,04753	1,0049	29,57	0,03382	134,02	2560,0	2425,9
34	0,05318	1,0056	26,60	0,03759	142,38	2563,6	2421,2
36	0,05940	1,0063	23,97	0,04172	150,74	2567,2	2416,4
38	0,06624	1,0070	21,63	0,04624	159,09	2570,8	2411,7

ϑ °C	p bar	v' dm³/kg	v'' m³/kg	ρ'' kg/m³	h' kJ/kg	h'' kJ/kg	$\Delta_V h$ kJ/kg
40	0,07375	1,0078	19,55	0,05116	167,45	2574,4	2406,9
42	0,08198	1,0086	17,69	0,05652	175,81	2577,9	2402,1
44	0,09100	1,0094	16,04	0,06236	184,17	2581,5	2397,3
46	0,10086	1,0103	14,56	0,06869	192,53	2585,1	2392,5
48	0,11162	1,0112	13,23	0,07557	200,89	2588,6	2387,7
50	0,12335	1,0121	12,05	0,08302	209,26	2592,2	2382,9
52	0,13613	1,0131	10,98	0,09108	217,62	2595,7	2378,1
54	0,15002	1,0140	10,02	0,09979	225,98	2599,2	2373,2
56	0,16511	1,0150	9,159	0,1092	234,35	2602,7	2368,4
58	0,18147	1,0161	8,381	0,1193	242,72	2606,2	2363,5
60	0,19920	1,0171	7,679	0,1302	251,09	2609,7	2358,6
62	0,2184	1,0182	7,044	0,1420	259,46	2613,2	2353,7
64	0,2391	1,0193	6,469	0,1546	267,84	2616,6	2348,8
66	0,2615	1,0205	5,948	0,1681	276,21	2520,1	2343,9
68	0,2856	1,0217	5,476	0,1826	284,59	2623,5	2338,9
70	0,3116	1,0228	5,046	0,1982	292,97	2626,9	2334,0
72	0,3396	1,0241	4,656	0,2148	301,35	2630,3	2329,0
74	0,3696	1,0253	4,300	0,2326	309,74	2633,7	2324,0
76	0,4019	1,0266	3,976	0,2515	318,13	2637,1	2318,9
78	0,4365	1,0279	3,680	0,2718	326,52	2640,4	2313,9
80	0,4736	1,0292	3,409	0,2933	334,92	2643,8	2308,8
82	0,5133	1,0305	3,162	0,3163	343,31	2647,1	2303,8
84	0,5557	1,0319	2,935	0,3407	351,71	2650,4	2298,7
86	0,6011	1,0333	2,727	0,3667	360,12	2653,6	2293,5
88	0,6495	1,0347	2,536	0,3942	368,53	2656,9	2288,4
90	0,7011	1,0361	2,361	0,4235	376,94	2660,1	2283,2
92	0,7561	1,0376	2,200	0,4545	385,36	2663,4	2278,0
94	0,8146	1,0391	2,052	0,4873	393,78	2666,6	2272,8
96	0,8769	1,0406	1,915	0,5221	402,20	2669,7	2267,5
98	0,9430	1,0421	1,789	0,5589	410,63	2672,9	2262,2
100	1,0133	1,0437	1,673	0,5977	419,06	2676,0	2256,9
105	1,2080	1,0477	1,419	0,7046	440,17	2683,7	2243,6
110	1,4327	1,0519	1,210	0,8265	461,12	2691,3	2230,0
115	1,6906	1,0562	1,036	0,9650	482,50	2698,7	2216,2
120	1,9854	1,0606	0,8915	1,122	503,72	2706,0	2202,2
125	2,3210	1,0652	0,7702	1,298	524,99	2713,0	2188,0
130	2,7013	1,0700	0,6681	1,497	546,31	2719,9	2173,6
135	3,131	1,0750	0,5818	1,719	567,68	2726,6	2158,9
140	3,614	1,0801	0,5085	1,967	589,10	2733,1	2144,0
145	4,155	1,0853	0,4460	2,242	610,60	2739,3	2128,7
150	4,760	1,0908	0,3924	2,548	632,15	2745,4	2113,2
155	5,433	1,0964	0,3464	2,886	653,78	2751,2	2097,4
160	6,181	1,1022	0,3068	3,260	675,47	2756,7	2081,3

ϑ °C	p bar	v' dm³/kg	v'' m³/kg	ρ'' kg/m³	h' kJ/kg	h'' kJ/kg	$\Delta_V h$ kJ/kg
165	7,008	1,1082	0,2724	3,671	697,25	2762,0	2064,8
170	7,920	1,1145	0,2426	4,123	719,12	2767,1	2047,9
175	8,924	1,1209	0,2165	4,618	741,07	2771,8	2030,7
180	10,027	1,1275	0,1938	5,160	763,12	2776,3	2013,1
185	11,233	1,1344	0,1739	5,752	785,26	2780,4	1995,2
190	12,551	1,1415	0,1563	6,397	807,52	2784,3	1976,7
195	13,987	1,1489	0,1408	7,100	829,88	2787,8	1957,9
200	15,549	1,1565	0,1272	7,864	852,37	2790,9	1938,6
210	19,077	1,1726	0,1042	9,593	897,74	2796,2	1898,5
220	23,198	1,1900	0,08604	11,62	943,67	2799,9	1856,2
230	27,976	1,2087	0,07145	14,00	990,26	2802,0	1811,7
240	33,478	1,2291	0,05965	16,76	1037,6	2802,2	1761,6
250	39,776	1,2513	0,05004	19,99	1085,8	2800,4	1714,6
260	46,943	1,2756	0,04213	23,73	1134,9	2796,4	1661,5
270	55,058	1,3025	0,03559	28,10	1185,2	2789,9	1604,6
280	64,202	1,3324	0,03013	33,19	1236,8	2780,4	1543,6
290	74,461	1,3659	0,02554	39,16	1290,0	2767,6	1477,6
300	85,927	1,4041	0,02165	46,19	1345,0	2751,0	1406,0
305	92,144	1,4252	0,01993	50,18	1373,4	2741,1	1367,7
310	98,700	1,4480	0,01833	54,54	1402,4	2730,0	1327,6
315	105,61	1,4726	0,01686	59,33	1432,1	2717,6	1285,5
320	112,89	1,4995	0,01548	64,60	1462,6	2703,7	1241,1
325	120,56	1,5289	0,01419	70,45	1494,0	2688,0	1194,0
330	128,63	1,5615	0,01299	76,99	1526,5	2670,2	1143,6
335	137,12	1,5978	0,01185	84,36	1560,3	2649,7	1089,5
340	146,05	1,6387	0,01078	92,76	1595,5	2626,2	1030,7
345	155,45	1,6858	0,009763	102,4	1632,5	2598,9	966,4
350	165,35	1,7411	0,008799	113,6	1671,9	2567,7	895,7
355	175,77	1,8085	0,007859	127,2	1716,6	2530,4	813,8
360	186,75	1,8959	0,006940	144,1	1764,2	2485,4	721,3
365	198,33	2,0160	0,006012	166,3	1818,0	2428,0	610,0
370	210,54	2,2136	0,004973	201,1	1890,2	2342,8	452,6
372	215,62	2,3636	0,004439	225,3	1935,6	2286,9	351,4
374	220,81	2,8407	0,003458	289,2	2046,3	2155,0	108,6
374,15	221,20	3,1700	0,003170	315,5	2107,4		0,0

Tabelle 2. *Relative Atommassen der Elemente (1977)*

Die Werte der Atommassen gelten in der letzten Ziffer auf ± 1 Einheit sicher. Ein * hinter dem Wert der Atommasse bedeutet, daß die letzte Ziffer eine Sicherheit von ± 3 Einheiten aufweist.

Ac	Actinium	227,0278	He	Helium	4,00260
Ag	Silber	107,868	Hf	Hafnium	178,49*
Al	Aluminium	26,98154	Hg	Quecksilber	200,59*
Am	Americium	(243)	Ho	Holmium	164,9304
Ar	Argon	39,948*	I	Jod	126,9045
As	Arsen	74,9216	In	Indium	144,82
At	Astatin	(210)	Ir	Iridium	192,22*
Au	Gold	196,9665	K	Kalium	39,0983
B	Bor	10,81	Kr	Krypton	83,80
Ba	Barium	137,33	La	Lanthan	138,9055*
Be	Beryllium	9,01218	Li	Lithium	6,941*
Bi	Wismut	208,9804	Lr	Lawrencium	(260)
Bk	Berkelium	(247)	Lu	Lutetium	174,967*
Br	Brom	79,904	Md	Mendelevium	(258)
C	Kohlenstoff	12,011	Mg	Magnesium	24,305
Ca	Calcium	40,08	Mn	Mangan	54,9380
Cd	Cadmium	112,41	Mo	Molybdän	95,94
Ce	Cer	140,12	N	Stickstoff	14,0067
Cf	Californium	(251)	Na	Natrium	22,98977
Cl	Chlor	35,453	Nb	Niob	92,9064
Cm	Curium	(247)	Nd	Neodym	144,24*
Co	Kobalt	58,9332	Ne	Neon	20,179*
Cr	Chrom	51,996	Ni	Nickel	58,70
Cs	Cäsium	132,9054	No	Nobelium	(259)
Cu	Kupfer	63,546*	Np	Neptunium	237,0482
Dy	Dysprosium	162,50*	O	Sauerstoff	15,9994*
Er	Erbium	167,26*	Os	Osmium	190,2
Es	Einsteinium	(252)	P	Phosphor	30,97376
Eu	Europium	151,96	Pa	Protactinium	231,0359
F	Fluor	18,998403	Pb	Blei	207,2
Fe	Eisen	55,847*	Pd	Palladium	106,4
Fm	Fermium	(257)	Pm	Promethium	(145)
Fr	Francium	(223)	Po	Polonium	(209)
Ga	Gallium	69,72	Pr	Praseodym	140,9077
Gd	Gadolinium	157,25*	Pt	Platin	195,09*
Ge	Germanium	72,59*	Pu	Plutonium	(244)
H	Wasserstoff	1,0079	Ra	Radium	226,0254

Rb	Rubidium	85,4678*
Re	Rhenium	186,207
Rh	Rhodium	102,9055
Rn	Radon	(222)
Ru	Ruthenium	101,07*
S	Schwefel	32,06
Sb	Antimon	121,75*
Sc	Scandium	44,9559
Se	Selen	78,96*
Si	Silicium	28,0855*
Sm	Samarium	150,4
Sn	Zinn	118,69*
Sr	Strontium	87,62
Ta	Tantal	180,9479*
Tb	Terbium	158,9254
Tc	Technetium	(98)
Te	Tellur	127,60*
Th	Thorium	232,0381
Ti	Titan	47,90*
Tl	Thallium	204,37*
Tm	Thulium	168,9342
U	Uran	238,029
V	Vanadium	50,9415*
W	Wolfram	183,85*
Xe	Xenon	131,30
Y	Yttrium	88,9059
Yb	Ytterbium	173,04*
Zn	Zink	65,38
Zr	Zirconium	91,22

Literaturverzeichnis

Allgemeine Literatur

D'Ans, J., Lax, E.: Taschenbuch für Chemiker und Physiker, 3. Aufl., Bd. I bis III. Berlin-Heidelberg-New York: Springer 1964–1970.

Batuner, L., M., Posin, M. J.: Mathematische Methoden in der chemischen Technik. Berlin: VEB Verlag Technik 1958.

Besskow, S. D.: Technisch-chemische Berechnungen, 3. Aufl. Berlin: VEB Verlag Technik 1962.

Bošnjaković, F.: Technische Thermodynamik (in 2 Teilen). Dresden-Leipzig: Verlag Th. Steinkopff. I. Teil, 4. Aufl. 1965; II. Teil, 3. Aufl. 1960.

Bronstein, I. N., Semendjajew, K. A.: Taschenbuch der Mathematik, 13. Aufl. Zürich-Frankfurt: Verlag Harri Deutsch 1973.

Dubbels Taschenbuch für den Maschinenbau, 2 Bände, 12. Aufl. (2. Neudruck). Berlin-Heidelberg-New York: Springer 1966.

Grassmann, P.: Physikalische Grundlagen der Chemie-Ingenieur-Technik, 2. Aufl. Aarau-Frankfurt: Verlag H. R. Sauerländer 1970.

Henglein, F. A.: Grundriß der chemischen Technik, 12. Aufl. Weinheim: Verlag Chemie 1968.

Kirk, R. E., Othmer, D. F. (Hrsg.): Encyclopedia of chemical technology, 15 Bde. u. 2 Erg.-Bde. New York: Interscience Publishers 1947–60; 3. Aufl. 1978 ff.

Perry, J. H., Chilton, C. H., Kirkpatrick, S. D.: Chemical Engineers' Handbook, 5. Aufl. New York-Toronto-London: McGraw-Hill 1973.

Schmidt, E.: Einführung in die technische Thermodynamik und in die Grundlagen der chemischen Thermodynamik, 10. Aufl. Berlin-Göttingen-Heidelberg: Springer 1963.

Ullmanns Encyklopädie der technischen Chemie, 4. Aufl. Weinheim: Verlag Chemie 1972 ff.

Winnacker, K., Küchler, L. (Hrsg.): Chemische Technologie, Sammelwerk in 7 Bänden, 3. Aufl. München: Carl Hanser Verlag 1970 ff.

Autorenkollektiv: Lehrbuch der Technischen Chemie, 2. Aufl. Leipzig: VEB Deutscher Verlag für Grundstoffindustrie 1979.

Literatur über mechanische und thermische Verfahrenstechnik

Badger, W. L., Banchero, J. T.: Introduction to Chemical Engineering. New York-Toronto-London: McGraw-Hill 1955.

Bayerl, V., Quarg, M.: Taschenbuch des Chemietechnologen. Leipzig: VEB Deutscher Verlag für Grundstoffindustrie 1963.

Benedek, P., Laszlo, A.: Grundlagen des Chemieingenieurwesens. Leipzig: VEB Deutscher Verlag für Grundstoffindustrie 1965.

Brötz, W.: Technische Chemie I – Grundlagen der Verfahrenstechnik. Weinheim: Verlag Chemie 1980.

Coulson, J. M., Richardson, J. F.: Chemical Engineering, 2 Bände. Oxford-London-New York-Paris: Pergamon Press. 1 Bd., 2. Aufl. 1964, 2. Bd., 5. Nachdr. 1962.

Eucken, A., Jakob, M. (Hrsg.): Der Chemie-Ingenieur. Ein Handbuch der physikalischen Arbeitsmethoden in chemischen und verwandten Industriebetrieben. 3 Bände in 13 Teilen. Leipzig: Akademische Verlagsgesellschaft 1933 bis 1940.

Grassmann, P., Widmer, F.: Einführung in die thermische Verfahrenstechnik, 2. Aufl. Berlin-New York: Walter de Gruyter 1974.

Kassatkin, A. G.: Chemische Verfahrenstechnik (aus d. Russ.), 2 Bände, 4. Aufl. Leipzig: VEB Deutscher Verlag für Grundstoffindustrie 1961.

Kiesskalt, S.: Verfahrenstechnik. München: Carl Hanser Verlag 1957.

McCabe, W. L., Smith, J. C.: Unit Operations of Chemical Engineering. New York-Toronto-London: McGraw-Hill 1956; 3. Aufl. Tokyo: McGraw-Hill 1976.

Onken, U.: Thermische Verfahrenstechnik. München-Wien: Carl Hanser Verlag 1975.

Rumpf, H.: Mechanische Verfahrenstechnik. München-Wien: Carl Hanser Verlag 1975.

Siemes, W.: Grundbegriffe der Verfahrenstechnik. Heidelberg: Hüthig Verlag 1966.

Ullrich, H.: Mechanische Verfahrenstechnik. Berlin-Heidelberg-New York: Springer 1967.

Vauck, W., Müller, H. A.: Grundoperationen chemischer Verfahrenstechnik, 5. Aufl. Leipzig: VEB Deutscher Verlag für Grundstoffindustrie 1978.

Autorenkollektiv: Lehrbuch der chemischen Verfahrenstechnik, 3. Aufl. Leipzig: VEB Deutscher Verlag für Grundstoffindustrie 1973.

Autorenkollektiv: Mechanische Verfahrenstechnik, 2 Bände. Leipzig: VEB Deutscher Verlag für Grundstoffindustrie 1977 (Bd. I), 1979 (Bd. II).

Autorenkollektiv: Thermische Verfahrenstechnik, 2 Bände. Leipzig: VEB Deutscher Verlag für Grundstoffindustrie 1974 (Bd. I), 1975 (Bd. II).

Literatur zu Kapitel 1

Beek, W. J., Muttzall, K. M. K.: Transport Phenomena. Chichester-New York-Brisbane-Toronto: John Wiley & Sons Ltd. 1975 (Nachdruck 1977).

Bird, R. B., Stewart, W. E., Lightfood, E. N.: Transport Phenomena. New York: Wiley 1960.

Brauer, H., Mewes, D.: Stoffaustausch einschließlich chemischer Reaktionen. Aarau-Frankfurt: Verlag H. R. Sauerländer 1971.

Hirschfelder, J. O., Curtiss, C. F., Bird, R. B.: Molecular Theory of Gases and Liquids. New York: Wiley 1967.

Mecklenburgh, J. C., Hartland, S.: The Theory of Backmixing. London-New York-Sydney-Toronto: John Wiley & Sons Ltd. 1975.

Literatur zu Kapitel 2

Brauer, H.: Grundlagen der Einphasen- und Mehrphasenströmungen. Aarau-Frankfurt: Verlag H. R. Sauerländer 1971.

Eck, B.: Technische Strömungslehre, 7. Aufl. Berlin-Heidelberg-New York: Springer 1967.

Fuchslocher, E. A., Schulz, H.: Die Pumpen, 12. Aufl. Berlin-Heidelberg-New York: Springer 1967.

Kaufmann, W.: Technische Hydro- und Aeromechanik, 3. Aufl. Berlin-Göttingen-Heidelberg: Springer 1963.

Leva, M.: Fluidization. New York: McGraw-Hill 1959.

Othmer, D. F.: Fluidization. New York: Reinhold 1956.

Prandtl, L.: Strömungslehre, 5. Aufl. Braunschweig: Vieweg 1957.

Prandtl, L.: Führer durch die Strömungslehre, 6. Aufl. Braunschweig: Vieweg 1965.

Literatur zu Kapitel 3

Gundelach, W.: Sedimentation, Absetzapparate, Klärer, Eindicker und Flockungsklärbecken. In Ullmanns Encyklopädie der technischen Chemie, 4. Aufl. Weinheim: Verlag Chemie, Bd. 2, 1972.

Gundelach, W., Alt, C., Busse, O.: Dechema-Erfahrungsaustausch, Sedimentieren. November 1970.

Literatur zu Kapitel 4

Alt, C.: Filtration. In Ullmanns Encyklopädie der technischen Chemie. 4. Aufl. Weinheim: Verlag Chemie, Bd. 2, 1972.

Orliček, A. F., Hackl, A. E., Kindermann, P. E.: Filtration. Dechema-Erfahrungsaustausch 1964.

Literatur zu Kapitel 5

Dornieden, M.: Indirekte Heizung und Kühlung (Wärmeaustauscher). In Ullmanns Encyklopädie der technischen Chemie, 4. Aufl. Weinheim: Verlag Chemie, Bd. 2, 1972.
Eckert, E.: Einführung in den Wärme- und Stoffaustausch, 3. Aufl. Berlin-Heidelberg-New York: Springer 1966.
Fishenden, M., Saunders, O. A.: An Introduction to Heat Transfer. London: Clarendon Press 1950.
Gregorig, R.: Wärmeaustauscher, 2. erw. Aufl. Aarau-Frankfurt: H. R. Sauerlände 1973.
Gröber, H., Erk, S., Grigull, U.: Die Grundgesetze der Wärmeübertragung, 3. Aufl. Berlin-Göttingen-Heidelberg: Springer 1961, 3. Neudruck 1963.
Hausen, H.: Wärmeübertragung im Gegenstrom, Gleichstrom und Kreuzstrom, 4. Aufl. Berlin-Göttingen-Heidelberg: Springer 1961, 3. Neudruck 1963.
Jakob, M.: Heat Transfer. New York: Wiley 1949.
McAdams, W. H.: Heat Transmission, 3. Aufl. New York: McGraw-Hill 1954.
Michejew, M. A.: Grundlagen der Wärmeübertragung. Berlin: VEB Verlag Technik 1962.
Schack, A.: Der industrielle Wärmeübergang, 7. Aufl. Düsseldorf: Verlag Stahleisen 1969.
VDI-Wärmeatlas, herausgegeben vom Verein Deutscher Ingenieure, Verfahrenstechnische Gesellschaft im VDI, 3. Aufl. Düsseldorf: VDI-Verlag 1977.

Literatur zu Kapitel 6

Brown, G. G.: Unit Operations. New York-London: Wiley & Chapman & Hall 1950.
Kassatkin, A. G.: Chemische Verfahrenstechnik, Bd. 1, 2. Aufl. Leipzig: VEB Deutscher Verlag für Grundstoffindustrie 1958.
McCabe, W. L., Smith, J. C.: Unit Operations of Chemical Engineering. New York: McGraw-Hill 1956.
Rant, Z.: Verdampfen in Theorie und Praxis. Dresden-Leipzig: Th. Steinkopff 1959.

Literatur zu Kapitel 7

Billet, R.: Grundlagen der thermischen Flüssigkeitszerlegung. Mannheim: Bibliographisches Institut 1962.

Billet, R.: Industrielle Destillation. Weinheim: Verlag Chemie 1973.
Billet, R.: Optimierung in der Rektifiziertechnik unter besonderer Berücksichtigung der Vakuumrektifikation. Mannheim: Bibliographisches Institut 1967.
Billet, R.: Trennkolonnen in der Verfahrenstechnik. Mannheim: Bibliographisches Institut 1971.
Hala, E., Pick, S., Fried, V., Vilim, O.: Vapour-Liquid-Equilibrium, 2. Aufl. Oxford: Pergamon Press 1967.
Hengstebeck, R. J.: Destillation. New York: Reinhold Publishing Corp. 1961.
Kirschbaum, E.: Destillier- und Rektifiziertechnik, 4. Aufl. Berlin-Göttingen-Heidelberg: Springer 1969.
Krell, E.: Handbuch der Laboratoriumsdestillation, 2. Aufl. Berlin: Deutscher Verlag der Wissenschaften 1960.
Mersmann, A.: Destillation. In Ullmanns Encyklopädie der technischen Chemie, 4. Aufl. Weinheim: Verlag Chemie, Bd. 2, 1972.

Literatur zu Kapitel 8

Alders, L.: Liquid-Liquid Extraction, 2. Aufl. Amsterdam: Elsevier/Excerpta medica/North-Holland 1959.
Francis, A. W.: Liquid-Liquid Equilibrium. New York: Interscience Publishers 1963.
Hanson, C.: Recent Advances in Liquid-Liquid Extraction. Oxford: Pergamon Press 1971.
Hartland, S.: Counter-Current Extraction. Oxford: Pergamon Press 1970.
Müller, E.: Flüssig-Flüssig-Extraktion. In Ullmanns Encyklopädie der technischen Chemie, 4. Aufl. Weinheim: Verlag Chemie, Bd. 2, 1972.
Treybal, R. E.: Liquid Extraction, Second Edition. New York: McGraw-Hill 1963.

Literatur zu Kapitel 9

Morris, G. A., Jackson, J.: Absorption Towers. London: Butterworths Scientific Publications 1953.
Norman, W. S.: Absorption, Distillation and Cooling Towers. Aberdeen: Longmans 1962.
Ramm, W. M.: Absorptionsprozesse der chemischen Industrie. Berlin: VEB Verlag Technik 1952.
Sherwood, T. K., Pigford, R. L.: Absorption and Extraction. New York: McGraw-Hill 1952.
Strauss, W.: Industrial Gas Cleaning. London: Pergamon Press 1966.

Literatur zu Kapitel 10

Baehr, H. D.: Mollier-*i,x*-Diagramm für feuchte Luft. Berlin-Göttingen-Heidelberg: Springer 1961.
Kneule, F.: Das Trocknen, 3. Aufl. Aarau-Frankfurt: Verlag H. R. Sauerländer 1975.
Krischer, O., Kröll, K.: Die wissenschaftlichen Grundlagen der Trocknungstechnik, 3. Aufl. Berlin-Heidelberg-New York: Springer 1978.
Vogelpohl, A., Schlünder, U.: Trocknung fester Stoffe. In Ullmanns Encyklopädie der technischen Chemie, 4. Aufl. Weinheim: Verlag Chemie, Bd. 2, 1972.

Literatur zu Kapitel 11

Amis, E. S.: Solvent Effects on Reaction Rates and Mechanism. New York: Academic Press 1966.
Aris, R.: Introduction to the Analysis of Chemical Reactors. Englewood Cliffs: Prentice-Hall 1965.
Bandermann, F.: Optimierung chemischer Reaktionen. In Ullmanns Encyklopädie der technischen Chemie, 4. Aufl. Weinheim: Verlag Chemie, Bd. 1, 1972.
Brötz, W.: Grundriß der chemischen Reaktionstechnik, 2. Nachdruck der 1. Aufl. Weinheim: Verlag Chemie 1975.
Benson, S. W.: The Foundations of Chemical Kinetics. New York: McGraw-Hill 1960.
Cremer, E., Pahl, M.: Kinetik der Gasreaktionen. Berlin: Walter de Gruyter & Co. 1961.
Denbigh, K. G., Turner, J. C. R.: Einführung in die chemische Reaktionstechnik. Weinheim: Verlag Chemie 1973.
Dialer, K., Horn, F., Küchler, L.: Chemische Reaktionstechnik. In Winnacker-Küchler (Hrsg.): Chemische Technologie. München: Carl Hanser Verlag. 3. Aufl., Bd. 1, 1958.
Dialer, K., Löwe, A.: Chemische Reaktionstechnik. München: Carl Hanser Verlag 1975.
Fitzer, E., Fritz, W.: Technische Chemie. Eine Einführung in die Chemische Reaktionstechnik. Berlin-Heidelberg-New York: Springer 1975.
Frank-Kamenetzki, D. A.: Stoff- und Wärmeübertragung in der chemischen Technik. Berlin-Göttingen-Heidelberg: Springer 1959.
Froment, G. F., Bischoff, K. B.: Chemical Reactor Analysis and Design. New York: Wiley 1979.
Glasstone, S. K., Laidler, J., Eyring, H.: The Theory of Rate Processes. New York: McGraw-Hill 1941.

Hill, C. G.: An Introduction to Chemical Engineering Kinetics and Reactor Design. New York: Wiley 1977.
Hoffmann, U., Hofmann, H.: Einführung in die Optimierung. Weinheim: Verlag Chemie 1971.
Kerber, R., Glamann, H.: Chemische Kinetik. In Ullmanns Encyklopädie der technischen Chemie, 4. Aufl. Weinheim: Verlag Chemie, Bd. 1, 1972.
Kramers, H., Westerterp, K. R.: Elements of Chemical Reactor Design and Operation. Amsterdam: Netherlands University Press 1963.
Levenspiel, O.: Chemical Reaction Engineering. New York: Wiley 1972.
Rase, H. F.: Chemical Reactor Design for Process Plants. New York: Wiley 1977.
Satterfield, C. N.: Mass Transfer in Heterogeneous Catalysis. Cambridge: University Press 1970.
Schlosser, E. G.: Heterogene Katalyse. Weinheim: Verlag Chemie 1972.
Schwab, G. M. (Hrsg.): Handbuch der Katalyse. Wien: Springer 1940–1957.
Thoenes, D.: Grundlagen der chemischen Reaktionstechnik. In Ullmanns Encyklopädie der technischen Chemie, 4. Aufl. Weinheim: Verlag Chemie, Bd. 1, 1972.
Autorenkollektiv: Reaktionstechnik I, II und III. Leipzig: VEB Verlag für Grundstoffindustrie 1974.

Sachverzeichnis